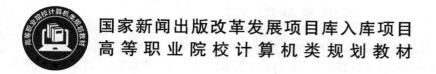

国家新闻出版改革发展项目库入库项目

高等职业院校计算机类规划教材

Linux 系统管理实战教程

（Red Hat Enterprise Linux 8/CentOS 8）

主编　杜朝晖

U0282554

北京邮电大学出版社

www.buptpress.com

内 容 简 介

本书以应用广泛的 Red Hat Enterprise Linux 8 系统（同时兼容 CentOS 系统）为平台，以管理员的日常工作为参照，由浅入深地建立了使用桌面环境、管理 Linux 主机、配置网络服务 3 个工作情景，以 24 个模块化的任务来驱动读者的学习过程，每个任务都以实践为主，使零基础的读者能够逐渐地掌握 Linux 系统的管理。

本书内容精练，操作步骤讲解详细，易学易用，是广大 Linux 系统初学者的必备书籍。本书可作为本科院校、中高职院校学习 Linux 操作系统的专业教材，也可以用作基本的培训教材，同时适用想自学 Linux 系统应用技术的人员。本书是立体化教材，配有二维码，扫码后可以观看教学和实践视频。

图书在版编目（CIP）数据

Linux 系统管理实战教程：Red Hat Enterprise Linux 8/CentOS 8 / 杜朝晖主编 . -- 北京：北京邮电大学出版社，2021.8（2024.1 重印）
ISBN 978-7-5635-6493-4

Ⅰ. ①L… Ⅱ. ①杜… Ⅲ. ①Linux 操作系统—教材 Ⅳ. ①TP316.89

中国版本图书馆 CIP 数据核字（2021）第 170182 号

策划编辑：马晓仟   责任编辑：孙宏颖   封面设计：七星博纳

出版发行：北京邮电大学出版社
社　　址：北京市海淀区西土城路 10 号
邮政编码：100876
发 行 部：电话：010-62282185   传真：010-62283578
E-mail：publish@bupt.edu.cn
经　　销：各地新华书店
印　　刷：保定市中画美凯印刷有限公司
开　　本：787 mm×1 092 mm   1/16
印　　张：18.75
字　　数：492 千字
版　　次：2021 年 8 月第 1 版
印　　次：2024 年 1 月第 3 次印刷

ISBN 978-7-5635-6493-4   定价：49.00 元

前　　言

随着大数据、云计算时代的到来，Linux 系统的使用越来越广泛，Linux 技术的学习也越来越有必要性。Linux 平台的运维工作是必不可少的，本书就是从培养 Linux 运维工程师的角度出发，从最基础的知识讲起，从最基本的实践进行操作，通过本书读者能轻松入门。本书通过在做中学、在学中做，使读者在实践中逐步掌握管理系统的技术，具备系统管理的基本能力以及进一步提升自己的学习能力，也因此培养读者对 Linux 系统的学习兴趣。本书使用的平台是 Red Hat Enterprise Linux 8 系统，同时兼容 CentOS 系统。

内容体系

本书以工作过程系统化思想为指导设置了 3 个工作情景：使用桌面环境、管理 Linux 主机以及配置网络服务。在 3 个不同的情景下，本书设计了 24 个工作任务，让学生能够直接接受任务，为了完成任务而去主动学习。每一个任务都包括任务描述、引导知识、任务准备、任务解决及任务扩展练习 5 个部分。

情景一为使用桌面环境。包括任务 1～任务 8。这是基本的入门阶段，学生刚刚开始接触 Linux 系统，涉及系统的基本内容，其主要学习方法是学生先了解任务，再根据老师的讲解、演示来模仿并完成任务。

情景二为管理 Linux 主机。包括任务 9～任务 14。在该阶段学生有了一定的基础，可以先获取任务，然后试着完成任务，再对比老师的讲解完善任务，老师的参与比情景一减少。

情景三为配置网络服务。包括任务 15～任务 24。在该阶段以学生为主，使其独立完成任务的实践，老师仅是指导与评价。在 3 个情景中老师的参与最少，而开始逐步培养学生的自主学习与实践能力。

本书特点

1. 本书以任务驱动，实操性强，学生按照本书的引导就可以在做中学。

2. 本书的编写者有着丰富的企业培训经验，本书内容结合了企业实际的需求，有着更加丰富的实用性。

3. 本书的任务扩展练习编写得较为巧妙，跟每个同学的学号关联，避免了练习过程中的复制现象。

4. 本书为立体化教材，配有 45 个课程视频，可以扫码学习。

适用读者

1. 从事网络运维的人员。

2. Linux 平台下的软件开发人员。

3. 云计算、大数据技术人员。

4. 对 Linux 操作系统感兴趣的人员。

　　本书由杜朝晖主编,参编人员包括梁同乐、岳帅、吴家隐。编者具有丰富的企业培训经验,使本书能够学培融通。本书在编写过程中,得到了很多企业专家的指导,凸显了校企合作特色。

编者
2021 年 3 月

目　　录

情景一　使用桌面环境

情景二　管理 Linux 主机

情景三　配置网络服务

情景一　使用桌面环境

任务 1　认识 Linux 操作系统

运行一个网络,网络操作系统是必不可少的,网络操作系统是网络的心脏和灵魂,是向网络计算机提供服务的操作系统,网络操作系统支持网络上的主机互相传递数据与各种消息。网络上的主机包括服务器(server)及客户端(client),服务器的主要功能是管理网络上的设备和各种资源,统一控制流量及访问,避免有瘫痪的可能性,让客户端可以清楚地搜索所需的资源,而客户端接收并使用服务器传递的数据。本次任务的目的就是让读者了解各类操作系统并选择适合自己服务器的操作系统。

1.1　任务描述

1. 了解服务器平台选型考虑的主要因素。
2. 了解网络操作系统的主要类型。
3. 了解 Windows Server 和 Linux 的不同特点以及市场现状和发展状况。
4. 掌握 Linux 操作系统的发展历程、特点、主要发行版本。
5. 了解开放源代码的概念。

1.2　引导知识

认识 Linux

1.2.1　服务器平台选型考虑的主要因素

网络操作系统是网络中的一个重要部分,它与网络的应用紧密相关,网络操作系统既要满足网络应用的需求,又要能适应网络的日益发展。目前比较流行的服务器操作系统主要有 Windows Server 2012、Windows Server 2018、UNIX、Linux 等。网络操作系统所面向的服务领域不同,在很多方面有较大的差异,用户可以结合网络系统的需求适当选择,每种网络操作系统都有值得推荐的地方。选择网络操作系统可以从以下几个方面考虑。

1. 经济性

经济因素是选择网络操作系统需要考虑的一个主要因素。拥有强大的财力和雄厚的技术支持能力,可以选择安全性、可靠性更高的网络操作系统。但如果不具备这些条件,就应从实际出发,根据现有的财力、技术维护力量,选择经济适用的系统。同时,考虑成本因素,选择网络操作系统时,也要和现有的网络硬件环境相结合,在财力有限的情况下,尽量不购买需要很大程度地升级硬件的操作系统。在购买成本上,免费的 Linux 当然占有很大的优势。

2. 应用程序的可用性

需要考虑选择的网络操作系统是否能够支持运行所需要的应用程序,目前正在为它开发的应用程序有多少,要运行的应用程序会付出多少代价,要保证应用程序都能够买到。另外,要寻找能以标准方式支持应用程序交互的网络操作系统。

3．稳定性和可靠性

对网络而言，稳定性和可靠性的重要性是不言而喻的，网络操作系统的稳定性及可靠性是一个网络环境得以持续高效运行的有力保证。微软的网络操作系统一般只用在中低档服务器中，因为其在稳定性和可靠性上，要逊色很多。而 UNIX 和 Linux 操作系统主要的特点是稳定性及可靠性高。

4．安全性

网络操作系统安全是计算机网络系统安全的基础。一个健壮的网络必须具有一定的防病毒及防外界侵入的能力。网络安全性正在受到用户越来越高的重视。UNIX 和 Linux 操作系统的安全性是有口皆碑的，Windows Server 则存在着一些安全漏洞。微软底层软件对用户的可访问性一方面使得在其上开发高性能的应用成为可能，另一方面为非法访问入侵开了方便之门。

5．可集成性与可扩展性

可集成性与可扩展性是衡量网络操作系统的又一个重要方面。可集成性就是对硬件及软件的容纳能力。硬件平台无关性对系统来说非常重要。现在一般构建网络都对应多种不同应用的要求，因而具有不同的硬件及软件环境，而网络操作系统作为这些不同环境集成的管理者，应该尽可能多地管理各种软硬件资料。UNIX 和 Linux 操作系统一般都是针对自己的专用服务器和客户机进行优化的，其兼容性较差，但其对 CPU 的支持比 Windows Server 要好得多。

6．开放性

现在的系统应当都是开放的系统，只有开放才能真正实现网络的功能，因为网络本身就要求系统必须是开放的。可扩展性就是对现有系统的扩充能力。当用户应用的需求增大时，网络处理能力也要随之增加、扩展，这样可以保证用户在早期的投资不至于浪费，也为今后的发展打好了基础。对 SMP(Symmetric Multi-Processing，对称多处理)的支持表明系统可以在有多个处理器的系统中运行，这是拓展网络能力所必需的。

总之，选择网络操作系统时，最重要的还是结合自己的网络环境进行考虑。如在小型企业的网站建设中，多选用 Windows Server 2012/2018，中大型企业的网站服务器、邮件服务器多选用 Linux，如果服务器运行 Exchange、Sharepoint、SQLServer 这类微软产品，应用基于 ASP．NET 架构来开发的软件，需要用 Windows 系统。如果使用 LAMP(Linux＋Apache＋MySQL＋PHP)、LNMP(Linux＋Nginx＋MySQL＋PHP)或 Ruby on Rails 平台，推荐使用更稳定、更安全的 Linux 系统，在安全性要求很高的情况下，如金融机构、银行、军事部门及大型企业网络，则推荐选用 UNIX 系统。

1.2.2　网络操作系统的主要类型

服务器平台是指网络中能对其他客户端机器提供各种服务的计算机系统，包括硬件和软件，这里我们主要讨论软件部分，即网络操作系统。网络操作系统与运行在客户机上的操作系统(如 Win7、Win10 等)有差别，目前在局域网中主要存在以下几类网络操作系统。

1．Windows 系统

微软公司的 Windows 系统不仅在个人操作系统中占有绝对优势，而且在网络操作系统中也具有非常强劲的力量。这类操作系统配置在整个局域网中是最常见的。在局域网中，微软的网络操作系统主要有 Windows Server 2008/2012/2018。从用户界面和易用性来看，Windows 网络操作系统明显优于其他的网络操作系统。

2. UNIX 系统

目前常用的 UNIX 系统版本主要有 IBM AIX、HP-UX 等。UNIX 系统支持网络文件系统服务，提供数据等应用，功能强大。这类网络操作系统稳定和安全性能非常好，但由于多数 UNIX 系统是以命令方式来进行操作的，所以其不容易掌握，特别是对于初级用户。正因如此，小型局域网基本不使用 UNIX 作为网络操作系统，UNIX 一般用于大型的网站或大型的企事业局域网中。UNIX 具有技术成熟、可靠性高、网络和数据库功能强、伸缩性突出和开放性好等特色，已经成为重要的企业操作平台。

3. Linux 系统

Linux 是 UNIX 的一个变体，是目前流行的服务器和桌面操作系统。Linux 也是一种开放标准，很多公司都开发了自己的版本。Linux 是一个免费的、提供源代码的操作系统。它的最大特点就是源代码开放，用户可以免费得到许多应用程序。Linux 已被实践证明是高性能、稳定可靠的操作系统。目前它已经进入了成熟阶段，越来越多的人认识到它的价值。Linux 中有大量的免费应用软件，包括系统工具、开发工具、网络应用，还有休闲娱乐等。更重要的是，它是安装在个人计算机上最可靠、强壮的操作系统。Linux 已在各种传统的商业操作系统中占据了市场相当大的份额。

1.3　任务准备

1. 在互联网上搜集 Linux 的相关资料，包括 Linux 的特点、Linux 和 Windows 的对比、Linux 的主要版本及当前 Linux 的发展趋势。

2. 在网络上查找开源软件的含义。

1.4　任务解决

1.4.1　Linux 的产生

1. UNIX 操作系统的诞生

UNIX 是一个多用户、多任务的操作系统，最初由 AT&T 贝尔实验室的 Ken Thompson（图 1-1）于 1969 年开发成功。使用的是 BCPL 语言（Basic Combined Programming Language），Dennis Ritchie（图 1-1）将 BCPL 语言精简为 B 语言（为了适合 PDP-7）。UNIX 当初设计的目标是允许大量程序员同时访问计算机，共享其资源。它非常简单，但是功能强大、通用，并且可移植，可以运行在微机、超级小型计算机，以及大型机上。UNIX 系统的心脏是内核，即一个系统引导时加载的程序。内核用于与硬件设备打交道，调度任务，并且管理内存和辅存。正是由于 UNIX 系统这种精练特性，众多小而简单的工具和实用程序才被开发出来。因为这些工具（命令）能够很容易地组合起来执行多种大型的任务，所以 UNIX 迅速流行起来。其中最重要的工具之一就是 shell，即一个让用户能够与操作系统沟通的程序，我们后面会详细介绍 shell。最初 UNIX 被科学研究机构和大学采用，其费用微不足道，后来慢慢扩展到计算机公司、政府机构和制造业。1973 年，美国国防部高级研究计划署（Defense Advanced

Research Projects Agency,DARPA)启动一项计划,研究使用 UNIX 将跨越多个网络的计算机透明地连接在一起的方式。这个计划和从该研究中形成的网络系统使得 Internet 诞生。

图 1-1　Ken Thompson 和 Dennis Ritchie

在 20 世纪 70 年代后期,许多在大学期间接触并体验过 UNIX 的学生投身工业界并要求工业界向 UNIX 转换,声称它是最适合复杂编程环境的操作系统。很快大量厂家开始开发自己的 UNIX 版本,在自己的计算机体系结构上对其进行优化,以期占领市场。最著名的两个 UNIX 版本是 AT&T 的 System V 和 BSD UNIX,后者源于 AT&T 版本,由加利福尼亚大学伯克力分校于 20 世纪 80 年代早期开发成功。

1993 年年初,AT&T 将其 UNIX 系统实验室出售给了 Novell。1995 年,Novell 将其 UNIX 商标权和规范(后来变成了单一 UNIX 规范)转让给了 The Open Group,将 UNIX 系统源代码卖给了 SCO。目前很多公司都在出售基于 UNIX 的系统,包括 Sun Microsystems 的 Solaris、HP-UX 和来自 Hewlett-Packard 的 Tru64 UNIX,以及来自 IBM 的 AIX。除此之外,还有许多免费的 UNIX 和与 UNIX 兼容的工具,如 Linux、FreeBSD 和 NetBSD。Linux 操作系统是 UNIX 操作系统的一个克隆版本,现在几乎每个主要的计算机厂商都有其自有版本的 UNIX。

2. 开源软件

开源软件的特点就是把软件程序与源代码文件一起打包并提供给用户,让用户在不受限制地使用某个软件功能的基础上还可以按需进行修改,编制成衍生产品再发布出去。用户具有使用的自由、修改的自由、重新发布的自由以及创建衍生品的自由。开源的企业不单纯是为了利益,而是互相扶持,努力服务好更多的用户。开源软件最重要的特性有下面这些。

➢ 低风险:使用闭源软件,一旦公司倒闭,代码就没有人来维护,而且相对于商业软件公司,开源社区很少存在倒闭的问题。

➢ 高品质:相较于闭源软件产品,开源项目通常是由开源社区来研发及维护的,参与编写、维护、测试的用户量众多,一般的 bug 还没有等爆发就已经被修补。

➢ 低成本:开源工作者都是无偿地付出劳动成果,因此使用开源社区推动的软件项目可以节省大量的人力、物力和财力。

➢ 更透明:木马、后门等不会放到开放的源代码中,这样会暴露罪行。

世界上目前有 60 多种被开源促进(open source initiative)组织认可的开源许可协议,来保证开源工作者的权益。

(1) GNU 计划

GNU 是"GNU's Not Unix"的递归缩写,是由 Richard Stallman 在 1983 年 9 月 27 日公开发起的。它的目标是创建一套完全自由的操作系统,它的标志如图 1-2 所示。

只要软件中包含遵循 GPL(General Public License,通

图 1-2　GNU 标志

用公共许可证)协议的产品或代码,该软件就必须也遵循 GPL 许可协议且开源、免费。遵循该协议的开源软件数量极其庞大,包括 Linux 系统在内的大多数开源软件都是基于这个协议的,GPL 协议的 4 个主要特点如下。

➤ 复制自由:允许把软件复制到任何人的计算机中,并且不限制复制的数量。

➤ 传播自由:允许软件以各种形式进行传播。

➤ 收费传播:允许在各种媒介上出售该软件,但必须提前让买家知道这个软件是可以免费获得的;因此,一般来讲,开源软件都是通过为用户提供有偿服务的形式来赢利的。

➤ 修改自由:允许开发人员增加或删除软件的功能,但软件修改后必须依然基于 GPL 协议授权。

（2）POSIX 标准

POSIX(Portable Operating System Interface of UNIX,可移植性操作系统接口)是由 IEEE 和 ISO/IEC 开发的一组标准。该标准基于现有的 UNIX 实践和经验,描述了操作系统的调用服务接口,用于保证编制的应用程序可以在源代码一级上在多种操作系统上移植运行,包括系统应用程序接口(API)。它是在 1980 年早期的一个 UNIX 用户组(Usr/Group)工作的基础上取得的。1985 年,IEEE 操作系统技术委员会标准小组委员会(TCOS-SS)开始在 ANSI 的支持下责成 IEEE 标准委员会制定有关程序源代码可移植性操作系统服务接口的正式标准。第 1 个正式标准是在 1988 年 9 月被批准的(IEEE 1003.1—1988),即后来我们经常提到的 POSIX.1 标准。1989 年 POSIX 的工作被转移至 ISO/IEC 社团,并由 15 个工作组继续将其制定成 ISO 标准。到 1990 年,POSIX.1 与已经通过的 C 语言标准联合,正式被批准为 IEEE 1003.1—1990(也是 ANSI 标准)和 ISO/IEC 9945-1—1990 标准。Linux 系统也兼容 POSIX 标准,遵循这个标准的好处是软件可以跨平台。

（3）Linux 操作系统的诞生

1991 年,Linus Benedict Torvalds(图 1-3)是赫尔辛基大学计算机科学系的二年级学生,也是一个自学黑客(hacker)。这个 21 岁的芬兰年轻人喜欢操作计算机,曾经想测试计算机的能力和限制,但缺乏一个专业的操作系统。当时,GNU 计划已经开发出了许多软件工具,最受期盼的 GNU C 编译器已经出现,可是还没有开发出免费的 GNU 操作系统,从 1991 年起,Linus 开始酝酿并着手编制自己的操作系统。

图 1-3　Linus Benedict Torvalds

Linus 开始学习 minix(一种用于教学实验的开放代码操作系统)系统时,使用的是一台 386sx 微机。从 1991 年 4 月开始,Linus 几乎花了全部时间研究 386-minix 系统,并且尝试着移植 GNU 的软件到该系统上(GNU gcc、bash、gdb 等),并于 4 月 13 日在 comp. os. minix 上发布说自己已经成功地将 bash 移植到了 minix 上,而且已经爱不释手、不能离开这个 shell 软件了。1991 年 10 月 5 日，Linus 在 comp. os. minix 新闻组上发布消息，正式向外宣布 Linux 内核系统的诞生(free minix-like kernel sources for 386-AT)。这段消息可以称为 Linux 的诞生宣言，并且一直广为流传。因此 10 月 5 日对 Linux 社区来说是一个特殊的日子，后来许多 Linux 的新版本发布时都选择了这个日子，所以 Red Hat 公司也选择这个日子发布它的新系统。

1.4.2 了解 Linux 系统的特点

Linux 操作系统在短短的几年之内得到了非常迅猛的发展，这与 Linux 具有的良好特性是分不开的。Linux 包含 UNIX 的全部功能和特性。Linux 最大的优势在于其作为服务器的强大功能，这也是众多用户选择使用它的根本原因。由于 Linux 通过 Internet 协同开发，随着它健壮和稳定的网络功能不断壮大，它成为一种纯正的网络操作系统。下面从几个方面来说明 Linux 的特点。

1. 多用户

Linux 是抢占式、多任务(preemptive multitasking)、多用户操作系统，具有优异的内存和多任务管理能力，不仅可让用户同时执行数十个应用程序，还允许远程用户联机登录，并运行程序。既然是多用户、多任务系统，对于用户账号的管理自然不在话下，包括权限、磁盘空间限制等，都有完善的工具可以使用。

2. 多任务管理

Linux 是一个完全受保护的多任务操作系统，其允许每个用户同时运行多个作业。进程间可相互通信，但每个进程都是受到完全保护的，即不会受到其他进程的干扰，就如内核不会受到其他任何进程干扰一样。用户在集中精力于当前屏幕所显示作业的同时，在后台还可运行其他作业，而且还可以在这些作业之间来回切换。如果运行的是 X Window 系统，那么同一屏幕上的不同窗口可运行不同的程序，并且可监视它们，这一功能提高了用户的工作效率。

3. 良好的用户界面

Linux 向用户提供了两种界面：用户界面和系统调用。Linux 还为用户提供了图形用户界面。它利用鼠标、菜单、窗口、滚动条等，给用户呈现一个直观、易操作、交互性强的友好图形化界面。

4. 设备独立性

设备独立性是指操作系统把所有外部设备统一当成文件来看待，只要安装它们的驱动程序，任何用户都可以像使用文件一样，操纵、使用这些设备，而且知道它们的具体存在形式。Linux 是具有设备独立性的操作系统，它的内核具有高度适应能力。

5. 完善的网络功能

Linux 沿袭 UNIX 系统，使用 TCP/IP 作为主要的网络通信协议，内建 FTP、SSH、Mail 和 Apache 等各种功能，再加上稳定性高，因此许多 ISP(Internet Service Provider)都架设 Mail Server、HTTP Server 和 FTP Server 等服务器。

6. 支持多种应用程序及开发工具

程序设计师最关心的是如何在 Linux 中开发软件，由于 Linux 非常稳定，因此它是一个优秀的开发平台。目前运行在 UNIX 系统中的工具大部分已经被移植到 Linux 系统上，包括几乎所有 GNU 的软件和库以及多种不同来源的客户端软件。所谓移植通常指直接在 Linux 机器上编译源程序而不需修改，或只需进行很小的修改，这是因为 Linux 系统完全遵循 POSIX

标准。

7. 可靠的系统安全

Linux 采取了许多安全技术措施,包括对读、写进行权限控制,采用带保护的子系统,审计跟踪,核心授权等,这为网络多用户环境中的用户提供了必要的安全保障。

8. 良好的可移植性

可移植性是指将操作系统从一个平台转移到另一个平台,使其仍然能按其自身的方式运行的能力。Linux 是一种可移植的操作系统,能够在从微型计算机到大型计算机的任何环境中和任何平台上运行。可移植性为运行 Linux 的不同计算机平台与其他任何机器进行准确而有效的通信提供了手段,不需要另外增加特殊的和昂贵的通信接口。

1.4.3 了解 Linux 系统的版本

Linux 的版本可以分为两类,即内核(kernel)版本与发行(distribution)版本,内核版本指的是在 Linux 领导下的开发小组开发出来的系统内核版本号,目前最新的内核版本号为 Linux 4.4。

1. 内核版本

➢ 0.00(1991 年 2 月—1991 年 4 月)。

➢ 0.01(1991 年 9 月),第 1 个正式向外公布的 Linux 内核版本。

➢ 0.02(1991 年 10 月 5 日),该版本及 0.03 版本是内部版本,目前已经无法找到。

➢ 0.10(1991 年 10 月),由 Ted Ts'o 发布的 Linux 内核版本。

➢ 0.11(1991 年 12 月 8 日),基本可以正常运行的内核版本。

➢ 0.12(1992 年 1 月 15 日),主要加入针对数学协处理器的软件模拟程序。

➢ 0.95(即 0.13,1992 年 3 月 8 日),开始加入虚拟文件系统思想的内核版本。

➢ 0.96(1992 年 5 月 12 日),开始加入网络支持和虚拟文件系统(VFS)。

➢ 1.0(1994 年 3 月 14 日)。

➢ 1.2(1995 年 3 月 7 日)。

➢ 2.0(1996 年 2 月 9 日)。

➢ 2.4(2001 年 1 月 4 日)。

➢ 2.6(2003 年 12 月 17 日)。

➢ 3.0(2011 年 7 月 23 日)。

➢ 3.10(2013 年 7 月 1 日)。

➢ 4.4(2017 年 12 月 20 日)。

➢ 5.10(2021 年 3 月 9 日)。

Linux 系统内核版本号格式为 major. minor. patch-build. desc,其中各项都有一定的含义,分别如下。

➢ major:表示主版本号,有结构性变化时才变更。

➢ minor:表示次版本号,新增功能时才发生变化。一般奇数表示测试版,偶数表示生产版。

➢ patch:表示对次版本的修订次数或补丁包数。

➢ build:表示编译(或构建)的次数,每次编译都可能优化或修改少量程序,但一般没有大(可控)的功能变化。

> desc：用来描述当前的版本特殊信息，其信息在编译时指定，比如 smp、el、fc 等是常用的描述标识。

登录 Linux 系统后，我们可以通过 uname－r 命令来查看所使用系统的版本号：

```
[root@localhost ~]# uname -r
4.18.0-80.el8.x86_64
```

例如，Linux 系统的内核版本为 4.18.0-80.el8.x86_64，即主版本号为 4，次版本号为 18，修订号为 0，第 80 次编译，el 表示该内核为企业级 Linux（enterprise Linux），x86_64 表示 64 位版本。用户可以在网站 http://www.kernel.org/查询最新的内核版本信息，如图 1-4 所示。

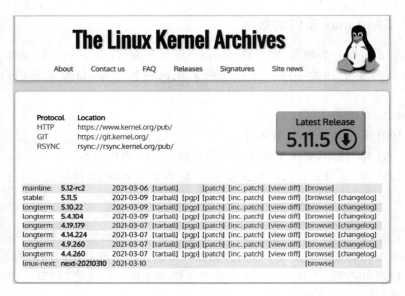

图 1-4　Linux 内核版本网站

2. 主要发行版本

（1）Red Hat Linux

Red Hat 是一个比较成熟的 Linux 版本，该版本从 4.0 开始同时支持 Intel、Alpha 及 Sparc 硬件平台，并且通过 Red Hat 公司的开发使得用户可以轻松地进行软件升级，彻底卸载应用软件和系统部件。Red Hat 最早由 Bob Young 和 Marc Ewing 在 1995 年创建，目前分为两个系列，即由 Red Hat 公司提供收费技术支持和更新的 Red Hat Enterprise Linux，以及由社区开发的免费 Fedora Core。Fedora Core 1 发布于 2003 年年末，定位为桌面用户。Fedora Core 提供了最新的软件包，同时版本更新周期也非常短，仅 6 个月。目前最新版本为 Fedora Core 7。适用于服务器的版本是 Red Hat Enterprise Linux，这是个收费的操作系统，其官方主页是 http://www.redhat.com/，标志如图 1-5 所示。本书的编写所使用的操作平台为 Linux 8 操作系统。

CentOS 是 RHEL 的社区重编译版本，此版本是免费的，目前已经被 Red Hat 公司收购，国内外许多企业或网络空间公司使用 CentOS。CentOS 可以算是 Red Hat Enterprise Linux 的克隆版，标志如图 1-6 所示。

图 1-5　Red Hat 标志　　　　　　　　图 1-6　CentOS 标志

（2）Debian Linux

Debian 最早由 Ian Murdock 于 1993 年创建，可以算是迄今为止最遵循 GNU 规范的 Linux 系统。Debian 系统分为 3 个版本分支（branch），即 Stable、Testing 和 Unstable。截至 2005 年 5 月，这 3 个版本分支分别对应的具体版本为 Woody、Sarge 和 Sid。其中，Unstable 为最新的测试版本，包括最新的软件包，但是也有相对较多的 Bug。适合桌面用户 Testing 的版本都经过 Unstable 中的测试，相对较为稳定，也支持不少新技术（比如 SMP 等）。其官方主页是 http：//www.debian.org/，标志如图 1-7 所示。

（3）Ubuntu Linux

Ubuntu 是一个相对较新的发行版，它的出现可能改变了许多潜在用户对 Linux 的看法。也许，以前人们会认为 Linux 难以安装并难以使用，但是 Ubuntu 出现后这些都成了历史：Ubuntu 基于 Debian Sid，所以拥有 Debian 的所有优点，包括 Apt-Get。然而不仅如此，Ubuntu 默认采用的 GNOME 桌面系统也将 Ubuntu 的界面装饰得简易而不失华丽。Ubuntu 同样适合 KDE。Ubuntu 的安装非常人性化，只需要按照提示一步一步进行，安装操作与 Windows 操作系统一样简便。Ubuntu 被誉为对硬件支持最好、最全面的 Linux 发行版之一，许多在其他发行版上无法使用或者默认配置时无法使用的硬件，在 Ubuntu 上都可以轻松实现。Ubuntu 采用自行加强的内核，在安全性方面更加完善。Ubuntu 默认不能直接 Root 登录，必须由第一个创建的用户通过 Su 或 Sudo 来获取 Root 权限（这也许不太方便，但无疑增加了安全性，避免用户由于粗心而损坏系统）。Ubuntu 的版本周期为 6 个月，其官方主页是 http：//www.ubuntuLinux.org/，标志如图 1-8 所示。

图 1-7　Debian 标志　　　　　　　图 1-8　Ubuntu 标志

（4）Suse Linux

Suse 是起源于德国的著名 Linux 发行版，在全世界范围内享有较高的声誉，其自主开发的软件包管理系统 YaST 也大受好评。Suse 于 2003 年年末被 Novell 收购，Suse 8.0 之后的发布显得比较混乱，比如 9.0 版本是收费的，而 10.0 版本（也许由于各种压力）是免费的。这使得一部分用户感到困惑，转而使用其他发行版本。但是瑕不掩瑜，Suse 仍然是一个非常专业且优秀的发行版，其官方主页是 http：//www.suse.com/，标志如图 1-9 所示。

（5）Gentoo Linux

Gentoo Linux 最初由 Daniel Robbins（Stampede Linux 和 FreeBSD 的开发者之一）创建，由于开发者对 FreeBSD 熟识，所以 Gentoo 拥有媲美 FreeBSD 的广受美誉的 ports 系统——portage（ports 和 portage 都是用于在线更新软件的系统，类似于 apt-get，但还是有很大不同）。Gentoo 的首个稳定版本发布于 2002 年，其出名是因为高度的自定制性，其是一个基于源代码的（source-based）发行版。尽管安装时可以选择预先编译好的软件包，但是大部分用户都选择自己手动编译，这也是 Gentoo 适合比较有 Linux 使用经验的用户使用的原因。但是要注意的是，由于编译软件需要消耗大量的时间，所以如果所有的软件都自己编译，并安装 KDE 桌面系统等比较大的软件包，可能需要几天时间，其官方主页是 http://www.gentoo.org/，标志如图 1-10 所示。

图 1-9　Suse 标志　　　　　　　　　图 1-10　Gentoo 标志

（6）Kali Linux

Kali 是一个基于 Debian 的 Linux 发行版，官方称用于网络安全渗透测试和安全审计。其中 Kali Linux 系统在安装完成后自带很多软件，而且它是有图形界面的，它自带的软件都是用于安全测试的。软件类型有渗透测试、安全研究、计算机痕迹追踪、逆向工程，Kail Linux 由 Offensive Security Ltd. 公司负责维护，最初于 2013 年发行，每季度更新一次。它的开发规范完全遵守 Debian 的规则。Kail 是免费公开发行的 Linux 系统，工具源代码大多都是开源的，可以供任何人进行自定义升级或者改造成需要的功能。如果想学习与安全相关的技术，建议使用一下此系统。

目前全球 Linux 至少有几百个不同的发行版本，可以查看 Linux 流行风向标网站（www.distrowatch.com）了解 Linux 发行版的排行，目前 Ubuntu 的发行版高居榜首。中国内地的 Linux 发行版有中标麒麟 Linux（原中标普华 Linux）、红旗 Linux（red-flag Linux）、Qomo Linux（原 Everest）、冲浪 Linux（Xteam Linux）等。

1.4.4　了解 Linux 的应用现状和前景

Linux 的应用范围主要包括桌面、服务器、嵌入式系统、集群计算机等方面，特别是在服务器、嵌入式系统和集群计算机领域，非常具有竞争力，并已经建立起自己稳固的地位。

1. 桌面端应用

桌面端应用一直被认为是 Linux 最薄弱的环节，由于 Linux 继承了 UNIX 的传统，所以在字符界面下使用 shell 命令就可以完全控制计算机。尽管从早期的 Linux 发行版本就开始提供图形用户界面，但跟微软公司的 Windows 相比还有一定的差距。

随着 Linux 技术，特别是 X Window 技术的发展，Linux 图形用户界面在美观、使用方便性等方面有了长足的进步，Linux 作为桌面操作系统逐渐被用户接受。根据 IDC（Internet Data Center，互联网数据中心）的调查，Linux 桌面操作系统已成为第二大流行的操作系统。

2．服务器端应用

Linux服务器的稳定性、安全性、可靠性已经得到业界认可,政府、银行、保险、航空等业务关键部门已开始规模性使用。作为服务器,Linux的服务领域包括如下3个。

➢ 网络服务:Linux被广泛用于互联网和内联网(Internet/Intranet),据统计,目前全球29％的互联网服务器已经采用了Linux系统。在Linux系统中结合一些应用程序(如Apache、Vsftpd、Postfix等)就可以提供WWW服务、FTP服务和电子邮件服务。此外,Linux还被广泛用于提供DNS、NIS和NFS等网络服务。

➢ 文件和打印服务:Linux可提供Samba服务,不仅可以轻松面向用户提供文件及打印服务,还可以通过磁盘配额控制用户对磁盘空间的使用。

➢ 数据库服务:目前各数据库厂商均已推出基于Linux的大型数据库,如Oracle、MySQL、MariaDB等。Linux凭借其稳定运行的性能,在数据库服务领域有取代Windows的趋势。

3．嵌入式系统领域应用

嵌入式系统(embedded system)是指带有微处理器的非PC系统,是以应用为中心,以计算机技术为基础,并且软硬件可裁剪,适用于对功能、可靠性、成本、体积、功耗有严格要求的专用计算机系统。我们身边触手可及的电子产品,小到MP3、PDA等微型数字化产品,大到网络家电、智能家电、车载电子设备等都属于嵌入式系统。实际上,各种各样的嵌入式系统设备在应用数量上已经远远超过通用计算机,任何一个普通人都可拥有从小到大的各种使用嵌入式技术的电子产品。

4．云计算/大数据应用

互联网产业的迅猛发展促使云计算、大数据产业形成并快速发展,云计算、大数据作为一个基于开源软件的平台,Linux占据了核心优势。据Linux基金会的研究,86％的企业已经使用Linux操作系统进行云计算、大数据平台的构建。目前,Linux已开始取代UNIX成为最受青睐的云计算、大数据平台操作系统。集群计算机(cluster computer)是利用高速的计算机网络,将许多台计算机连接起来,并加入相应的集群软件所形成的具有超强可靠性和计算能力的计算机。目前Linux已成为构建集群计算机的主要操作系统之一,它在集群计算机的应用和目前日益强大的云计算系统中具有非常大的优势。

以上是对Linux操作系统的介绍,当我们了解了这个系统后,就可以为以后的网络搭建、网络运行维护选择更合适的平台了。

1.5　任务扩展练习

1. 注册一个Linux学习论坛,加入一个Linux学习QQ群。
2. 利用互联网搜集材料,举例说明哪些机器安装了Linux操作系统。
3. 网上查找国内Linux发行版及应用情况。

任务 2　安装 Linux 操作系统

安装 Linux 操作系统有多种方式,用户可以根据自己的实际情况进行选择。常用的安装方式有以下几种。

➢ 光盘安装:需要 Red Hat Enterprise Linux 8 的 DVD 安装盘,这是目前安装 Red Hat Enterprise Linux 8 的最简单方式。

➢ 硬盘驱动器或者 USB 盘:需要将 Red Hat Enterprise Linux 8 的 ISO 映像复制到本地硬盘驱动器或者 USB 盘中。

➢ 在虚拟机上安装:在虚拟机上使用虚拟的 DVD 驱动器,加载 ISO 映像文件进行安装,这里我们采用此方式安装。

➢ 网络安装方式包括以下 3 种。

• NFS 方式:从 NFS 服务器中使用 ISO 映像,需要一张引导盘。

• FTP 方式:从 FTP 服务器中直接安装,需要一张引导盘。

• HTTP 方式:从 HTTP 服务器中直接安装,需要一张引导盘。

2.1　任务描述

1. 了解安装 Linux 操作系统需要的硬件环境和支持软件。

2. 掌握 VMware Workstation 的安装和使用方法。

3. 掌握 Linux 操作系统的安装和基本的系统设置。

2.2　引导知识

Linux 安装

2.2.1　安装环境的设置

1. VT 的支持

安装 Red Hat Enterprise Linux(RHEL)8,计算机的 CPU 需要支持 VT
(Virtualization Technology,虚拟化技术)。所谓 VT,指的是让单台计算机能够分割出多个独立资源区,并让每个资源区按照需要模拟出系统的一项技术,其本质就是通过中间层实现计算机资源的管理和再分配,让系统资源的利用率最大化。如果开启虚拟机后,提示"CPU 不支持 VT 技术"等报错信息,重新启动计算机并进入 BIOS 中把 VT 虚拟化功能开启即可。不同主板的 BIOS 设置稍有不同。只要找到"Virtualization Technology",设置为 Enabled 即可,如图 2-1 所示。

2. VMware Workstation

VMware Workstation 是一款功能强大的桌面虚拟计算机软件,提供用户可在单一的桌面上同时运行不同的操作系统,并开发、测试、部署新的应用程序的最佳解决方案。VMware Workstation 可在一部实体机器上模拟完整的网络环境,并模拟出多台虚拟机器,其灵活性与先进的技术胜过了市面上其他的虚拟计算机软件。对于企业的 IT 开发人员和系统管理员而言,VMware 在虚拟网络、实时快照、拖曳共享文件夹、支持 PXE 等方面的特点使它成为必不可少的工具。

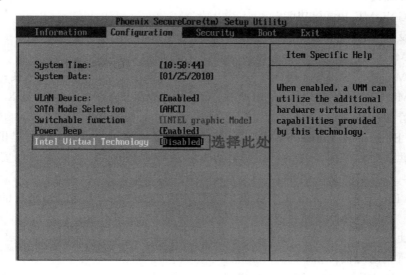

图 2-1　开启 VT

2.2.2 系统软件描述

红帽公司 Red Hat Enterprise Linux 8 正式版于 2019 年 5 月 7 日发布。在 RHEL 7 系列发布将近 5 年之后,RHEL 8 在优化诸多核心组件的同时引入了强大的新功能,从而让用户轻松驾驭各种环境以及支持各种工作负载。以下是 Red Hat Enterprise Linux 8 的新功能和新特性。

1. 内核和支持 CPU 架构

Red Hat Enterprise Linux 8 基于内核 4.18 版本,此版本可以使用户跨混合云和数据中心部署,网络更加安全、稳定和一致,其支持所有级别工作负载所需的工具。

支持的 CPU 架构是:

① AMD 和 Intel 64 位处理器;

② ARM64 位处理器;

③ IBM Power 处理器;

④ IBM Z 处理器。

2. 内容分发

Red Hat Enterprise Linux 8 有两种内容分发模式,只需要启用两个存储库。

① BaseOS 存储库:BaseOS 存储库以传统 RPM 包的形式提供底层核心 OS 内容,BaseOS 组件的生命周期与之前 Red Hat Enterprise Linux 版本中内容的周期相同。

② AppStream 存储库:AppStream 存储库提供可能希望在给定用户空间中运行的所有应用程序,具有特殊许可的其他软件可在 Supplemental 存储库中获得。

3. 桌面环境

Red Hat Enterprise Linux 8 的默认桌面环境是 GNOME，GNOME 项目由 GNOME Foundation 支持，RHEL 8 中提供的 GNOME 版本是 3.28 版本，它可以自动下载 Boxes 中的操作系统，其他新功能包括：

① 新的屏幕键盘；

② 新的 GNOME Boxes 功能；

③ 扩展设备支持 Thunderbolt 3 接口的最显著集成；

④ GNOME 软件、dconf 编辑器和 GNOME 终端的改进；

⑤ GNOME 软件实用程序可用于安装和更新应用程序与 gnome-shell 扩展；

⑥ GNOME 显示管理器(GDM)使用 Wayland 作为其默认显示服务器，而不是 X. org 服务器。

4. 软件管理

Red Hat Enterprise Linux 8 YUM 软件包管理器目前基于 DNF 技术，它提供对模块化内容的支持，提供高性能工具集成的稳定 API，RPM 的版本是 4.14.2，它在开始安装之前验证整个包的内容。

Red Hat Enterprise Linux 8 中提供的 YUM 版本是 v4.0.4，基于 DNF 的 YUM 与在 RHEL 7 上使用的 YUM v3 相比具有以下优势：

① 提高性能；

② 支持模块化内容；

③ 精心设计的稳定 API，可与工具集成。

5. Web 服务器、Web 工具、编译器、语言和数据库

Red Hat Enterprise Linux 8 包括多个版本的数据库、语言、编译器和其他可供使用工具的应用程序，以下是 Red Hat Enterprise Linux 8 上可用的组件列表。

① Python：RHEL 8 中的默认 Python 是 Python 3.6。

② 数据库服务器：RHEL 8 提供的数据库有 MariaDB 10.3、MySQL 8.0、PostgreSQL 9.6、PostgreSQL 10。

③ Redis：可用的 Redis 版本是 4.0。

④ Web 服务器：httpd 2.4 和 Nginx 1.14。

⑤ OpenLDAP 由 369 LDAP Server 取代。

⑥ Varnish Cache 6.0。

⑦ Git 2.17。

⑧ Maven 3.5。

⑨ Perl 5.26 和 5.24。

⑩ PHP 7.2 和 7.1。

⑪ Ruby 2.5。

⑫ Node. js 10 和 8。

⑬ Python 3.6 和 2.7。

⑭ Rust Toolset 1.26。

⑮ Scala 2.10。

⑯ Go Toolset 1.10。

⑰ GCC 编译器 8.1。

⑱ NET Core 2.1。

⑲ Java 8 和 11。

⑳ Pacemaker 集群资源管理器 2.0.0,pcs 配置系统完全支持 Corosync 3、knet 和 node 名称。

㉑ glibc 库基于 2.28 版。

6. 联网

以下是网络级别的新变化:

① RHEL 8 与 TCP 网络堆栈版本 4.16 一起发布,提供更高的性能、更好的可扩展性和更高的稳定性;

② 网络堆栈升级到上游版本 4.18;

③ Iptables 已被 nftablesframework 取代为默认的网络数据包过滤工具;

④ nftables 框架是 iptablesip6tables、arptables 和 ebtables 工具的指定继承者,这为 IPv4 和 IPv6 协议提供了单一框架;

⑤ firewalld 守护程序目前使用 nftables 作为其默认后端;

⑥ 支持 IPVLAN 虚拟网络驱动程序,支持多个容器的网络连接;

⑦ NetworkManager 目前支持单根 I/O 虚拟化(SR-IOV)虚拟功能(VF),NetworkManager 允许配置 VF 的某些属性,例如 MAC 地址、VLAN、允许的比特率。

7. 虚拟化

① Red Hat Enterprise Linux 8 与 qemu-kvm 2.12 一起发布,它支持 Q35 客户机类型、UEFI 启动、vCPU 热插拔、NUMA 调优和客户 I/O 线程中的固定。

② QEMU 仿真器引入了沙盒功能,QEMU 沙盒为 QEMU 可以执行的系统调用提供了可配置的限制,从而使虚拟机更加安全。

③ KVM 虚拟化目前支持用户模式指令防护(UMIP)功能,该功能有助于用户空间应用程序访问系统范围的设置。

④ KVM 虚拟化目前支持 5 级分页功能,这显著地增加了主机和客户机系统可以使用的物理和虚拟地址空间。

⑤ NVIDIA vGPU 目前与 VNC 控制台兼容。

⑥ 在 Red Hat 支持的所有 CPU 架构上,KVM 虚拟化支持 Ceph 存储。

⑦ Red Hat Enterprise Linux 8 Virtualization 支持更现代的基于 PCI Express 的机器类型,在默认情况下,在 RHEL 8 中创建的所有虚拟机都设置为 Q35 PC 机器类型。

8. 网络管理

① RHEL 8 自动安装了 Cockpit,Cockpit 所需的防火墙端口会自动打开。

② Cockpit 界面可用于将基于策略的解密(PBD)规则应用于受管系统的磁盘上。

③ 对于在身份管理(IdM)域中注册的系统,Cockpit 默认使用域集中管理的 IdM 资源。

④ Cockpit 菜单和页面可以在移动浏览器变体上导航。

⑤ 可以从 Cockpit Web 界面创建和管理虚拟机。

⑥ 可以将"虚拟机"页面添加到 Cockpit 界面,该界面使用户可以创建和管理基于 libvirt 的虚拟机。

9. 系统用户

RHEL 8 中可用的 usernfsnobody 已经与 usernobody 合并到 nobody 用户和组,其 UID 和 GID 为 65534,这种更改使得 NFS 更安全。

10. 安全

Red Hat Enterprise Linux 8 支持 OpenSSL 1.1.1 和 TLS 1.3,这使得能够使用最新的加密保护标准保护客户的数据。Red Hat Enterprise Linux 8 自带了系统范围的加密策略,以管理加密的合规性,无须修改和调整特定应用程序。OpenSSH 已经改为版本 7.8p1,不支持 SSH 版本 1 协议、Blowfish/CAST/RC4 密码、hmac-ripemd160 消息认证码,也不支持 DSA 算法。

11. 容器技术

Red Hat Enterprise Linux 8 通过基于开放标准的容器工具包为 Linux 容器提供企业支持:

① Buildah 有助于构建 OCI 图像;

② Skopeo 用在 Docker 注册表、Atomic 注册表、私有注册表、本地目录和本地 OCI 布局目录上共享/查找容器映像;

③ Podman 用于运行容器而无须守护进程。

12. 存储和文件系统

Stratis 是 RHEL 8 的新本地存储管理器,它在存储池之上提供托管文件系统,并为用户提供附加功能,Stratis 通过集成 Linux 的 devicemapper 子系统和 XFS 文件系统来提供 ZFS/Btrfs 风格的功能。Stratis 支持 LUKSv2 磁盘加密和网络绑定磁盘加密(NBDE),以实现更强大的数据安全性。使用 Stratis 可以轻松地执行存储任务,例如:

① 维护文件系统;

② 管理快照和精简配置;

③ 根据需要自动增大文件系统。

Pools 是从一个或多个存储设备创建的,而卷是从 pool 创建的,文件系统是在卷上创建的,因此调整卷的大小也会自动调整 FS 的大小,Stratis 使用的默认文件系统是 XFS。

2.3　任务准备

1. 一台计算机,配置要求为 1.5 GB 以上内存,10 GB 以上可用硬盘空间,VGA 以上显卡、网卡等(为后期进一步学习做准备,我们建议内存为 4~8 GB,硬盘有 20 GB 以上空间)。

2. Red Hat Enterprise Linux 8 安装光盘(这里我们准备的是 DVD 映像文件)。

3. 准备虚拟机的安装软件 VMware Workstation 15.5。

2.4　任务解决

2.4.1　安装并设置 VMware Workstation 15.5

运行 VMware Workstation 虚拟机软件包,安装步骤如下。

在虚拟机软件的安装向导界面单击"下一步"按钮,如图 2-2 所示。

在"VMware 最终用户许可协议"界面选中"我接受许可协议中的条款"复选框,然后单击"下一步"按钮,如图 2-3 所示。选择虚拟机软件的安装位置(可选择默认位置),选中"增强型键盘驱动程序"复选框后,单击"下一步"按钮,如图 2-4 所示。

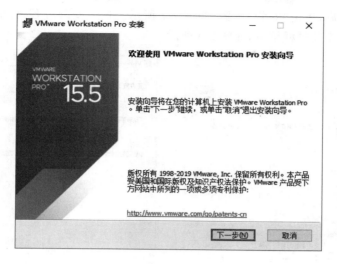

图 2-2　虚拟机的安装向导

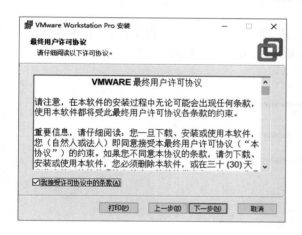

图 2-3　接受许可条款

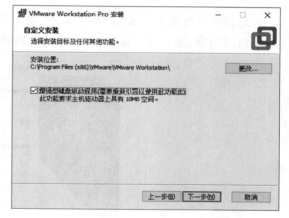

图 2-4　选择虚拟机软件的安装路径

选择"启动时检查产品更新"与"加入 VMware 客户体验提升计划"复选框，然后单击"下一步"按钮，如图 2-5 所示。选中"桌面"和"开始菜单程序文件夹"，单击"下一步"按钮，如图 2-6 所示。

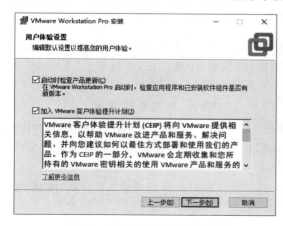

图 2-5　虚拟机的用户体验设置

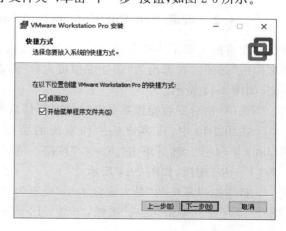

图 2-6　虚拟机图标的快捷方式生成位置

一切准备就绪后,单击"安装"按钮,如图 2-7 所示。进入安装过程,此时要做的就是耐心等待虚拟机软件的安装过程结束,如图 2-8 所示。

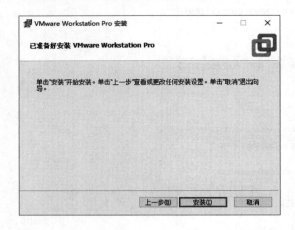

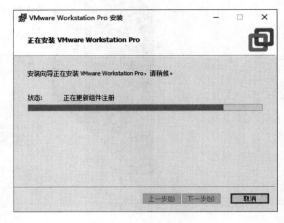

图 2-7　准备开始安装虚拟机　　　　图 2-8　等待虚拟机软件安装完成

虚拟机软件安装完成后,再次单击"完成"按钮,如图 2-9 所示。重启系统,双击桌面上虚拟机快捷图标,输入许可证密钥,在出现欢迎界面后,单击"完成"按钮。

图 2-9　虚拟机软件安装向导完成界面

2.4.2　安装 Red Hat Enterprise Linux 8

在桌面上双击快捷方式,就打开了虚拟机软件的管理界面,在图 2-10 中,单击"创建新的虚拟机"选项。在弹出的"新建虚拟机向导"界面中选择"典型"单选按钮,然后单击"下一步"按钮,如图 2-11 所示。

选中"稍后安装操作系统"单选按钮,然后单击"下一步"按钮,如图 2-12 所示。

在图 2-13 中,将客户机操作系统的类型选择为"Linux",版本为"Red Hat Enterprise Linux 8 64 位",然后单击"下一步"按钮。填写"虚拟机名称"字段,并在选择安装位置之后单击"下一步"按钮,如图 2-14 所示。

将虚拟机系统的"最大磁盘大小"设置为 20.0 GB(默认即可),然后单击"下一步"按钮,如图 2-15 所示。单击"完成"按钮,如图 2-16 所示。

图 2-10　虚拟机软件的管理界面

图 2-11　新建虚拟机向导

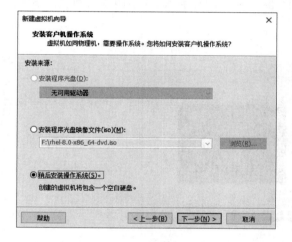

图 2-12　选择虚拟机的安装来源

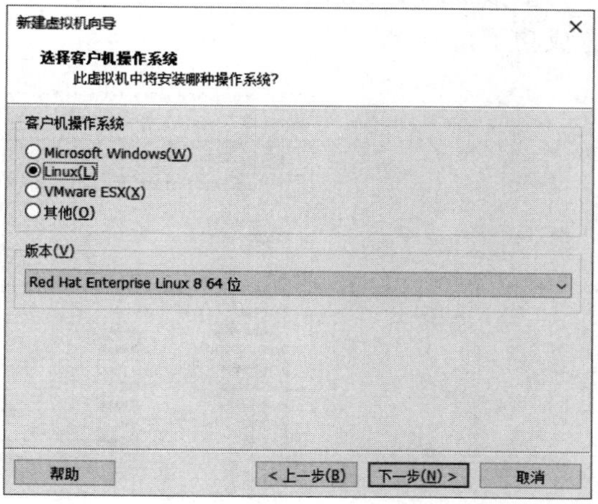

图 2-13　选择操作系统的版本

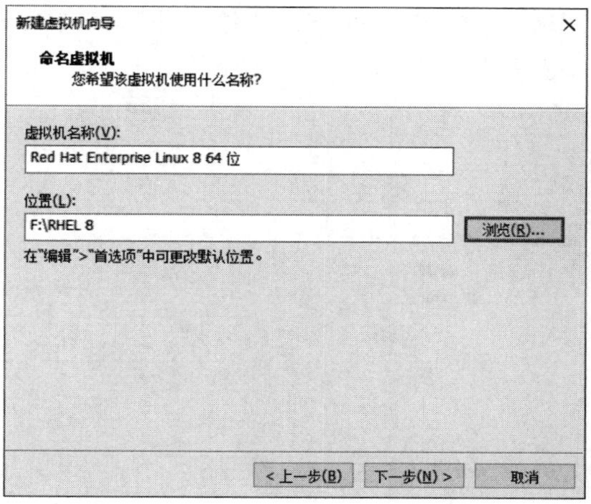

图 2-14　虚拟机命名及设置安装路径

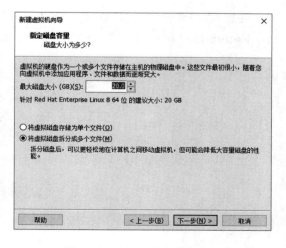

图 2-15　虚拟机最大磁盘大小

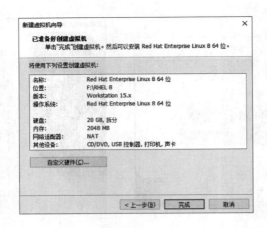

图 2-16　自定义硬件

　　虚拟机的安装和配置顺利完成。当看到如图 2-17 所示的界面时，就说明虚拟机已经被配置成功了。

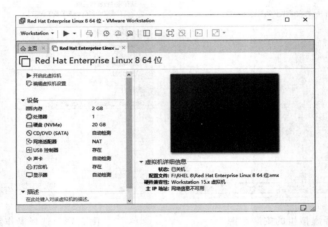

图 2-17　虚拟机配置成功的界面

　　注意：在安装系统前，单击"CD/DVD(SATA)"选项，选择"使用 ISO 映像文件"，找到 Red Hat Enterprise Linux 8 DVD 盘的 ISO 映像文件，如图 2-18 所示。

图 2-18　装载系统 DVD 映像文件

在虚拟机管理界面，如图 2-19 所示，单击"开启此虚拟机"按钮后数秒就可看到 Red Hat Enterprise Linux 8 系统安装界面，如图 2-20 所示。在界面中，"Test this media & install Red Hat Enterprise Linux 8.0.0"和"Troubleshooting"的作用分别是校验光盘完整性后再安装以及启动救援模式。此时通过键盘的方向键选择"Install Red Hat Enterprise Linux 8.0.0"选项来直接安装 Linux 系统，白色高亮为选中。

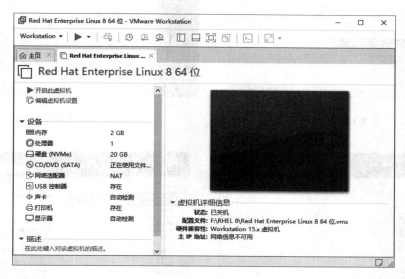

图 2-19　虚拟机管理界面

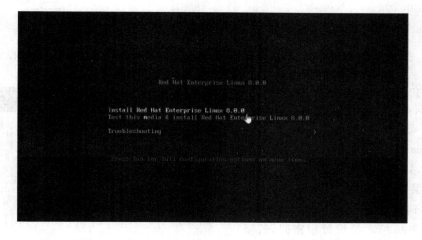

图 2-20　Red Hat Enterprise Linux 8 系统安装界面

接下来按回车键后开始加载安装镜像，选择系统的安装语言，选择"中文"后单击"继续"按钮，如图 2-21 所示。进入"安装信息摘要"的主界面，如图 2-22 所示。注意在安装过程中，遇到橙色叹号标识的选项，需要选中后确认，然后单击"完成"按钮即可。

在安装界面中单击图 2-22 中的"安装目的地"选项来选择安装的位置，此时不需要进行任何修改，单击左上角的"完成"按钮即可，如图 2-23 所示。

在安装界面中单击图 2-22 的"软件选择"选项，进入软件标准，选择第一项"带 GUI 的服务器"，如图 2-24 所示。

图 2-21 选择系统的安装语言

图 2-22 安装信息摘要

图 2-23 目标磁盘确认

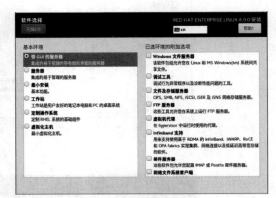

图 2-24 选择安装的软件标准

在安装界面中单击图 2-22 的"网络和主机名"选项，把以太网的"打开"按钮拖动进行打开，这里也可以修改设置主机名，将 Hostname 字段设置为主机名，我们采用默认值，如图 2-25 所示。

返回安装主界面，单击"开始安装"按钮后即可看到安装进度，在此处选择"根密码"，如图 2-26 所示。设置根密码，若坚持用弱口令的密码，则需要单击 2 次左上角的"完成"按钮才可以确认，如图 2-27 所示。

图 2-25 设置主机名和开启以太网

注意：在虚拟机中做实验的时候，密码无所谓强弱，但在生产环境中一定要让 root 管理员的密码足够复杂，否则系统将面临严重的安全问题。单击"创建用户"，这里我们创建一个 user 用户，输入用户名，全名既可默认，也可以做具体说明，输入并确认新用户的密码，如图 2-28 所示。

图 2-26 配置根密码和创建用户

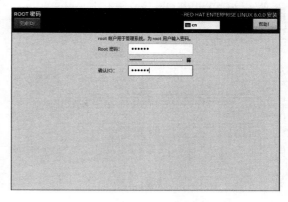

图 2-27 设置 root 管理员密码

图 2-28 创建一个 user 用户

接下来 Linux 系统就开始安装了,在安装过程中耐心等待即可。安装完成后单击"重启"按钮,如图 2-29 所示。

重启系统后将看到系统的初始化界面,如图 2-30 所示,选择"License Information"选项,如图 2-30 所示。选中"我同意许可协议"复选框,然后单击左上角的"完成"按钮,如图 2-31 所示。暂时不对系统进行注册,如图 2-32 所示。

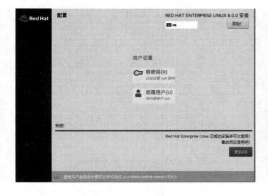

图 2-29 系统安装完成

图 2-30 系统初始化界面

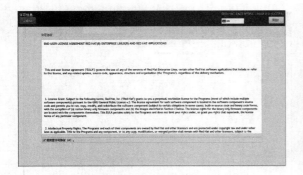

图 2-31　同意许可说明书

图 2-32　暂时不对系统进行注册

返回到初始化界面后，单击"结束配置"选项，此处设置为不注册系统对后续的实验操作和生产工作均无影响。经过又一次的重启后，可以进入虚拟机软件中系统，如图 2-33 所示。

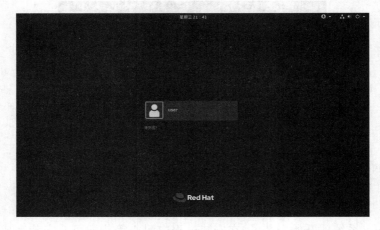

图 2-33　启动并进入 Linux 系统

选择用户并输入密码后，登录系统，需要在界面中选择默认的语言，这里我们选择中文，如图 2-34 所示，单击"前进"按钮，设置键盘的语言为汉语，如图 2-35 所示，单击"前进"按钮。

图 2-34　系统的语言设置

图 2-35　系统键盘设置

图 2-36 所示的隐私设置我们暂时不打开，直接单击"前进"按钮，图 2-37 所示的在线账号我们单击"跳过"按钮。

图 2-36　设置系统的时区

图 2-37　系统初始化结束界面

在图 2-38 所示的界面中单击"开始使用 Red Hat Enterprise Linux"按钮，出现如图 2-39 所示的 GNOME 帮助界面，我们可以直接关闭。至此，Red Hat Enterprise Linux 8 系统完成了全部的安装和部署工作，直接进入系统工作界面，如图 2-40 所示。

图 2-38　开始使用 Red Hat Enterprise Linux

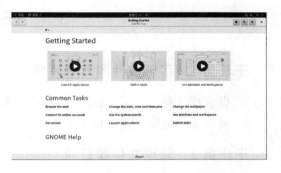

图 2-39　系统初始化结束界面

图 2-40　系统工作界面

2.5　任务扩展练习

1. 安装 Linux 操作系统，在安装过程中建立 stu** 用户（** 代表学生学号后两位）。

2. 把主机名改为 **-XXX-server，** 代表学号后两位，XXX 代表姓名的拼音首字母。
说明：后续"任务扩展练习"中出现的符号"**""XXX"表示同样的含义。

3. 如果 root 用户密码忘了该怎么办？

任务 3　管理文件和目录

在 Linux 系统中,文件和目录的管理是由文件系统实现的,文件系统是操作系统最为重要的一部分,它定义了磁盘上储存文件的方法和数据结构。文件系统是操作系统组织、存取和保存信息的重要手段,每种操作系统都有自己的文件系统,本次任务分为若干个子任务,读者可以通过完成这些任务来学习管理文件系统的相关命令,并可以熟练地掌握命令,在这个任务中关键的是要多想多练。

3.1　任务描述

子任务 1　了解文件和目录系统

1. 以管理员身份登录,列出当前服务器文件系统的目录信息,了解 Linux 的目录结构。
2. 列出文件类型和其他相关信息。

子任务 2　管理文件和目录

1. 以一个普通用户 stu 身份登录,在自己的主目录下创建一个子目录 studir。
2. 复制文件/etc/inittab 到 studir 目录下。
3. 在这个子目录下创建一个新文本文件 mydoc,输入"hello stu"。
4. 删除 studir 目录。
5. 将/etc/fstab 文件复制到用户 stu 的主目录下。
6. 用 ls-l 查看主目录下 fstab 文件的详细信息。

子任务 3　文本文件的操作

1. 统计文件/etc/inittab 的字符数和行数。
2. 用 cat、more、less、head、tail 查看/etc/wgetrc 文件。
3. 用 grep 命令查找/etc 目录下含有字符串"mail"的文件。

子任务 4　文件系统中文件的查找操作

1. 用 find 命令查找命令文件 useradd 的位置。
2. 用 whereis 命令查看 useradd 文件的位置。
3. 用 which 命令查看 useradd 文件的位置。

子任务 5　链接文件

1. 把/etc/fstab 复制到 stu 主目录下。

2. 用 ln 命令为 fstab 创建符号链接文件 fstabsoft,用 ls-l 查看文件 fstab 和 fstabsoft 信息。

3. 用 ln 命令为 fstab 创建硬链接文件 fstabhard,用 ls-l 查看文件 fstab 和 fstabhard 信息。

子任务 6　文件打包和压缩

1. 以 stu 用户登录,在主目录下建立 dir1 和 dir2 两个目录。

2. 把/etc/passwd 文件复制成 3 个文件(file1、file2、file3)到 dir1 目录下。

3. 把 file1、file2、file3 3 个文件打包为 file.tar。

4. 分别用 gzip 、bzip2 命令把 file2 和 file3 压缩,并跟 file1 对比一下大小。

5. 用 tar 命令把 dir1 目录下的所有文件打包并压缩到 newfile.tar.gz。

6. 把 newfile.tar.gz 文件复制到主目录下的 dir2 目录中,把文件解压缩并解包。

3.2　引 导 知 识

文件系统介绍

3.2.1　文件系统的概念

每种操作系统都有自己的文件系统,如 Windows 所用的文件系统主要有 FAT32 和 NTFS,Linux 所用的文件系统主要有 Ext2、Ext3、Ext4 和 XFS 等。

一块磁盘要先分区,然后再格式化,否则不能使用,而这个格式化的过程,就是文件系统创建的过程,也可以这样理解,磁盘上的一个分区可以用一种文件系统进行管理。我们在使用 Windows 系统的时候,可以把磁盘分区格式化成 FAT32,也可以格式化成 NTFS,这个完全由用户自己来掌握。

Linux 下常用的文件系统有以下几种,不同的文件系统管理文件的能力和方式有所不同,在不同版本的 Linux 中,默认的文件系统类型也不同,表 3-1 是几种常用文件系统的对比。

➢ Ext2:Ext2 是 Linux 下比较老旧的文件系统,也是早期主要 Linux 发行版的默认文件系统,目前虽然已经被 Ext3、Ext4 所取代,不过 Ext2 仍然在一些 USB 或 SD 设备上使用。Ext2 没有日志功能,所以对存储设备的读写相对较少,从而能够延长设备的使用时限。

➢ Ext3:Ext3 相比 Ext2 最大的区别在于 Ext3 引入了日志功能,这样在系统异常崩溃时能提供更大的文件系统恢复概率。相比 Ext2,Ext3 更加成熟,也经过了长时间的充分实践验证。也就是说,在没有特别需求的情况下,Ext3 是最好的默认选择。

➢ Ext4:Ext4 是 RHEL 6 默认使用的文件系统类型,2.6.28 内核得到正式支持,Ext4 相对于 Ext3 的改进要远远超过 Ext3 相对于 Ext2 的改进。Ext4 主要的特性包括大文件支持、快速自检、纳秒时间戳、日志校验等，Ext4 后向兼容 Ext3 和 Ext2。目前的大多数 Linux 发行版默认以 Ext4 作为文件系统。

➢ XFS：XFS 是 RHEL 7 中默认的文件管理系统，是一个高效的 64 位文件系统，由 SGI 开发，于 2001 年移植到 Linux 系统。XFS 具有很强的对大量数据的处理能力，在处理大量文件时性能下降很低，而且其提供变长块大小机制，使得我们可以根据系统需要来进行调节。

➢ Btrfs：Btrfs 被称为下一代 Linux 文件系统，具有很多先进的设计，但目前默认使用并不多，但其是被众多产商看好的文件系统，可以预见不久的将来，Btrfs 必大有作为。

➢ ISO-9660：光盘文件系统，由国际标准化组织于 1985 年颁布，是目前唯一通用的光盘文件系统，任何类型的计算机以及所有的刻录软件都提供对它的支持。

➢ /proc 文件系统是一种内核和内核模块用来向进程（process）发送信息的机制（所以叫作/proc）。与其他文件系统不同，/proc 存在于内存之中，而不是硬盘上。

表 3-1　几种常用文件系统的对比

序号	文件系统	创建者	创建时间	开始支持的平台	最大文件大小	最大分区大小	源文件行数(.c)	头文件行数(.h)
1	Ext2	Rémy Card	1993 年	Linux、Hurd	2 TB	16 TB	8 363	1 016
2	Ext3	Stephen C. Tweedie	1999 年	Linux	2 TB	16 TB	16 496	1 567
3	Ext4	众多开发者	2006 年	Linux	16 TB	1 EB	44 650	4 522
4	XFS	SG	1994 年	IRIX、Linux、FreeBSD	8 EB	8 EB	89 605	15 091
5	Btrfs	Oracle	2007 年	Linux	16 EB	16 EB	105 254	7 933

3.2.2　文件和目录的概念

1. 理解目录结构

文件系统是 Linux 下的所有文件和目录的集合，这些文件和目录是以一个树状的结构来组织的，这个树状结构构成了 Linux 中的文件系统。安装系统的时候我们都会进行分区，Linux 下磁盘分区和目录的关系如下。

➢ 目录是逻辑上的区分，分区是物理上的区分。

➢ 磁盘 Linux 分区都必须挂载到目录树中的某个具体目录上，才能进行读写操作。

➢ 根目录是所有 Linux 的文件和目录所在的地方，需要挂载上一个磁盘分区。

下面的命令显示了在根目录下的文件结构：

```
[root@localhost /]# ls
bin  dev  home  lib64  mnt  proc  run  srv  tmp  var
boot  etc  lib  media  opt  root  sbin  sys  usr
```

图 3-1 是 Linux 文件系统标准结构，是一个阶层式树状目录结构，也标出了目录和分区的关系。

在常用的目录结构中，目录存放的文件有一定的规律，用户可以根据规律存放文件或查找文件，目录存放文件的类别如表 3-2 所示。

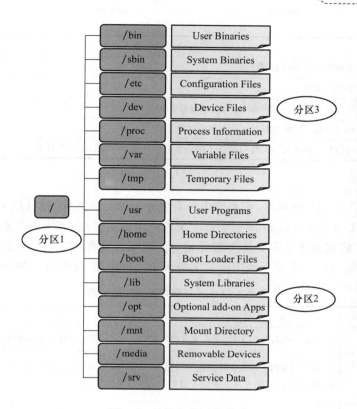

图 3-1　目录和分区的关系

表 3-2　Linux 目录存放文件的类别

目　录	功　能
/	Linux 系统根目录,处于最高一级的目录
/bin	binary 的缩写,基础系统需要的命令在这个目录下,比如 ls、cp 等,这个目录下的文件都是可以执行的,功能和/usr/bin 类似
/dev	存放设备文件
/home	存放用户主目录
/lib64	存放 64 位的库文件,链接到/usr/lib64
/mnt	加载文件系统时的常用挂载点
/proc	虚拟文件系统,包含进程信息及内核信息(比如 CPU、硬盘分区、内存信息等)
/run	系统运行时需要的文件,下次运行时重新生成
/srv	网络服务的数据文件目录
/tmp	临时文件的暂存点
/var	存放在系统运行中可能会更改的数据
/boot	存放核心、模块映像等启动用文件
/etc	存放系统、服务的配置目录与文件
/lib	存放 32 位的库文件,链接到/usr/lib
/media	用于挂载设备文件的目录

目　录	功　能
/opt	第三方软件包使用的安装目录
/root	root 用户的主目录
/sbin	存储涉及系统管理、只有 root 才可以执行的命令
/sys	是 Linux 内核中一种虚拟的基于内存的文件系统
/usr	存放与用户直接相关的文件与目录,Linux 官方软件包大多安装在这个目录

2. 文件类型

Linux 沿用了 UNIX 的风格,在系统中所有内容都被当成文件,并且都可以适用文件的操作。不管是什么类型的文件,Linux 赋予每个文件一个索引节点,该索引节点包含文件的所有信息,包括磁盘上数据的地址和文件类型等信息。对于不同类型的文件,通常 ls 会用不同的颜色来标识。用 ls -l 命令所显示的第一列字母表示文件类型,文件分类如表 3-3 所示。

表 3-3　Linux 目录存放文件的分类

类　别	表　示	描　述
一般文件	-	这是一类常见的文件,图形文件、数据文件、文档文件、声音文件等都属于这类文件
目录文件	d	目录文件用于形成文件系统树状结构,来管理和组织大量文件,目录文件包含下一级目录文件和普通文件,并且包含指向下属文件和子目录的指针
链接文件	l	链接文件是一种特殊的文件,有点类似于 Windows 下的快捷方式。链接文件又可以细分为硬链接文件和符号链接文件,l 表示符号链接
设备文件	b 或 c	Linux 系统为外部设备提供一种标准接口,将外部设备视为一种特殊的文件,b 表示块设备文件,c 表示字符设备文件
管道文件	p	管道文件是一种很特殊的文件,主要用于不同进程间的信息传递

3.2.3　使用终端

1. 两种登录方式

登录终端控制台有两种方式:一种是在桌面系统中使用终端仿真器,另一种是直接在字符界面登录终端。虽然图形用户界面操作简单直观,但命令行的人机交互模式仍然沿用至今,并且依然是 Linux 系统配置和管理的首选方式。掌握一定的命令行知识,是学习 Linux 过程中一个必不可少且至关重要的环节。如果图形界面属于未开启状态(例如,直接登录字符界面,或退出了图形界面),则需要输入命令"startx"启动 X Window。

2. 打开终端方式

在图形界面可以启动一个命令界面的窗口——终端,用户可以在这里输入键盘命令,本书的操作也是在终端实现的。打开终端的方式是,在桌面上单击左上角的"活动"按钮,选择第 5 个"终端"图标,如图 3-2 所示,就可以打开一个终端窗口,如图 3-3 所示。

图 3-2　选择终端

图 3-3　终端窗口

　　系统默认提供了 6 个虚拟控制台。每个虚拟控制台都可以独立使用，互不影响。使用 Ctrl＋Alt＋F1～Ctrl＋Alt＋F6 进行多个虚拟控制台之间的切换，Ctrl＋Alt＋F1 为回到原来的控制台，超级用户登录后的操作提示符是"＃"，普通用户登录后的操作提示符是"＄"。

文件系统命令

3.2.4　管理文件系统的常用命令

　　Linux 命令在命令提示符后面输入，命令的格式是这样的：

命令名称　［命令参数］　［命令对象］

　　命令名称、命令参数、命令对象之间用空格键分隔，命令对象一般是指要处理的文件、目录、用户等资源，而命令参数可以用长格式（完整的选项名称），也可以用短格式（单个字母的缩写），两者分别用"－－"与"－"作为前缀，具体的命令格式如图 3-4 所示。

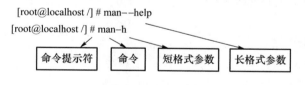

图 3-4　命令格式

1. ls 命令

功能说明：列出目录内容。

语法：

ls［参数］［文件或目录］

补充说明：文件颜色可表示类型。

➤ 深蓝色＝目录

➤ 浅灰色＝一般文件

➤ 绿色＝可执行文件

➤ 紫色＝图形文件

➤ 红色＝压缩文件

  ➢ 浅蓝色＝链接文件
  ➢ 黄色＝设备文件
  ➢ 棕色＝管道文件

参数：

-a，显示所有文件和目录，包含隐藏文件。

-c，更改时间排序，显示文件和目录。

-d，显示目录名称而非其内容。

-i，显示文件和目录的 inode 编号。

-l，使用详细格式列表。

-r，反向排序。

-R，递归处理，将指定目录下的所有文件及子目录一并处理。

-s，显示文件和目录的大小，以区块为单位。

-S，用文件和目录的大小排序。

-t，用文件和目录的更改时间排序。

--help，在线帮助。

--version，显示版本信息。

范例：

① 使用长列表方式列出当前目录下的文件：

```
[root@localhost ~]# ls -l
```

或

```
[root@localhost ~]# ll      #系统中默认给 ls -l 做了一个别名 ll
```

② 使用长列表方式列出当前目录下的所有文件，包含隐藏文件：

```
[root@localhost ~]# ls-la
```

③ 列出子目录中以字母 A 打头的全部非隐藏文件，使用下面的命令：

```
[root@localhost ~]# ls A*
```

2. pwd 命令

功能说明：显示工作目录。

语法：

```
pwd [参数]
```

补充说明：执行 pwd 指令可立刻得知目前所在工作目录的绝对路径。

参数：

--help，在线帮助。

--version，显示版本信息。

范例：

查看当前工作目录：

```
[root@localhost ~]# pwd
```

3. cd 命令

功能说明：切换目录。

语法：

```
cd [目的目录]
```

补充说明:不同的目录间切换,但该用户必须拥有足够的权限进入目的目录,"."表示当前目录,".."表示父目录。

范例:

① 切换到/usr/bin 目录:

```
[root@localhost ~]# cd /usr/bin
```

② 在/usr/bin 子目录中时,进入/usr 子目录(也就是上一级目录):

```
[root@localhost ~]# cd ..
```

③ 回到用户主目录:

```
[root@localhost ~]# cd
```

或者

```
[root@localhost ~]# cd~
```

4. mkdir 命令

功能说明:建立目录。

语法:

```
mkdir [参数] [目录名称]
```

补充说明:mkdir 可建立目录并同时设置目录的权限。

参数:

-m<目录属性>,建立目录时设置目录的权限。

-p,若所要建立目录的上层目录目前尚未建立,则会一并建立上层目录。

范例:

建立一个名为 stu 的目录:

```
[root@localhost ~]# mkdir stu
```

5. rmdir 命令

功能说明:删除目录。

语法:

```
rmdir [参数] [目录名称]
```

补充说明:当有空目录要删除时,可使用 rmdir 指令。

参数:

-p,删除指定目录后,若该目录的上层目录已变成空目录,则将其一并删除。

范例:

删除一个名为 studir 的目录(此目录为空目录):

```
[root@localhost ~]# rmdir studir
```

6. touch 命令

功能说明:改变文件或目录时间。

语法:

```
touch [参数] <日期时间> [文件或目录]
```

补充说明:使用 touch 命令可更改文件或目录的日期时间,包括存取时间和更改时间。

参数:

-a,只更改存取时间。

-c,不建立任何文件。

-d<时间日期>,使用指定的日期时间,而非现在的时间。

-m,只更改变动时间。

-r<参考文件或目录>,把指定文件或目录的日期时间,设成和参考文件或目录相同的日期时间。

-t<日期时间>,使用指定的日期时间,而非现在的时间。

范例:

① 创建 aa、bb 两个文件:

```
[root@localhost ~]# touch aa bb
```

② 把 aa 的时间改为"公元 2021 年 1 月 1 日 8:00":

```
[root@localhost ~]# touch -d "2021-01-01 08:00:00" aa
```

③ 把 bb 的时间改为与 aa 相同:

```
[root@localhost ~]# touch-raa bb
```

7. echo 命令

功能说明:在终端输出字符串或变量提取后的值。

语法:

```
echo [字符串 | $ 变量]
```

参数:

-e,功能转义。

\t,插入制表符,即跳格显示。

\a,发出警告声。

\b,删除前一个字符。

\c,最后不加上换行符号。

\n,换行且光标移至行首。

\r,光标移至行首,但不换行。

echo 后的单引号表示强引用,单引号里面是什么就输出什么,而双引号是弱引用,变量的值会代替变量名输出。

范例:

① 把指定字符串"welcome student"输出到终端屏幕:

```
[root@localhost ~]# name = student
[root@localhost ~]# echo welcome " $ name"
welcome student
[root@localhost ~]# echo welcome '$ name'
welcome $ name
```

② 转义加空格输出"welcome student":

```
[root@localhost ~]# echo "welcome\tstudent"
welcome\tstudent
[root@localhost ~]# echo - e "welcome\tstudent"
welcomestudent
```

8. rm 命令

功能说明:删除文件或目录。

语法：

rm［参数］［文件或目录］

补充说明： 执行 rm 命令可删除文件或目录，如欲删除目录必须加上参数"-r"，否则预设仅会删除文件。

参数：

-d，直接把欲删除的目录硬链接数据删成 0，删除该目录。

-f，强制删除文件或目录。

-i，删除既有文件或目录之前先询问用户。

-r 或-R，递归处理，将指定目录下的所有文件及子目录一并处理。

-v，显示指令执行过程。

范例：

① 删除所有 C 语言文件，删除前逐一询问确认：

［root@localhost ～］#rm -i *.c

② 把 finished 子目录及子目录中所有文件删除：

［root@localhost ～］#rm -r finished

9. mv 命令

功能说明： 移动或更名现有的文件或目录。

语法：

mv［参数］［源文件或目录］［目标文件或目录］

补充说明： mv 可移动文件或目录，或是更改文件或目录的名称。

参数：

-b，若需覆盖文件，则覆盖前先备份。

-i，覆盖前先询问用户。

-u，在移动或更改文件名时，若目标文件已存在，且其文件日期比源文件新，则不覆盖目标文件。

-v，执行时显示详细的信息。

范例：

① 把/usr/src/myprog/bin 目录下的 myfile 文件移动到/usr/bin 目录下：

［root@localhost ～］# mv /usr/src/myprog/bin/myfile　/usr/bin

② 把/tmp/blah 文件重新命名为/tmp/bleck：

［root@localhost ～］# mv /tmp/blah /tmp/bleck

10. cp 命令

功能说明： 复制文件或目录。

语法：

cp［参数］［源文件或目录］［目标文件或目录］

参数：

-a，此参数的效果和同时指定"-dpR"参数相同。

-b，删除，覆盖目标文件之前的备份，备份文件会在字尾加上一个备份字符串。

-d，当复制符号链接时，把目标文件或目录也建立为符号链接，并指向与源文件或目录链接的原始文件或目录。

-f,强行复制文件或目录,无论目标文件或目录是否已存在。

-i,覆盖既有文件之前先询问用户。

-l,对源文件建立硬链接,而非复制文件。

-p,保留源文件或目录的属性。

-P,保留源文件或目录的路径。

-r,递归处理,将指定目录下的文件与子目录一并处理。

-R,递归处理,将指定目录下的所有文件与子目录一并处理。

-s,对源文件建立符号链接,而非复制文件。

-v,显示指令执行过程。

范例:

① 把当前目录下的 index 文件复制到 origl 文件:

```
[root@localhost ~]# cp index origl
```

② 交互式地把当前目录下的以.html 结尾的文件复制到/tmp 子目录中:

```
[root@localhost ~]# cp-i *.html /tmp
```

11. cat 命令

功能说明:显示文件内容命令。

语法:

```
cat [参数][文件名]
```

参数:

-n,由 1 开始对所有输出的行数进行编号。

-b,与-n 相似,只不过对于空白行不编号。

-s,当遇到有连续两行以上的空白行时,就替换为一行的空白行。

范例:

① 使用 cat 命令查看 test.txt 文件内容:

```
[root@localhost ~]# cat test.txt
```

② 把 textfile1 文件的内容加上行号后输入 textfile2 文件:

```
[root@localhost ~]# cat -n textfile1 > textfile2
```

12. more 命令

功能说明:显示文件内容命令。

语法:

```
more [参数][文件名]
```

补充说明:类似 cat,不过会一页一页地显示,方便使用者逐页阅读。

参数:

-num,一次显示的行数。

-f,计算行数时,计算实际上的行数,而非自动换行过后的行数(有些单行字数太长的会被扩展为两行或两行以上)。

-p,不以卷动的方式显示每一页,而是先清除屏幕再显示内容。

-s,当遇到有连续两行以上的空白行时,就替换为一行的空白行。

-u,不显示下引号(根据环境变量 TERM 指定的 terminal 的不同而有所不同)。

+/,在每个档案显示前搜寻该字串(pattern),然后从该字串之后开始显示。

＋num,从第 num 行开始显示。

范例:

① 逐页显示 testfile 的内容,如有连续两行以上空白行,则以一行空白行显示:

`[root@localhost ~]# more -s /etc/passwd`

② 从第 20 行开始显示 testfile 的内容:

`[root@localhost ~]# more +20 /etc/passwd`

13. less 命令

功能说明:一次显示一页文本。

语法:

`less [参数] [文件名]`

补充说明:less 的作用与 more 十分相似,都可以用来浏览文字档案的内容,不同的是 less 允许使用者往回卷动,以浏览已经看过的部分,同时因为 less 并未在一开始就读入整个档案,因此在遇上大型档案的开启时,会比一般的文书编辑器(如 vim)来得快速。

参数:

-c,从顶行向下全屏重写。

-e,第二次到文件尾部自动退出。

-E,第一次到文件尾部自动退出。

-N,显示文件页的同时显示每页的行号。

-s,将多个空行压缩成一个空行。

less 内部指令:

b,向后翻一页。

d,向后翻半页。

h,显示帮助。

q,退出 less。

u,向前翻半页。

y,向前滚动一行。

回车键,滚动一行。

空格键,滚动一页。

范例:

逐页显示/etc/vsftpd/vsftpd.conf 文件的内容:

`[root@localhost ~]# less-E /etc/vsftpd/vsftpd.conf`

14. head 命令

功能说明:查看文件头部的内容。

语法:

`head [Option] filename`

参数:

-c,显示文件的前多少字节。

-n,显示文件的前多少行。

-q,显示文件内容前,不显示文件名。

-v,显示文件内容前,先显示文件名。

范例：

显示/etc/vsftpd/vsftpd.conf 文件的前 5 行,显示内容前先显示文件名：

```
[root@localhost ~]# head-5-v /etc/vsftpd/vsftpd.conf
```

15. tail 命令

功能说明：查看文件尾部的内容。

语法：

```
tail [Option] filename
```

参数：

-c,显示文件的后多少字节。

-n,显示文件的后多少行。

-q,显示文件内容前,不显示文件名。

-v,显示文件内容前,先显示文件名。

-f,动态显示文件末尾 N 行的内容,当文件内容有变化的时候,会动态显示；按 Ctrl＋C 键中止显示。

范例：

① 显示/etc/vsftpd/vsftpd.conf 文件的后 5 行,显示内容前先显示文件名：

```
[root@localhost ~]# tail-5-v /etc/vsftpd/vsftpd.conf
```

② 动态地观察/var/log/messages 的内容：

```
[root@localhost ~]# tail -f /var/log/messages
```

16. find 命令

功能说明：查找文件或目录。

语法：

```
find [路径] [参数] [-exec] [文件或目录名]
```

补充说明：find 指令用于查找符合条件的文件。任何位于参数之前的字符串都将被视为欲查找的目录。

参数：

pathname,查找路径。

参数项：

-name,匹配名称。

-perm,匹配权限(mode 为完全匹配,-mode 为包含即可)。

-user,匹配所有者。

-group,匹配所有组。

-mtime－n ＋n,匹配修改内容的时间(－n 指 n 天以内,＋n 指 n 天以前)。

-atime－n ＋n,匹配访问文件的时间(－n 指 n 天以内,＋n 指 n 天以前)。

-ctime－n ＋n,匹配修改文件权限的时间(－n 指 n 天以内,＋n 指 n 天以前)。

-nouser,匹配无所有者的文件。

-nogroup,匹配无所有组的文件。

-newer f1 ! f2,匹配比文件 f1 新但比文件 f2 旧的文件。

--type b/d/c/p/l/f,匹配文件类型(后面的字母参数依次表示块设备、目录、字符设备、管道、链接文件、文本文件)。

-size,匹配文件的大小(＋50 KB 为查找超过 50 KB 的文件,而－50 KB 为查找小于 50 KB 的文件)。

-prune,忽略某个目录。

-exec … {}\;,后面可跟用于进一步处理搜索结果的命令(下文会有演示)。

范例:

① 查找/tmp 子目录中至少 7 天没有被访问过的文件:

```
[root@localhost ~]# find /var -atime ＋7
```

② 找出/usr/src 子目录中名字为 core 的文件并删除它们:

```
[root@localhost ~]# find /usr/src -name core -exec rm {} \;
```

③ 在当前目录找出长度为零的文件:

```
[root@localhost ~]# find . -empty -exec ls {} \;
```

17. which 命令

功能说明:查找命令文件。

语法:

```
which [文件名]
```

补充说明:which 指令会在环境变量＄PATH 设置的目录里查找符合条件的文件。

参数:

-n<文件名长度>,指定文件名长度,指定的长度必须大于或等于所有文件中最长的文件名。

-p<文件名长度>,与-n 参数相同,但此处的<文件名长度>包括文件的路径。

-w,指定输出时栏位的宽度。

-V,显示版本信息。

范例:

查找 ls 命令保存在哪个子目录中:

```
[root@localhost ~]# which ls
```

18. whereis 命令

功能说明:查找命令文件。

语法:

```
whereis [参数] [文件名]
```

补充说明:whereis 命令会在特定目录中查找符合条件的文件。这些文件属于原始代码、二进制文件或是帮助文件。

参数:

-b,只查找二进制文件。

-B<目录>,只在设置的目录下查找二进制文件。

-f,不显示文件名前的路径名称。

-m,只查找说明文件。

-M<目录>,只在设置的目录下查找说明文件。

-s,只查找原始代码文件。

-S<目录>,只在设置的目录下查找原始代码文件。

-u,查找不包含指定类型的文件。

范例：

找出 ls 命令的程序、源程序和它使用手册页的存放位置：

```
[root@localhost ~]# whereis ls
```

19. grep 命令

功能说明：查找文件里符合条件的字符串。

语法：

```
grep ［参数］［文件或目录名］
```

补充说明：grep 命令用于查找内容包含指定的范本样式的文件，如果发现某文件的内容符合所指定的范本样式，预设 grep 命令会把含有范本样式的那一列显示出来。

参数：

-b，将可执行文件（binary）当作文本文件（text）来搜索。

-c，仅显示找到的行数。

-i，忽略大小写。

-n，显示行号。

-v，反向选择——仅列出没有"关键词"的行。

范例：

① 在/etc/目录下的所有以.conf 结尾的文件中，查找 localhost 字符：

```
[root@localhost ~]# grep localhost /etc/*.conf
```

② 在/etc/vsftpd/vsftpd.conf 文件中查找以 local 开头的内容，且在符合条件的语句前加上行号：

```
[root@localhost ~]# grep -n "^local" /etc/vsftpd/vsftpd.conf
```

20. ln 命令

功能说明：链接文件或目录。

语法：

```
ln［参数］［源文件或目录…］［目的目录］
```

参数：

-b，删除，覆盖目标文件之前的备份。

-d，建立目录的硬链接。

-f，强行建立文件或目录的链接，无论文件或目录是否存在。

-I，覆盖既有文件之前先询问用户。

-n，把符号链接的目的目录视为一般文件。

-s，对源文件建立符号链接，而非硬链接。

-v，显示指令执行过程。

范例：

① 建立/etc/passwd 文件的硬链接，文件名为 hard_file：

```
[root@localhost ~]# ln/etc/passwd hard_file
```

② 建立一个符号链接，让/etc/passwd 指向 soft_file：

```
[root@localhost ~]# ln-s /etc/passwd soft_file
```

21. tar 命令

功能说明：为文件和目录创建档案（备份文件）。

语法：

```
tar［主选项＋辅选项］［文件或者目录名］
```

补充说明： 利用 tar，用户可以为某一特定文件创建档案（备份文件），也可以在档案中改变文件，或者向档案中加入新的文件。

参数：

选项是必须要有的，它告诉 tar 要做什么事情，辅选项是辅助使用的，可以选用。

主选项：

c，创建新的档案文件。如果用户想备份一个目录或是一些文件，就要选择这个选项。

t，列出档案文件的内容，查看已经备份了哪些文件。

u，更新文件。就是说，用新增的文件取代原备份文件，如果在备份文件中找不到要更新的文件，则把它追加到备份文件的最后。

x，从档案文件中释放文件。

f，使用档案文件或设备，这个选项通常是必选的。

v，详细报告 tar 处理的文件信息。如无此选项，tar 不报告文件信息。

z，用 gzip 来压缩/解压缩文件，加上该选项后可以将档案文件进行压缩，但还原时也一定要使用该选项进行解压缩。

j，用 bzip2 来压缩/解压缩文件，加上该选项后可以将档案文件进行压缩，但还原时也一定要使用该选项进行解压缩。

范例：

① home 目录下包括它的子目录全部做备份文件，备份文件名为 usr. tar：

```
[root@localhost ~]# tar cvf usr.tar /home
```

② 看 usr. tar 备份文件的内容，并以分屏方式显示在显示器上：

```
[root@localhost ~]# tar tvf usr.tar | more
```

22. gzip 命令

功能说明： 对文件进行压缩和解压缩。

语法：

```
gzip［选项］［压缩（解压缩）的文件名］
```

参数：

-c，将输出写到标准输出上，并保留原有文件。

-d，将压缩文件解压。

-l，对每个压缩文件都显示详细信息。

-r，递归式地查找指定目录并压缩其中的所有文件或者是解压缩。

-t，测试，检查压缩文件是否完整。

-v，对每一个压缩和解压的文件，显示文件名和压缩比。

范例：

① 假设一个目录/home 下有文件 mm. txt、sort. txt、xx，把/home 目录下的每个文件都压缩成. gz 文件：

```
[root@localhost ~]# cd /home
[root@localhost ~]# gzip *
[root@localhost ~]# ls
mm.txt.gz sort.txt.gz xx.com.gz
```

② 把范例①中每个压缩的文件都解压,并列出详细的信息:

```
[root@localhost ~]# gzip -dv *
[root@localhost ~]# ls
mm.txt sort.txt xx
```

③ 详细显示范例①中每个压缩文件的信息,并不解压:

```
[root@localhost ~]# gzip -l *
compressed uncompr. ratio uncompressed_name
277 445 43.1% mm.txt
278 445 43.1% sort.txt
277 445 43.1% xx
[root@localhost ~]# ls
mm.txt.gz sort.txt.gz xx.com.gz
```

23. gunzip 命令

功能说明: 解压缩用 gzip 命令压缩过的文件。

语法:

```
gunzip [参数][文件]
```

参数:

-a,使用 ASCII 文字模式。

-c,把解压后的文件输出到标准输出设备。

-f,强行解开压缩文件,不理会文件名称或硬链接是否存在以及该文件是否为符号链接。

-l,列出压缩文件的相关信息。

-L,显示版本与版权信息。

-r,递归处理,将指定目录下的所有文件及子目录一并进行处理。

-v,显示指令执行过程。

范例:

解压缩/mnt/a1.gz:

```
[root@localhost ~]# gunzip /mnt/a1.gz
```

24. bzip2 命令

功能说明: 对文件进行压缩和解压缩,bzip2 命令是.bz2 文件的压缩程序。

语法:

```
bzip2 [参数][文件名]
```

参数:

-c,将压缩与解压缩的结果送到标准输出。

-d,执行解压缩。

-f,bzip2 在压缩或解压缩时,若输出文件与现有文件同名,预设不会覆盖现有文件。若要覆盖,请使用此参数。

-t,测试.bz2 压缩文件的完整性。

-v,压缩或解压缩文件时,显示详细的信息。

范例:

用 bzip2 命令把/root/file1 文件压缩:

```
[root@localhost ~]# bzip2 /root/file1
```

25. bunzip2 命令

功能说明:.bz2 文件的解压缩程序。

语法:

```
bunzip2 [参数][.bz2 压缩文件]
```

参数:

-f,解压缩时,若输出的文件与现有文件同名,预设不会覆盖现有的文件。若要覆盖,请使用此参数。

-k,在解压缩后,预设会删除原来的压缩文件。若要保留压缩文件,请使用此参数。

-s,降低程序执行时内存的使用量。

-v,在解压缩文件时,显示详细的信息。

-l 或-V,显示版本信息。

范例:

解开被压缩文件 file1.bz2:

```
[root@localhost ~]# bunzip2 filename.bz2
```

26. zip 命令

功能说明:压缩文件。

语法:

```
zip [参数][压缩文件][源文件]
```

补充说明:zip 是个使用广泛的压缩程序,文件经它压缩后会另外产生具有".zip"扩展名的压缩文件。

参数:

-b<工作目录>,指定暂时存放文件的目录。

-c,替每个被压缩的文件加上注释。

-d,从压缩文件内删除指定的文件。

-F,尝试修复已损坏的压缩文件。

-g,将文件压缩后附加在既有的压缩文件之后,而非另行建立新的压缩文件。

-m,将文件压缩并加入压缩文件后,删除原始文件,即把文件移到压缩文件中。

-r,递归处理,将指定目录下的所有文件和子目录一并处理。

-S,包含系统和隐藏文件。

-t<日期时间>,把压缩文件的日期设成指定的日期。

-v,显示指令执行过程或显示版本信息。

-z,替压缩文件加上注释。

-<压缩效率>,压缩效率是一个介于 1~9 之间的数值。

范例:

把/root/install.log 文件压缩,并将源文件删除:

```
[root@localhost ~]# zip-m test.zip install.log
```

27. unzip 命令

功能说明:解压缩 zip 文件。

语法:

```
unzip [参数] [压缩文件名]
```

参数：

-c，将解压缩的结果显示到屏幕上，并对字符做适当的转换。

-f，更新现有的文件。

-l，显示压缩文件内所包含的文件。

-t，检查压缩文件是否正确。

-u，与-f 参数类似，但是除了更新现有的文件外，也会将压缩文件中的其他文件解压缩到目录中。

-v，执行时显示详细的信息。

-a，对文本文件进行必要的字符转换。

-b，不要对文本文件进行字符转换。

-C，压缩文件中的文件名称区分大小写。

-n，解压缩时不要覆盖原有的文件。

-o，不必先询问用户，unzip 执行后覆盖原有文件。

-q，执行时不显示任何信息。

范例：

① 将压缩文件 text. zip 在当前目录下解压缩：

```
[root@localhost ~]# unzip text.zip
```

② 将压缩文件 text. zip 在指定目录/tmp 下解压缩，如果已有相同的文件存在，要求 unzip 命令不覆盖原先的文件：

```
[root@localhost ~]# unzip -n text.zip -d /tmp
```

③ 查看压缩文件目录，但不解压缩：

```
[root@localhost ~]# unzip -v text.zip
```

28. zcat 命令

功能说明：查看.gz 和.zip 压缩文件的内容。

语法：

```
zcat [参数][压缩文件]
```

补充说明：zcat 可以在不解压缩的情况下，显示扩展名为.gz 和.zip 的压缩文件。

参数：

-c，将压缩的资料输出到屏幕上。

-d，解压缩的参数。

-t，可以用来检验一个压缩文档的一致性，看看文件有无错误。

-#，压缩等级，-1 最快，但是压缩比最差，-9 最慢，但是压缩比最好，预设是-6。

范例：

查看压缩文件 a1. gz 的内容：

```
[root@localhost ~]# zcat a1.gz
```

29. bzcat 命令

功能说明：查看.bz2 压缩文件的内容。

语法：

```
bzcat [参数][压缩文件]
```

补充说明：bzcat 可以在不解压缩的情况下，显示扩展名为.bz2 的压缩文件。

参数：

-c,将压缩的资料输出到屏幕上。

-d,解压缩的参数。

-t,可以用来检验一个压缩文档的一致性,看看文件有无错误。

-♯,压缩等级,－1 最快,但是压缩比最差,－9 最慢,但是压缩比最好,预设是－6。

范例：

查看压缩文件 filename.bz2 的内容：

```
[root@localhost ~]♯bzcat filename.bz2
```

30. man 命令

功能说明：格式化并显示在线的手册页。

语法：

```
man [选项] [命令名称]
```

参数：

-M 路径,指定搜索 man 手册页的路径。

-P 命令,指定所使用的分页程序。

-S 章节,一个命令名称可能会有很多类别。

-a,显示所有的手册页,而不是只显示第一个。

-f,只显示出命令的功能,而不显示其中详细的说明文件。

man 命令中常用按键以及用途如表 3-4 所示,man 命令帮助信息的结构和意义如表 3-5 所示。

表 3-4　man 命令中常用按键以及用途

按　键	用　途
空格键	向下翻一页
PaGe down	向下翻一页
PaGe up	向上翻一页
home	直接前往首页
end	直接前往尾页
/	从上至下搜索某个关键词,如"/linux"
?	从下至上搜索某个关键词,如"? linux"
n	定位到下一个搜索到的关键词
N	定位到上一个搜索到的关键词
q	退出帮助文档

表 3-5　man 命令帮助信息的结构和意义

结构名称	代表意义
NAME	命令的名称
SYNOPSIS	参数的大致使用方法
DESCRIPTION	介绍说明

续 表

结构名称	代表意义
EXAMPLES	演示（附带简单说明）
OVERVIEW	概述
DEFAULTS	默认的功能
OPTIONS	具体的可用选项（带介绍）
ENVIRONMENT	环境变量
FILES	用到的文件
SEE ALSO	相关的资料
HISTORY	维护历史与联系方式

范例：

查看 cd 命令的使用方法：

```
[root@localhost ~]# man cd
```

3.3 任 务 准 备

1. 在虚拟机上启动 Red Hat Enterprise Linux 8 系统，并打开终端，以后的操作都在终端上进行。

2. 在系统安装时，已经默认有 root 用户，建立 stu ** 用户。

3.4 任 务 解 决

文件系统实战

子任务 1 了解文件和目录系统

1. 以管理员身份登录，列出当前服务器文件系统目录信息，了解 Linux 的目录结构。

2. 列出文件类型和其他相关信息。

```
[root@localhost ~]# pwd
/root
[root@localhost ~]# ls
anaconda-ks.cfg  Documents  initial-setup-ks.cfg  Pictures  Templates
Desktop          Downloads  Music                 Public    Videos
[root@localhost ~]# ls -l
total 8
-rw-------. 1 root root 142 1 Jan  3 02:11 anaconda-ks.cfg
drwxr-xr-x. 2 root root   6 Jan  5 17:30 Desktop
```

```
drwxr-xr-x. 2 root root      6 Jan  5 17:30 Documents
drwxr-xr-x. 2 root root      6 Jan  5 17:30 Downloads
-rw-------. 1 root root 1514 Jan  2 18:39 initial-setup-ks.cfg
drwxr-xr-x. 2 root root      6 Jan  5 17:30 Music
drwxr-xr-x. 2 root root      6 Jan  5 17:30 Pictures
drwxr-xr-x. 2 root root      6 Jan  5 17:30 Public
drwxr-xr-x. 2 root root      6 Jan  5 17:30 Templates
drwxr-xr-x. 2 root root      6 Jan  5 17:30 Videos
[root@localhost ~]# ls -a
.                 .bash_history  .bashrc   .gconf      install.log.syslog
..                .bash_logout   .config   .gconfd     .tcshrc
anaconda-ks.cfg  .bash_profile  .cshrc    install.log  .xauthaNljR2 [root@
localhost etc]# cd /etc
[root@localhost etc]# ls -l
[root@localhost ~]# cd /etc
[root@localhost etc]# ll
总用量 1532
drwxr-xr-x.  3 root root     97 3月   3 01:54 abrt
-rw-r-r-.    1 root root     16 3月   3 02:10 adjtime
drwxr-xr-x.  2 root root    112 3月   3 02:00 akonadi
……
```

操作说明如下：
① 显示当前系统所在目录；
② 短格式查看目录信息；
③ 长格式查看目录信息；
④ 查看隐藏文件；
⑤ 切换到/etc目录，查看目录信息及文件名颜色。

子任务2 管理文件和目录

1. 以一个普通用户stu身份登录，在自己的主目录下，创建一个子目录studir：

```
[stu@localhost ~]$ pwd
/home/stu
[stu@localhost ~]$ mkdir studir
[stu@localhost ~]$ ls
studir
```

2. 复制文件/etc/inittab到studir目录下：

```
[stu@localhost ~]$ cp /etc/inittab studir
[stu@localhost ~]$ cd studir
[stu@localhost studir]$ ls
inittab
```

3. 在这个子目录下创建一个新文本文件 mydoc,输入"hello stu":

```
[stu@localhost studir]$ touch mydoc
[stu@localhost studir]$ echo "hello stu " > mydoc
[stu@localhost studir]$ cat mydoc
hello stu
```

4. 删除 studir 目录:

```
[stu@localhost ~]$ rm -r studir
[stu@localhost ~]$ cd studir
-bash: cd: studir: No such file or directory
```

5. 将/etc/fstab 文件复制到用户 stu 的主目录下:

```
[stu@localhost ~]$ cp /etc/fstab ~
[stu@localhost ~]$ ls
fstab
```

6. 用 ls-l 查看主目录下的 fstab 详细信息,并记录:

```
[stu@localhost ~]$ ll
总用量 4
-rw-r--r--. 1 stu stu 465 3 月   5 20:21 fstab
```

子任务 3　文本文件的操作

1. 统计文件/etc/inittab 的字符数和行数:

```
[stu@localhost ~]# wc /etc/inittab
16   76 490 /etc/inittab
```

2. 用 cat、more、less、head、tail 查看/etc/wgetrc 文件:

```
[stu@localhost ~]# cat /etc/wgetrc
```

【说明】结果省略;

```
[stu@localhost ~]$ less /etc/wgetrc
###
### Sample Wget initialization file .wgetrc
###
......
--更多--(18%)
```

【说明】结果太多,部分省略;

```
[stu@localhost ~]$ more /etc/ipsec.conf
###
### Sample Wget initialization file .wgetrc
###
```

```
# # You can use this file to change the default behaviour of wget or to
……
/etc/wgetrc
```

【说明】结果太多，部分省略；

```
[stu@localhost ~]# head - 5 /etc/wgetrc
# # #
# # # Sample Wget initialization file .wgetrc
# # #

# # You can use this file to change the default behaviour of wget or to

[stu@localhost ~]$ tail - 5 /etc/ wgetrc
[root@localhost ~]#  tail - 5 /etc/wgetrc
# Turn on to prevent following non-HTTPS links when in recursive mode
# httpsonly = off

# Tune HTTPS security (auto, SSLv2, SSLv3, TLSv1, PFS)
# secureprotocol = auto
```

3. 用 grep 命令查找 etc 目录下含有字符串"mail"的文件：

```
[stu@localhost ~]$ ls /etc|grep mail
mailcap
```

子任务4　文件系统中文件的查找

1. 用 find 命令查找命令 useradd 在什么位置。

【说明】　要以 root 的身份登录，否则查找有些目录权限不够。

```
[stu@localhost ~]$ su -
密码：
[root@localhost ~]# find / -name useradd
/etc/default/useradd
/usr/sbin/useradd
/usr/share/bash-completion/completions/useradd
```

2. 用 whereis 命令查看 useradd 文件的位置，并记录：

```
[root@localhost ~]# whereis useradd
useradd：/usr/sbin/useradd /usr/share/man/man8/useradd.8.gz
```

3. 用 which 命令查看 useradd 文件的位置，并记录：

```
[root@localhost ~]# which useradd
/usr/sbin/useradd
```

子任务 5　链接文件

1. 把/etc/fstab 复制到 stu 主目录下,这里我们切换回 stu 用户身份:

```
[root@localhost ~]# exit
注销
[stu@localhost ~]$ cp /etc/fstab
[stu@localhost ~]$ ls
fstab
```

2. 用 ln 命令为 fstab 创建符号链接文件 fstabsoft,用 ls-l 查看文件 fstab 和 fstabsoft 的信息,并记录:

```
[stu@localhost ~]$ ln -s fstab fstabsoft
[stu@localhost ~]$ ls -l
总用量 4
-rw-r--r--. 1 stu stu 579 3 月    9 11:14 fstab
lrwxrwxrwx. 1 stu stu   5 3 月    9 11:14 fstabsoft -> fstab
```

3. 用 ln 命令为 fstab 创建硬链接文件 fstabhard,用 ls-l 查看文件 fstab 和 fstabhard 的信息,并记录:

```
[stu@localhost ~]$ ln fstab fstabhard
[stu@localhost ~]$ ll
总用量 8
-rw-r--r--. 2 stu stu 579 3 月    9 11:14 fstab
-rw-r--r--. 2 stu stu 579 3 月    9 11:14 fstabhard
lrwxrwxrwx. 1 stu stu   5 3 月    9 11:14 fstabsoft -> fstab
```

子任务 6　文件打包和压缩

1. 以 stu 用户身份登录,在主目录下建立 dir1 和 dir2 两个目录:

```
[stu@localhost ~]$ mkdir dir1 dir2
[stu@localhost ~]$ ls
dir1  dir2  fstab  fstabhard  fstabsoft
```

2. 把/etc/passwd 文件分别复制成 3 个文件(file1、file2、file3)到 dir1 目录下:

```
[stu@localhost ~]$ cp /etc/passwd dir1/file1
[stu@localhost ~]$ cp /etc/passwd dir1/file2
[stu@localhost ~]$ cp /etc/passwd dir1/file3
[stu@localhost ~]$ ls dir1
file1  file2  file3
```

3. 把 3 个文件打包为 file.tar:

```
[stu@localhost ~]$ cd dir1
[stu@localhost dir1]$ tar cvf file.tar *
file1
file2
file3
[stu@localhost dir1]$ ls
file1  file2  file3  file.tar
```

4. 分别用 gzip 、bzip2 命令把 file2 和 file3 压缩,并跟 file1 对比一下大小:

```
[stu@localhost dir1]$ gzip file2
[stu@localhost dir1]$ bzip2 file3
[stu@localhost dir1]$ ll
总用量 24
-rw-r--r--. 1 stu stu  2362  3月   9 11:15 file1
-rw-r--r--. 1 stu stu   940  3月   9 11:15 file2.gz
-rw-r--r--. 1 stu stu   965  3月   9 11:15 file3.bz2
-rw-rw-r--. 1 stu stu 10240  3月   9 11:15 file.tar
```

5. 用 tar 命令把 dir1 目录下的所有文件打包并压缩到 newfile.tar.gz:

```
[stu@localhost dir1]$ tar czvf newfile.tar.gz *
file1
file2.gz
file3.bz2
file.tar
[stu@localhost dir1]$ ls
file1  file2.gz  file3.bz2  file.tar  newfile.tar.gz
```

6. 把 newfile.tar.gz 文件复制到主目录下的 dir2 目录中,把文件解压缩和解包:

```
[stu@localhost dir1]$ cp newfile.tar.gz ../dir2
[stu@localhost dir1]$ cd ../dir2
[stu@localhost dir2]$ ls
newfile.tar.gz
[stu@localhost dir2]$   tar xzvf newfile.tar.gz
file1
file2.gz
file3.bz2
file.tar
[stu@localhost dir2]$ ls
file1  file2.gz  file3.bz2  file.tar  newfile.tar.gz
```

3.5　任务扩展练习

以 stu＊＊用户身份登录 Linux,现在开始管理系统,操作练习的任务和步骤如下。

1. stu＊＊在主目录下建立如图3-5所示的目录结构。

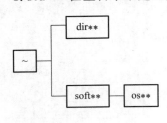

图 3-5　目录结构

2. 把/etc/passwd文件复制到dir＊＊目录下，文件名为text＊＊。

3. 把文件text＊＊移动到soft＊＊目录下并改名为stu＊＊passwd。

4. 分别把stu＊＊passwd文件复制到dir＊＊目录及主目录下，两个文件都改名为stu＊＊passwd2。

5. 删除stu＊＊passwd，并尝试是否能删除/etc/passwd。

6. 以stu＊＊用户身份查看主目录下的内容，看看是否有隐藏的文件，把主目录下的stu＊＊passwd2文件隐藏，查看结果。

7. 分屏查看/etc/passwd文件的内容。

8. 查看/etc/passwd文件的后3行内容。

9. 在os＊＊目录下建立一个文件，文件名为stu＊＊file，文件内容为"Hello stu＊＊!"。

10. 以stu＊＊用户身份在/etc/目录下看看是否能够建立文件stu＊＊file1和目录studir1。

11. 复制/etc/passwd文件的内容到～/dir＊＊/file＊＊，在～/dir＊＊/file＊＊中查找root所在行。

12. 把名为file＊＊的文件建立为一个名为file＊＊hard的硬链接文件和一个名为file＊＊soft的软链接文件，比较两个链接文件的不同。

13. 找出grep命令的程序位置、源程序和它的使用手册页的存放位置，看看这个命令是否有别名。

14. 查找一个文件名是file＊＊的文件所在位置。

15. 把/etc/inittab文件分别复制到主目录下的file1＊＊、file2＊＊、file3＊＊文件中，注意文件大小。

16. 分别用gzip、bzip2、zip把file1＊＊、file2＊＊、file3＊＊文件压缩，观察压缩后的文件名和大小。

17. 用命令查看压缩文件的内容。

18. 在主目录下建立dir1＊＊子目录，把压缩后的3个文件复制到dir1＊＊中并解压缩。

19. 把主目录下的3个压缩文件以及dir1＊＊目录一起打包到～/aaa＊＊.tar文件中。

20. 复制～/aaa＊＊.tar到bbb＊＊.tar，用gzip命令把aaa＊＊.tar文件压缩，查看压缩后的文件名，并建立～/dir2＊＊目录，把压缩的打包文件复制到～/dir2＊＊目录。

21. 用tar命令在～/dir2＊＊目录下把压缩包解压并解包。

22. 用bzip2命令把主目录下bbb＊＊.tar文件压缩，查看压缩后的文件名，在stu＊＊主目录下建立dir3＊＊目录，把压缩的打包文件复制到dir3＊＊目录。

23. 用tar命令在dir3＊＊目录下把压缩包解压并解包。

24. 统计/etc/fstab文件的行数、字数和字符数。

25. 用man查找wc命令的功能及用法。

任务 4　管理用户和用户组

Linux 是一个多用户、多任务的操作系统，具有很好的稳定性与安全性，在幕后保障 Linux 系统安全的则是一系列复杂的配置工作。不同用户所具有的权限不同，要想完成不同的任务需要不同的用户，要想做到不同的用户能同时访问不同的文件，允许不同的用户从本地登录或远程登录，用户必须拥有一个合法的账号，Linux 系统正是通过账号来实现对用户的访问进行控制的，因此，我们必须了解 Linux 是如何管理用户的，为了更方便地管理用户，系统还引用了用户组。所以本次任务将学习如何对系统中的用户与用户组进行管理与控制，以及如何使用不同用户来执行不同的操作。

4.1　任务描述

计算机系内部需要建立项目小组，为了实现项目小组人员的信息共享，系统管理员需要建立 5 人小组，成员分别为 stu1、stu2、stu3、stu4、stu5，其中 stu3 为组长，也是系统管理员。他们都属于 jsjx 组的成员，方便统一管理，具体任务如下：

1. 建立 jsjx 组，组 id 为 1600；
2. 建立 5 个用户 stu1、stu2、stu3、stu4、stu5，都属于 jsjx 组，建立用户 user，属于自己的组，分别设置 6 个用户密码，为"用户名 123"；
3. 把 stu3 加入 root 组作为附加组；
4. 查看/etc/passwd、/etc/group/、/etc/shadow 文件；
5. 查看 stu3 的所属组；
6. 设置 stu3 账号的过期时间为 2021 年 12 月 31 日；
7. 设置 stu3 口令需要更改的天数为 60 天；
8. 查看/etc/passwd、/etc/shadow 文件的权限；
9. 把/etc/shadow 文件复制到/home/testfile，查看文件的权限，切换到用户 stu4、stu3 看是否能修改/home/testfile 文件；
10. 把/home/testfile 的权限改为文件主和同组者可读写，再切换到 stu3 用户，看看是否能修改/home/testfile 文件。

4.2　引导知识

4.2.1　用户和组的概念

1. 账户概念

账户实质上就是一个用户在系统上的标识，系统依据账户来区分每个用户

用户管理介绍

的文件、进程、任务,给每个用户提供特定的工作环境(如用户的工作目录、shell 版本,以及 X-Windows环境的配置等),使每个用户的工作都能独立不受干扰地进行,Linux 中的账户包括用户账户和组账户。

2. 用户账户

➢ 超级用户 root:UID＝0,GID＝0。

➢ 普通用户:UID＞＝1000。

➢ 伪用户:0＜UID＜1000。

3. 组账户

➢ 标准组:标准组可以容纳多个用户,若使用标准组,在创建一个新的用户时就应该指定他所属于的组。

➢ 私有组:私有组中只有用户自己。当创建一个新用户时,若没有指定他所属于的组,系统就建立一个和该用户同名的私有组。

4. 用户和组的关系

➢ 组是用户的集合。一个标准组可以容纳多个用户。

➢ 同一个用户可以同属于多个组,这些组可以是私有组,也可以是标准组。

➢ 当一个用户同属于多个组时,将这些组分为:

——主组,用户登录系统时的组;

——附加组,可切换的其他组。

4.2.2　用户和组相关命令

1. su 命令

功能说明:切换用户身份。

语法:

```
su [参数][用户账号]
```

补充说明:su 命令可以解决切换用户身份的需求,使得当前用户在不退出登录的情况下,切换到其他用户,切换用户时须输入所要变更的用户名与密码。如果后面不加用户名,默认切换到 root 用户。当从 root 管理员切换到普通用户时,是不需要密码验证的,而当从普通用户切换成 root 管理员时,就需要进行密码验证了。

参数:

-,切换到新用户的同时,把环境变量信息也变更为新用户的相应信息。

-c＜指令＞,执行完指定的指令后,即恢复原来的身份。

--l,改变身份时,也同时变更工作目录,以及 HOME、SHELL、LOGNAME,此外,也会变更 PATH 变量。

-m,-p,变更身份时,不要变更环境变量。

-s＜shell＞,指定要执行的 shell。

范例:

① 切换用户为 user1 并切换到自己的主目录下:

```
[root@localhost ～]# su - user1
[user1@localhost ～]$
```

② 变更账号为 root 并在执行 ls 指令后退出变回原使用者:

```
[user1@localhost ~]$ su root -c "ls /root"
密码:
公共   视频   文档   音乐 anaconda-ks.cfg
模板   图片   下载   桌面 initial-setup-ks.cfg
[user1@localhost ~]$
```

2. sudo 命令

功能说明:以其他身份来执行命令,预设的身份为 root。

语法:

```
sudo [参数][执行的命令]
```

补充说明:用户使用 sudo 时,必须先输入密码,之后有 15 min 的有效期限,超过期限则必须重新输入密码。配置 sudo 必须通过编辑/etc/sudoers 文件,而且只有超级用户才可以修改它。

参数:

-b,在后台执行指令。

-h,显示帮助。

-H,将 HOME 环境变量设为新身份的 HOME 环境变量。

-k,结束密码的有效期限,也就是下次再执行 sudo 时便需要输入密码。

-l,列出目前用户可执行与无法执行的指令。

-p,改变询问密码的提示符号。

-s<shell>,执行指定的 shell。

-u<用户>,以指定的用户作为新的身份。若不加上此参数,则预设以 root 作为新的身份。

-v,延长密码有效期限 5 min。

-V ,显示版本信息。

范例:

① 使用 user1 用户的身份查看/root 目录下的内容:

```
[root@localhost ~]# su - user1
[user1@localhost ~]$
[user1@localhost ~]$ ls /root
ls:无法打开目录'/root':权限不够
```

② 使用 user1 用户的身份用 sudo 查看/root 目录下的内容。这里我们先用默认的情况尝试一遍,系统会显示 user1 不在 sudoers 文件中,因此要想使用 sudo 命令,需要 root 用户在 sudoers 文件中加入此用户才行:

```
[user1@localhost ~]$ sudo ls /root                #修改/etc/sudoers 文件前

我们信任您已经从系统管理员那里了解了日常注意事项。
总结起来无外乎这三点:

    #1) 尊重别人的隐私。
```

　　♯2）输入前要先考虑(后果和风险)。

　　♯3）权力越大,责任越大。

[sudo] user1 的密码:

user1 不在 sudoers 文件中。此事将被报告。

[user1@localhost ～]$ sudo ls /root　　　　♯修改/etc/sudoers 文件后

[sudo] user1 的密码:

公共　视频　文档　音乐 anaconda-ks.cfg

模板　图片　下载　桌面 initial-setup-ks.cfg

3. passwd 命令

功能说明:设置密码。

语法:

passwd[参数][用户名称]

　　补充说明:passwd 命令让用户可以更改自己的密码,而系统管理者则能用它管理系统用户的密码。只有管理者可以指定用户名称,一般用户只能变更自己的密码。

　　选取口令应遵守如下规则:

➢ 口令应该至少有 6 位(最好是 8 位以上)字符;

➢ 口令应该是大小写字母、标点符号和数字混杂的。

参数:

-d,删除密码,本参数仅有系统管理者才能使用。

-f,强制执行。

-k,设置只有在密码过期失效后,方能更新。

-l,锁住密码。

-x,设置密码的有效期。

-s,列出密码的相关信息。本参数仅有系统管理者才能使用。

-u,解开已上锁的账号。

范例:

① 直接修改当前用户口令:

[root@localhost ～]♯ passwd< Enter>

更改用户 root 的密码 。

新的密码:　　　　　　　　　　　　　　注意:密码是不显示的

无效的密码:密码少于 8 个字符

重新输入新的密码:

② 超级用户修改其他用户(user1)的口令:

[root@localhost ～]♯ passwd user1

4. useradd 命令

功能说明:建立用户账号。

语法：

useradd [参数] [用户名]

参数：

-c，加上备注文字。备注文字会保存在 passwd 的备注栏位中。

-d，可重新指定用户的主目录。

-e，账户的到期时间，格式为 YYYY-MM-DD。

-f，指定在密码过期后多少天即关闭该账号。

-g，指定用户所属的群组。

-G，指定用户所属的附加群组。

-s<shell>，指定用户登入后所使用的 shell。

-u<uid>，指定用户 ID。

范例：

① 创建 user1 用户：

[root@localhost ~]# useradd user1

[root@localhost ~]# passwd user1（通常建立好用户后为他设置一个密码）

② 添加一个名为 user2 的用户，让其所属组为 root 组，主目录为/user2，并建立这个
目录：

[root@localhost ~]# useradd -g root -d /user2　user2

5．userdel 命令

功能说明：删除用户账号。

语法：

userdel [-r] [用户账号]

补充说明：userdel 可删除用户账号与相关的文件。若不加参数，则仅删除用户账号，而不
删除相关文件。

参数：

-r，删除用户登入目录以及目录中所有文件。

-f，强制删除用户。

范例：

删除用户 user2，并删除用户登录目录以及目录中所有文件：

[root@localhost ~]# userdel -r user2

6．usermod 命令

功能说明：修改用户账号。

语法：

usermod [参数] [用户名]

补充说明：usermod 可用来修改用户账号的各项设定。

参数：

-c，修改用户账号的备注文字。

-d，修改用户登录时的目录。

-e，修改账号的有效期限。

-f，修改在密码过期后多少天即关闭该账号。

-g,修改用户所属的群组。

-G,修改用户所属的附加群组。

-l,修改用户账号名称。

-L,锁定用户密码,使密码无效。

-s,修改用户登入后所使用的 shell。

-u,修改用户 ID。

-U,解除密码锁定。

范例:

把 user1 用户名改为 stu1,并且把其主目录转移到/opt/stu1:

```
[root@localhost ~]# usermod -d /opt/stu1 -m -l stu1 user1
[root@localhost ~]# ls /opt
[root@localhost ~]# tail -3 /etc/passwd
apache:x:48:48:Apache:/usr/share/httpd:/sbin/nologin
stu:x:1001:1001::/home/stu:/bin/bash
stu1:x:1002:1002::/opt/stu1:/bin/bash
```

7. groupadd 命令

功能说明:建立新组。

语法:

```
groupadd [参数] [组名]
```

参数:

-g,gid 指定组 ID 号。

-o,允许组 ID 号,不必唯一。

-r,加入组 ID 号。

范例:

建立一个新组 group2,并设置组 ID 为 1010:

```
[root@localhost ~]# groupadd -g 1010 group2
```

此时在/etc/group 文件中产生一个组 ID(GID)是 1010 的 group2 组:

```
[root@localhost ~]# tail -1 /etc/group
group2:x:1010:
```

8. groupdel 命令

功能说明:删除群组。

语法:

```
groupdel [群组名称]
```

补充说明:需要从系统上删除群组时,可用 groupdel 指令来完成这项工作。倘若该群组中仍包括某些用户,则必须先删除这些用户,方能删除群组。

范例:

删除 group2 组:

```
[root@localhost ~]# groupdel   group2
```

9. groupmod 命令

功能说明:更改群组识别码或名称。

语法：

groupmod［参数］［组名］

补充说明：需要更改群组属性时，可用 groupmod 指令来完成这项工作。

参数：

-g，设置欲使用的组 ID。

-o，重复使用群组 ID。

-n，设置新组名。

范例：

把工作组 group1 改名为 group2，GID 改为 1200：

［root@localhost ～］# groupmod -g 1200 -n group2 group1

10. chgrp 命令

功能说明：改变文件或目录所属的组。

语法：

chgrp［参数］［组名］

参数：

-R，递归式地改变指定目录及其下的所有子目录和文件的属组。

补充说明：该命令改变指定文件所属的用户组。其中 group 可以是用户组 ID，也可以是 /etc/group 文件中用户组的组名。文件名是以空格分开的要改变属组的文件列表，支持通配符。如果用户不是该文件的属主或超级用户，则不能改变该文件的组。

范例：

把 file 分配给 group1 用户组：

［root@localhost ～］# chgrp group1 file

11. chown 命令

功能说明：更改某个文件或目录的属主和属组。

语法：

chown［参数］用户或组 文件

参数：

user，新的文件拥有者的使用者 ID。

group，新的文件所属组（group）。

-c，若该文件拥有者确实已经更改，才显示其更改动作。

-f，若该文件拥有者无法被更改，不要显示错误信息。

-h，只对连接（link）进行变更，而非该 link 真正指向的文件。

-v，显示拥有者变更的详细资料。

-R，对目前目录下的所有文件与子目录进行相同的拥有者变更（即以递回的方式逐个变更）。

补充说明：chown 将指定文件的拥有者改为指定的用户或组。用户可以是用户名或用户 ID。组可以是组名或组 ID。文件是以空格分开的要改变权限的文件列表，支持通配符。

范例：

① 将文件 file1.txt 的所属组设为 users 组，文件主为 u1：

［root@localhost ～］# chown u1:users file1.txt

② 将目前目录下的所有文件与子目录的拥有者皆设为 users 组的使用者 u2：

```
[root@localhost ~]# chown -R u2:users *
```

12. chmod 命令

功能说明：设置用户对文件和目录的权限。

语法：

```
chmod [参数] mode [文件或目录名]
```

参数：

mode，权限设定字串，格式为［ugoa…］［［＋－＝］［rwxX］…］［,…］，其中：

➢ u 表示该文件的拥有者，g 表示与该文件的拥有者属于同一个组（group）者，o 表示其他以外的人，a 表示这三者皆是；

➢ ＋表示增加权限，－表示取消权限，＝表示唯一设定权限；

➢ r 表示可读取，w 表示可写入，x 表示可执行，X 表示只有当该文件是个子目录或者该文件已经被设定过时可执行。

-c，若该文件权限确实已经更改，才显示其更改动作。

-f，不显示错误信息。

-R，递归处理，将指令目录下的所有文件及子目录一并进行处理。

-v，显示指令执行过程。

补充说明：数字设定法。

我们必须首先了解用数字表示属性的含义："0"表示没有权限，"1"表示可执行权限，"2"表示可写权限，"4"表示可读权限，然后将其相加。所以数字属性的格式应为 3 个从 0 到 7 的八进制数，其顺序是 u、g、o。文件权限的字符与数字表示见表 4-1。

表 4-1　文件权限的字符与数字表示

权限分配	文件所有者			文件所属组			其他用户		
权限	读	写	执行	读	写	执行	读	写	执行
字符表示	r	w	x	r	w	x	r	w	x
数字表示	4	2	1	4	2	1	4	2	1

范例：

① 显示文件 file.tgz 的权限：

```
[root@localhost ~]# ls -l file.tgz
-rw-r--r--. 1 root root 483997 Jul 15 17:31 file.tgz
```

第一列的 11 个字符中第 1 位表示 file.tgz 文件是一个普通文件；2～4 位表示文件的属主有读写权限；5～7 位表示与 file.tgz 文件属主同组的用户只有读权限；9～10 位表示其他用户也只有读权限。

说明：在文件权限中，－表示空权限，r 代表只读，w 代表写，x 代表可执行。注意 11 个位置中第一个字符指定了文件类型。在通常意义上，一个目录也是一个文件。如果第一个字符是横线，表示是一个非目录的文件，如果是 d，表示是一个目录。最后一位"."表示该目录使用了 SELinux context 的属性。

② 将文件 file1.txt 设为所有人皆可读取：

```
[root@localhost ~]# chmod ugo+r file1.txt
```

③ 将文件 file1. txt 设为所有人皆可读取：

[root@localhost ～]#chmod a＋r file1. txt

④ 将文件 file1. txt 与 file2. txt 设为文件主和同组者可写入，其他人则不可写入：

[root@localhost ～]#chmod ug＋w,o-w file1. txt file2. txt

⑤ 写出与 chmod ug＝rwx,o＝x file 相同功能的数字授权命令：

[root@localhost ～]#chmod 771 file

13. mask 命令

功能说明:指定在建立文件时预设的权限掩码。

语法：

umask [-S][权限掩码]

补充说明:umask 可用来设定[权限掩码]。[权限掩码]是由 3 个八进制数字所组成的,将现有的存取权限减掉权限掩码后,即可产生建立文件时预设的权限。

当我们设定为 000 时,会得到完全开放的目录权限 777,以及文件权限 666。为何文件只得到 666 呢？因为文件权限中的 execute 权限已被程序移除,因此,不管设定什么 umask 数值,文件都不会出现 execute 权限。

参数：

-S,以文字的方式来表示权限掩码。

范例：

① 检查新创建文件的默认权限：

[stu@localhost ～]$ umask
0022
[stu@localhost ～]$ umask -S
u ＝ rwx,g ＝ rwx,o ＝ rx

② 执行建立新文件 file1,修改 umask 值为 044 ,再建立新文件 file2、file3：

[stu@localhost ～]$ touch file1
[stu@localhost ～]$ umask 044
[stu@localhost ～]$ touch file2 file3
[stu@localhost ～]$ ll f＊
-rw-r--r--. 1 stu stu 0 3 月　 6 16:17 file1
-rw--w--w-. 1 stu stu 0 3 月　 6 16:18 file2
-rw--w--w-. 1 stu stu 0 3 月　 6 16:18 file3

4.2.3　管理用户和组相关配置文件

1. Linux 用户配置文件:/etc/passwd

在/etc/passwd 中,每一行都表示一个用户的信息,一行有 7 个段位,段位之间用":"分割,比如下面是系统中/etc/passwd 的两行：

root:x:0:0:root:/root:/bin/bash
……
tcpdump:x:72:72::/:/sbin/nologin
stu:x:1000:1000:stu:/home/stu:/bin/bash
stu1:x:1001:1001::/home/stu1:/bin/bash
stu2:x:1002:1002::/opt/stu2:/bin/bash
u1:x:1003:1010::/home/u1:/bin/bash

第一字段：用户名（也被称为登录名），在上面的例子中，我们看到用户名分别有 root、tcpdump 和 stu 等。

第二字段：口令，在例子中是一个 x，其实密码已被映射到/etc/shadow 文件中。

第三字段：UID。

第四字段：GID。

第五字段：注释信息，常为用户名全称，可以不设置，在 stu 这个用户中，用户的全称是 stu，而 stu1 用户是没有设置全称的。

第六字段：用户的家目录所在位置，stu 这个用户是/home/stu ，而 linuxuser 这个用户是/home/linuxuser。

第七字段：用户所用 shell 的类型，stu 和 linuxuser 都用的是 bash，所以设置为/bin/bash。tcpdump 的 shell 为/sbin/nologin，说明不能登录，这里是内置用户。

2. Linux 用户配置文件：/etc/shadow

/etc/shadow 文件是/etc/passwd 的影子文件，这个文件并不是由/etc/passwd 而产生的，这两个文件应该是对应互补的；shadow 内容包括用户及被加密的密码，以及其他/etc/passwd 不能包括的信息，比如用户的有效期限等；这个文件只有 root 权限可以读取和操作。/etc/shadow 文件的内容包括 9 个段位，每个段位之间用"："分割。

```
stu：$ 1 $ VE.Mq2Xf $ 2c9Qi7EQ9JP8GKF8gH7PB1；13072；0；99999；7：：


stu1：$ 6 $ OZ $ 9RA8uxQnec5YBHUJuYAPCBQ7tZYDV5EtijySkI50FGT3grRHiKfEVPlVqqpdZew
5rlxurEJjqMOEMc5aCtiDV0；17533；0；99999；7：：
stu2：$ 6 $ /v9h3kvn $ 0hrY8RKa9E8REwZpRmEuEuOwndzm9K.noigPFsdyfbqUelEVWvyX3p2NI
uYPFzXEzj1sHuT.M8gzq2UwFIEP00；17536；0；99999；7：：
u1：!!：17537；0；99999；7：：
```

第一字段：用户名（也被称为登录名），在/etc/shadow 中，用户名和/etc/passwd 中的是相同的，这样就把 passwd 和 shadow 中的用户记录联系在一起了，这个字段是非空的。

第二字段：密码（已被加密），如果有些用户在这字段是!!，表示没有设置密码。

第三字段：上次修改口令的时间，这个时间是从 1970 年 1 月 1 日起到最近一次修改口令的时间间隔（天数）。

第四字段：两次修改口令间隔最少的天数，如果设置为 0，则禁用此功能，也就是说用户必须经过多少天才能修改其口令。

第五字段：两次修改口令间隔最多的天数。

第六字段：提前多少天警告用户口令将过期。

第七字段：在口令过期之后多少天禁用此用户。

第八字段：用户过期日期，此字段指定了用户作废的天数（从 1970 年 1 月 1 日开始的天数），如果这个字段的值为空，账号永久可用。

第九字段：保留字段，目前为空，以备将来 Linux 发展之用。

3. Linux 工作组的配置文件：/etc/group

文件内容如下：

```
stu:x:1001:
user1:x:1002:
group1:x:444:
group2:x:1010:
u2:x:1004:
```

3列的含义:组名;x是密码段,表示没有设置密码;组ID。/etc/passwd对应的相关记录如下,u1、u2有两个所属组。

```
stu:x:1000:1000:stu:/home/stu:/bin/bash
stu1:x:1001:1001::/home/stu:/bin/bash
stu2:x:1002:1002::/opt/stu1:/bin/bash
u1:x:1003:1010::/home/u1:/bin/bash
u2:x:1004:1004::/home/u2:/bin/bash
```

4. 初始化环境目录:/etc/skel

/etc/skel一般存放用户启动文件的目录,这个目录是由root权限控制的,当我们添加用户时,这个目录下的文件自动复制到新添加用户的家目录下;/etc/skel目录下的文件都是隐藏文件,我们可通过修改、添加、删除/etc/skel目录下的文件,来为用户提供一个统一的、标准的、默认的环境。

```
[root@localhost ~]# ls -la /etc/skel
总用量 24
drwxr-xr-x.   3 root root   78 2 月   17 21:25 .
drwxr-xr-x. 136 root root 8192 3 月    9 22:31 ..
-rw-r--r--.   1 root root   18 1 月   14 2019 .bash_logout
-rw-r--r--.   1 root root  141 1 月   14 2019 .bash_profile
-rw-r--r--.   1 root root  312 1 月   14 2019 .bashrc
drwxr-xr-x.   4 root root   39 2 月   17 21:24 .mozilla
```

/etc/skel目录下的文件,一般用useradd和adduser命令添加用户(user)时,系统自动复制到新添加用户(user)的家目录下的。如果通过修改/etc/passwd来添加用户,可以自己创建用户的家目录,然后把/etc/skel目录下的文件复制到用户的家目录下,用chown来改变新用户家目录的属主。

5. useradd的预设值:/etc/default/useradd

通过useradd添加用户时的规则文件:

```
[root@localhost ~]# cat /etc/default/useradd
# useradd defaults file
GROUP = 100
HOME = /home                #把用户的家目录建在/home中
INACTIVE = - 1              #是否启用账号过期停权,-1表示不启用
EXPIRE =                    #账号终止日期,不设置表示不启用
SHELL = /bin/bash          #所用 SHELL 的类型
SKEL = /etc/skel           #默认添加用户的目录文件存放位置;用 useradd 添加用
                            户时,用户家目录文件从此目录中复制
CREATE_MAIL_SPOOL = yes    #建立邮件池
```

6. login 的配置文件：/etc/login. defs

/etc/login. defs 文件是创建用户时的一些规划，比如创建用户时，是否需要家目录，以及 UID 和 GID 的范围、用户的期限等，这个文件是可以通过 root 来定义的。显示/etc/login. defs 文件内容，此处过滤了注释行和空行。

```
[root@localhost ~]# cat /etc/login.defs|grep -v ^#  |grep -v ^$
MAIL_DIR/var/spool/mail              #创建用户时,要在目录/var/spool/mail 中创建一个
                                       用户 mail 文件
PASS_MAX_DAYS        99999           #用户密码不过期最多的天数
PASS_MIN_DAYS        0               #密码修改之间最小的天数
PASS_MIN_LEN         5               #密码最小长度
PASS_WARN_AGE        7
UID_MIN              1000            #最小 UID 为 1000,也就是说添加用户时,UID 是从
                                       1000 开始的
UID_MAX              0 60000         #最大 UID 为 60000
SYS_UID_MIN          201
SYS_UID_MAX          999
GID_MIN              1000
GID_MAX              60000
SYS_GID_MIN          201
SYS_GID_MAX          999
CREATE_HOMEyes                       #是否创建用户家目录,一般设置为 yes
UMASK                077
USERGROUPS_ENAB yes
ENCRYPT_METHOD SHA512
```

4.3　任　务　准　备

1. 在虚拟机上启动 Red Hat Enterprise Linux 8 系统，并打开终端。
2. 以 root 身份登录系统。

4.4　任　务　解　决

用户管理实战

1. 建立 jsjx 组，组 id 为 1600：

```
[root@localhost ~]# groupadd -g 1600 jsjx
[root@localhost ~]# tail -1 /etc/group
jsjx:x:1600:
```

2. 建立 5 个用户 stu1、stu2、stu3、stu4、stu5，都属于 jsjx 组，建立用户 user，属于自己的组，分别设置 6 个用户密码，为"用户名123"：

```
[root@localhost ~]# useradd -g jsjx stu1
[root@localhost ~]# useradd -g jsjx stu2
[root@localhost ~]# useradd -g jsjx stu3
[root@localhost ~]# useradd -g jsjx stu4
[root@localhost ~]# useradd -g jsjx stu5
[root@localhost ~]# useradd user
[root@localhost ~]# passwd stu1
更改用户 stu1 的密码。
新的密码：
此处设置密码省略
```

3．把 stu3 加入 root 组作为附加组：

```
[root@localhost ~]# usermod -G root stu3
```

4．查看/etc/passwd、/etc/group/、/etc/shadow 文件：

```
[root@localhost ~]# tail -6 /etc/passwd
stu1:x:1005:1600::/home/stu1:/bin/bash
stu2:x:1006:1600::/home/stu2:/bin/bash
stu3:x:1007:1600::/home/stu3:/bin/bash
stu4:x:1008:1600::/home/stu4:/bin/bash
stu5:x:1009:1600::/home/stu5:/bin/bash
user:x:1010:1601::/home/user:/bin/bash
[root@localhost ~]# tail -5 /etc/group
group1:x:444:
group2:x:1010:
u2:x:1004:
jsjx:x:1600:
user:x:1601:
[root@localhost ~]# tail -6 /etc/shadow
stu1:$6$z0bCIDW1$5wGt.bA559CWoFF3SlvNzm6z2EJsZANEs8NS2a6pLB2DRKGHDTPnLErKP18D0UV4r9T/
wv6AMHcrxnPlMl6P3/:17537:0:99999:7:::
stu2:$6$WF8jH5zt$eTA2PUC5vRNo6UE5YLCL4TFVJ0Tc9J/PivPRZjOjviQFeRPpGzUxd.
xCcwh93cTIr/OQgin8EE/7TzhaStyII/:17537:0:99999:7:::
stu3:$6$VLnRl2IT$heZuONTLNEBs1lEqGgQyrLBDBKelsj/5WlcuQ1nQ3F7dPrv55Wk/
ThelNixANbCvzwBPOM33bfsNB028g4DK4/:17537:0:99999:7:::
……
```

5．查看 stu3 的所属组：

```
[root@localhost ~]# groups stu3
stu3 : jsjx root
```

6．设置 stu3 账号的过期时间为 2021 年 12 月 31 日：

```
[root@localhost ~]# usermod -e 2021-12-31 stu3
```

7．设置 stu3 密码需要更改的天数为 60 天：

```
[root@localhost ~]# passwd -x 60 stu3
Adjusting aging data for user stu3.
```

注：对比 stu2 和 stu3 的账号信息

```
[root@localhost ~]# cat /etc/shadow|grep stu[23]
stu2：$6$WF8jH5zt$eTA2PUC5vRNo6UE5YLCL4TFVJOTc9J/PivPRZjOjviQFeRPpGzUxd.
xCcwh93cTIr/OQgin8EE/7TzhaStyII/:17537:0:99999:7:::
stu3：$6$VLnRl2IT$heZuONTLNEBs1lEqGgQyrLBDBKelsj/5WlcuQ1nQ3F7dPrv55Wk/
ThelNixANbCvzwBPOM33bfsNB028g4DK4/:17537:0:60:7::17896：
[root@localhost ~]#
```

8. 查看/etc/passwd、/etc/shadow 文件的权限：

```
[root@localhost ~]# ll /etc/passwd /etc/shadow
-rw-r--r--. 1 root root 27063 3 月   6 16:48 /etc/passwd
----------. 1 root root 2309  3 月   6 16:48 /etc/shadow
```

9. 把/etc/shadow 文件复制到/home/testfile,查看文件的权限,切换到用户 stu4、stu3,看是否能修改/home/testfile 文件：

```
[root@localhost ~]# cp /etc/shadow /home/testfile
[root@localhost ~]# ll /home/testfile
-rw-r--r--. 1 root root 2309 3 月   6 17:02 /home/testfile
[root@localhost ~]# su - stu4
Last login：Sat 3 月   6 17:01:04 CST 2021 on pts/0
[stu4@localhost ~]$ echo hello >>/home/testfile
-bash：/home/testfile：Permission denied
[stu4@localhost ~]$ su - stu3
Password：
[stu3@localhost ~]$  echo hello >>/home/testfile
-bash：/home/testfile：Permission denied
```

10. 把/home/testfile 的权限改为文件主和同组者可读写,再切换到 stu3 用户,看是否能修改/home/testfile 文件：

```
[stu3@localhost ~]$ exit         注：返回 root 用户修改权限
logout
[root@localhost ~]# chmod 664 /home/testfile
[root@localhost ~]# su - stu3
Last login：Sat 3 月   6 17:09:05 CST 2021 on pts/0
[stu3@localhost ~]$ echo hello >>/home/testfile
[stu3@localhost ~]$ tail -1 /home/testfile
hello
```

4.5   任务扩展练习

1. 建立 group1 ＊＊ 和 group2 ＊＊ 两个组, group2 ＊＊ 的 ID 设为 15 ＊＊ 。

2. 在 group1＊＊中建立用户 user＊＊并设置密码。

3. 建立用户 user2＊＊,属于 group1＊＊组,并建立主目录/home/user2＊＊dir,账户过期时间为 2022 年 1 月 1 日,用户使用的 shell 为 csh。

4. 观察/etc/passwd 和/etc/shadow 文件,两个用户的信息有何不同?

5. 切换到 user＊＊用户,看看是否能编辑/etc/passwd 文件? 切换回 root 用户并直接进入 root 的主目录。

6. 把 user2＊＊用户名改为 user3＊＊,并且把其主目录转移到 /home/user3＊＊,所属组改为 group2＊＊。

7. 把工作组 group2＊＊ 改名为 mygroup,把 GID 改为 18＊＊。

8. 把/etc/passwd 文件复制到/root 目录下并改名为 file＊＊,观察文件的所属组,并将文件 file＊＊的所属组改为 group1＊＊,再观察。

9. 设置 file＊＊的权限,文件主和同组者具有所有权限,其他用户有只读权限,再用数字的方式还原原来的权限。

10. 在/home 目录下,查看 umask 的值并新建文件 file1＊＊、目录 dir1＊＊,查看文件和目录的权限。

11. 将 umask 的默认值由 022 更改为 002,并新建文件 file2＊＊、目录 dir2＊＊,查看文件和目录的权限。

12. 建立用户 user4＊＊,让他的主目录自动设置为建立在/home/users 下。

13. 查看用户 user3＊＊的 ID 和组 ID。

14. 设置 user3＊＊,把 root 组作为他的附加组,以主组登录后如何切换到附加组?

15. 锁定用户 user3＊＊的账号,如何解锁?

16. 查看用户 user3＊＊的信息,删除用户及他的主目录,查看结果。

任务 5　使用 vim 编辑器

Linux 系统下的文本编辑器有很多种,包括图形模式下的 gedit、Kwrite 等,文本模式下的 VI、vim(VI 的增强版本)、EMACS 等,其中 VI 和 EMACS 是 Linux 系统中最常用的两个编辑器。VI 编辑器是 Linux 系统下的标准编辑器,也是最基本的文本编辑器,它可以编辑所有的文本文件,特别是在编写程序时十分有用。vim 编辑器是 VI 编辑器的升级版,它可以实现 VI 的所有功能,它的功能比 VI 更加强大。本次任务的目的就是让读者学会使用 Linux 系统自带的 vim 编辑器,并熟练掌握 vim 的一些使用技巧。

5.1　任 务 描 述

子任务 1　使用 vim 编辑器来编辑文档

1. 把/etc/sysconfig/network-scripts/ifcfg-ens160 /tmp/netcard 文件复制到/tmp 目录下,改名为 netcard。

2. 使用 vim 编辑/tmp 目录下的 netcard 文档。

3. 在 vim 中设定行号。

4. 光标移动到第 4 行的行尾。

5. 将第 4 行的 DHCP 改为 static。

6. 把第 5、6 行移动到第 11 行之后。

7. 查找所有的 IPv6。

8. 把高亮显示关闭。

9. 光标移到文件尾,输入以下 4 行信息:

```
IPADDR = 172.25.0.11
NETMASK = 255.255.255.0
GATEWAY = 172.25.0.254
DNS1 = 172.25.0.254
```

10. 在第 7~11 行前面加上"#",注释掉这些行。

子任务 2　编辑、执行 Python 语言程序

编辑并运行一个显示"Hello World !"的程序。

5.2　引　导　知　识

5.2.1　Linux 编辑器介绍

使用 vim

在 Linux 环境下的编辑器有很多，有行编辑器（如 ed、ex 等）、全屏幕编辑器（如 vim、Nano、EMACS），还有基于 KDE 或者 GNOME 图形界面的编辑器（如 gedit、Kwrite、Nedit、Gnome Subtitles 等），行编辑器现在用得比较少，其他的编辑器我们简单介绍如下。

1. VI(vim)

VI(Visual Interface)是 Linux 系统的第一个全屏幕交互式编辑程序，它从诞生至今一直受到广大用户的青睐，历经数十年仍然是人们主要使用的文本编辑工具，可见其生命力之强，而强大的生命力是其强大的功能带来的。VI 可以执行输出、删除、查找、替换、块操作等众多文本操作，而且用户可以根据自己的需要对其进行定制，这是其他编辑程序所没有的，这也使得它在 Linux 编辑器中首屈一指。vim 是进阶版的 VI，vim 不但可以用不同颜色显示文字内容，还能够进行如 shell 脚本、C 语言、PHP 脚本等编辑功能，可以将 vim 视为一种程序编辑器。

2. Nano

Nano 是最常用的命令行文本编辑器之一，这是由于它的简单性以及它在大多数 Linux 发行版中预装。Nano 没有 vim 的灵活性，但如果用户需要编辑一个大文件，它肯定会完成工作。实际上 pico（一款简单的编辑器）和 Nano 非常相似。两者都在底部显示其命令选项，以便用户可以选择要运行的选项。使用 Ctrl 和底部显示的字母组合键完成命令。

3. EMACS

EMACS 是一种强大的文本编辑器，在程序员和其他以技术工作为主的计算机用户中广受欢迎。EMACS(Editor MACroS，编辑器宏)最初由 Richard Stallman 于 1975 年在 MIT 协同 Guy Steele 共同完成。编写者为 Guy Steele、Dave Moon、Richard Greenblatt、Charles Frankston 等人。自诞生以来，EMACS 演化出了众多分支，其中使用最广泛的两种分别是：1984 年由 Richard Stallman 发起并由他维护至今的 GNU EMACS，以及 1991 年发起的 XEMACS。XEMACS 是 GNU EMACS 的分支，至今仍保持着相当的兼容性。它们都使用了 EMACS Lisp 这种有着极强扩展性的编程语言，从而实现了包括编程、编译乃至网络浏览等功能的扩展，EMACS 和 vim 是 Linux 下用得最广泛的两种编辑器。

4. Nedit

Nedit 基本上是为了那些编写代码的人而设计的，而不是用于编辑文章或者是粗浅的 HTML 页面，Nedit 简洁的界面下包含了强大的代码编写功能，Nedit 也有可记录的宏，它的宏编写功能非常强大。它的搜索和替换功能很精密，这对于开发者来说是很有意义的。Nedit 也有一些用于简单文本操作的功能。如果程序员想要找的是一些简洁而又功能强大的工具，Nedit 会是一个不错的选择。

5. gedit

gedit 是一个图形化文本编辑器。它可以打开、编辑并保存纯文本文件，还可以从其他图形化桌面程序中剪切和粘贴文本，创建新的文本文件，以及打印文件。gedit 有一个清晰而又通俗易懂的界面,它使用活页标签,因此用户可以不必打开多个 gedit 窗口而同时打开多个文件。gedit 是一个简单的文本编辑器,使用 gtk＋编写而成。它有一个很好的用户界面,使用也很简单,包括很多编辑器的主要功能。

6. Kwrite

Kwrite 是一个 KDE 桌面的文本编辑器,它是最好的连接 kfm 的编辑器,能够对不同语言的源文件进行浏览。Kwrite 也适用于文本编辑。它可作为程序员编辑器,可以跟 XEMACS 和 EMACS 媲美。Kwrite 的主要功能是丰富的语言支持:C/C++、Java、Python、Perl、Bash、Modula 2、HTMl、Ada。Kwrite 是非常易用的。只要用户用过任一种文本编辑器,就能用好它。

7. Gnome Subtitles

Gnome Subtitles 是一款适用于 GNOME 桌面环境的字幕编辑器。它允许用户对字幕文件进行编辑、翻译以及同步操作。Gnome Subtitles 对于一些常见的字幕格式都提供了支持,如 Advanced Sub Station Alpha、MicroDVD、MPlayer、MPlayer 2、MPSub、SubRip、Sub Station Alpha、SubViewer 1.0、SubViewer 2.0 等。Gnome Subtitles 可提供 WYSIWYG(所见即所得)的字幕编辑环境,并内置视频预览功能,可以帮助用户更好地完成字幕编辑工作。

每个编辑器都有其特点,用户可以选择适合自己的来使用,但在所有版本的 Linux 上都会有一套文字编辑器,就是 vim,而且很多软件也是默认使用 vim 作为它们编辑的接口的。

5.2.2　vim 编辑器

vim 是 Bram Moolenaar 开发的与 UNIX 下的通用文本编辑器 VI 兼容并且更加强大的文本编辑器。它支持语法变色、正规表达式匹配与替换、插入补全、自定义键等功能,为编辑文本尤其是编写程序提供了极大方便,接下来我们主要介绍 vim 的使用。

在提示符下输入 VI 或 vim 可以进入编辑窗口,如图 5-1 所示。

```
[root@localhost ~]# vim
```

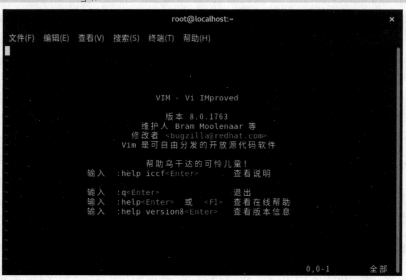

图 5-1　进入 vim 编辑器

vim 的工作环境共分为 3 种模式,分别是普通模式、编辑模式与末行命令模式,这 3 种模式的作用分别如下。

(1) 普通模式(又称为命令模式)

用 vim 命令打开一个文档或新建一个文档就直接进入普通模式了(这是预设的模式)。在这个模式中,用户可以使用上、下、左、右按键来移动光标,可以使用删除字符或删除整行来处理文档内容,也可以使用复制、粘贴来处理文件。

(2) 编辑模式

在普通模式中可以进行删除、复制、粘贴等操作,但是却无法编辑文件内容的,要等用户按下 i、o、O、a、A、r、R 等任何一个按键之后才会进入编辑模式。通常在 Linux 中,按下这些按键时,在画面的左下方会出现"插入"的提示,此时才可以进行编辑。而如果要回到普通模式,则必须要按下 Esc 键,退出编辑模式。

(3) 末行命令模式

在普通模式当中,输入:、/、? 3 个中的任何一个按键,就可以将光标移动到屏幕最底下一行,即末行命令模式,在这个模式中,可以进行查找、替换、保存、退出、显示行号等操作。图 5-2 可以简单地表示各模式之间的转换。

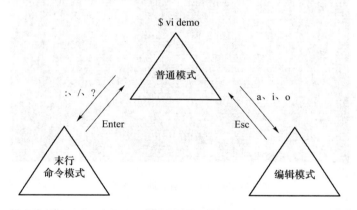

图 5-2　vim 3 种模式的相互转换

以下是一个简单的文本编辑例子。

【例 5-1】　用 vim 来建立一个名为 demo 的文件,内容输入"Hello World!"。

```
[root@localhost ~]# vim demo
```

进入普通模式下的操作如图 5-3 所示,这时是不能输入内容的,输入 i 即可转换到编辑模式,在文件的最下方会出现"插入"的字样,如图 5-4 所示,说明可以输入文件内容了,输入内容"Hello World!"后,按 Esc 键,退回到普通模式,输入":"转换到末行命令模式,输入"wq"存盘并退出 vim,如图 5-5 所示。

vim 在 3 种模式下有很多功能,总结如下,读者可以反复练习,直到熟练掌握。

在普通模式下可以实现移动光标、删除、复制、粘贴等操作,功能如表 5-1、表 5-2 所示。

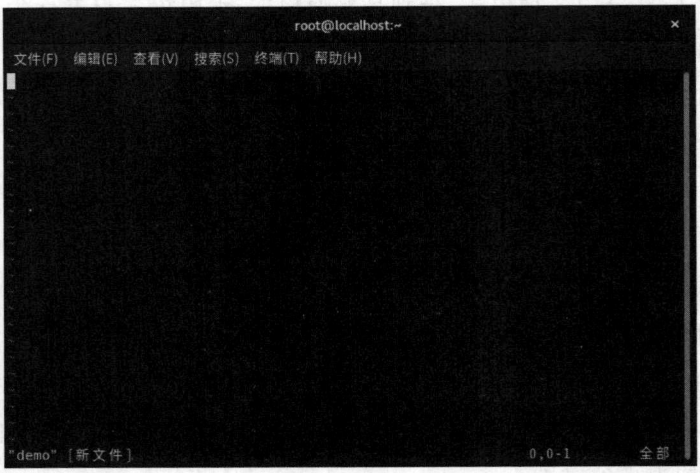

图 5-3　进入 vim 普通模式

图 5-4　进入 vim 编辑模式

图 5-5　进入 vim 末行命令模式

表 5-1 光标的移动

操　作	功　能
h 或左方向键(←)	光标向左移动一个字符
j 或下方向键(↓)	光标向下移动一个字符
k 或上方向键(↑)	光标向上移动一个字符
l 或右方向键(→)	光标向右移动一个字符
Ctrl+f	屏幕向下移动一页
Ctrl+b	屏幕向上移动一页
Ctrl+d	屏幕向下移动半页
Ctrl+u	屏幕向上移动半页
+	光标移动到非空格符的下一列
−	光标移动到非空格符的上一列
n<space>	光标会向右移动这一行的 n 个字符
0 或功能键 Home	移动到这一行的最前面字符处
\$ 或功能键 End	移动到这一行的最后面字符处
H	光标移动到屏幕最上方那一行的第一个字符
M	光标移动到屏幕中间那一行的第一个字符
L	光标移动到屏幕最下方那一行的第一个字符
G	移动到这个文档的最后一行
nG	移动到这个文档的第 n 行
gg	移动到这个文档的第一行,相当于 1G
n<Enter>	光标向下移动 n 行

表 5-2 删除、复制与粘贴

操　作	功　能
x, X	在一行字当中,x 为向后删除一个字符,X 为向前删除一个字符
nx	n 为数字,连续向后删除 n 个字符
dd	删除光标所在的那一行
ndd	n 为数字,删除光标所在的向下 n 行
d1G	删除光标所在行到第一行的所有数据
dG	删除光标所在行到最后一行的所有数据
d\$	删除光标所在处到该行的最后一个字符
d0	0 为数字,删除光标所在处到该行的最前面一个字符
yy	复制光标所在的那一行
nyy	n 为数字,复制光标所在的向下 n 行
y1G	复制光标所在列到第一列的所有数据
yG	复制光标所在列到最后一列的所有数据
y0	复制光标所在的那个字符到该行行首的所有数据
y\$	复制光标所在的那个字符到该行行尾的所有数据

操　作	功　能
p，P	p 为将已复制的数据在光标下一行粘贴，P 则为粘贴在光标上一行
J	将光标所在列与下一列的文字结合成同一列
c	删除当前行并转成编辑模式
u	撤销上次操作
Ctrl＋r	重做上一个动作

从普通模式切换到编辑模式可以使用如表 5-3 所示的操作。

表 5-3　进入插入或替换的编辑模式

操　作	功　能
i，I	进入编辑模式(insert mode)，i 为从当前光标前插入，I 为从当前所在行的第一个非空格符处开始插入
a，A	进入插入模式(insert mode)：a 为从当前光标所在的下一个字符处开始插入，A 为从光标所在行的最后一个字符处开始插入
o，O	进入插入模式：字母 o 为在当前光标所在的下一行插入新的一行，大写字母 O 为在目前光标所在处的上一行插入新的一行
r，R	进入替换模式(replace mode)：r 只会取代光标所在的那一个字符一次；R 会一直取代光标所在的文字，直到按下 Esc 键为止

在末行命令模式下的操作有很多，查找、替换如表 5-4 所示，存盘、退出如表 5-5 所示，环境设定参数如表 5-6 所示。

表 5-4　查找、替换

操　作	功　能
/word	向光标之下寻找一个名称为 word 的字符串
？word	向光标之上寻找一个名称为 word 的字符串
n	代表重复前一个搜寻的动作(向下查找)
N	为反向进行前一个搜寻动作(向上查找)
:n1,n2s/word1/word2/g	n1 与 n2 为数字。在第 n1 与 n2 行之间寻找 word1 这个字符串，并将该字符串取代为 word2
:1,$s/word1/word2/g	从第一行到最后一行寻找 word1 字符串，并将该字符串取代为 word2
:1,$s/word1/word2/gc	从第一行到最后一行寻找 word1 字符串，并将该字符串取代为 word2，且在取代前显示提示字符给使用者确认

表 5-5   存盘、退出

操 作	功 能
:w	将编辑的内容写入磁盘
:w!	若文件为只读,强制写入该文件,能否写入跟用户的权限有关
:q	退出 vim
:q!	若修改过文件,又不想存盘,使用"!"强制退出并不存盘
:wq	存盘退出,若为:wq!,则强制存盘退出
ZZ	若文件没有修改,则不存盘退出,若文件已修改,则存盘退出
:w〔filename〕	将编辑的文件存到 filename 这个文件中
:r〔filename〕	在编辑的数据中,读入另一个文档的内容
:n1,n2 w〔filename〕	将 n1 行到 n2 行的内容写到 filename 这个文件中
:! command	暂时退出 vim 到命令行下执行 command 的显示结果

表 5-6   环境设定参数

操 作	功 能
:set nu	设定行号
:set nonu	取消行号
:set hlsearch	设定将搜寻的字符串高亮显示,默认值是 hlsearch
:set nohlsearch	取消将搜寻的字符串高亮显示的设定
:set autoindent	设置自动缩排
:set noautoindent	取消自动缩排
:set backup	设置自动备份文档,默认是 nobackup,如果设定成 backup,当更改文件时源文件会被另存成一个名为 filename~ 的文件
:set nobackup	设置不自动备份文档
:set ruler	在屏幕右下角显示状态行
:setnoruler	在屏幕右下角不显示状态行
:set showmode	显示左下角的状态行
:setnoshowmode	不显示左下角的状态行
:set backspace=(012)	在编辑模式下,退格键(backspace)功能的设定:当 backspace 为 2 时,可以删除任意值;当 backspace 为 0 或 1 时,仅可删除刚刚输入的字符,而无法删除原本就已经存在的文字
:set all	显示目前所有的环境参数设定值
:set	显示与系统默认值不同的设定参数
:syntax on	设置文档依据程序相关语法显示不同颜色
:syntax off	不设置文档依据程序相关语法显示不同颜色
:set bg=light	文字显示不同的颜色色调,默认为 light
:set bg=dark	文字显示不同的颜色色调

5.2.3   vim 编辑器的高级功能

在 vim 新版本中,加入了一些高级功能,这些功能使 vim 的使用更灵活、方便,并能够提高编辑的效率。

1. 文本内容的局部选择与操作

操作都是在普通模式下进行的，选择包括选择字符、选择行、选择区域，文本选择后会亮度反显，操作主要是复制、粘贴和删除，如表 5-7 所示。

表 5-7　文本局部选择与操作

操　作	功　能
v	选择部分字符，在选择的第一个字符处按"v"后移动光标，光标经过处都会被选择
V	若干行的选择，在选择的某行输入 V，上下移动光标，光标经过行都会被选择
Ctrl+v	块选择，把光标移到文档的某个位置，输入 Ctrl+v，屏幕下方出现-VISUAL BLOCK-状态显示，移动光标，光标覆盖的矩形区域都会被选择
y	将选中的部分复制
P	粘贴复制的部分
d	将选中的部分删除掉

2. 编辑多个文档

【例 5-2】　在 vim 中打开/etc/passwd 和/etc/shadow 两个文件，并能够在两个文件间切换。

操作步骤如下：

`[root@localhost ～]# vim /etc/passed /etc/shadow`

我们可以看到，passwd 文件被打开，可以进行编辑，在末行命令模式下，输入":n"，即可编辑 shadow 文件，同样在末行输入":N"又可切换回 passwd 文件。

可见在编辑多个文档时，在末行模式下输入":n"是指编辑下一个文档，输入":N"是指编辑上一个文档，输入":files"是指列出当前 vim 开启的所有文档。

3. 多窗口功能

当一个文档非常大，需要前后对照数据时，或者当有两个文档需要对照时，可以使用 vim 的多窗口编辑功能。

【例 5-3】　在两个窗口中编辑/etc/passwd 和/etc/shadow 两个文件。

操作步骤如下：

`[root@localhost ～]# vim /etc/passwd`

然后在末行命令模式下输入 sp /etc/shadow，即可看到在两个窗口中分别显示两个文件的编辑状态，可以使用 Ctrl+w+↑ 和 Ctrl+w+↓ 或者 Ctrl+w+j 和 Ctrl+w+k 在两个窗口之间移动。使用":vsp"可以水平拆分窗口。如果需要比较两个文件，只需要打开一个文件，在末行命令模式下输入":sp"拆分窗口，再输入":diffthis"，即可对比显示出两个文件的不同之处，编辑起来十分方便。

4. 插入补全

在编辑模式下，为了减少重复的击键输入，vim 提供了若干快捷键，当用户要输入某个上下文曾经输入过的字符串时，只要输入开头若干字符，使用快捷键 Ctrl+p 或 Ctrl+n，vim 将搜索上下文，找到匹配字符串，把剩下的字符补全，用户就不必敲了。Ctrl+x 或 Ctrl+l 可以补全一行，Ctrl+f 可以补全一个文件名，这样编程序时用户起多长的变量名都没关系。

5. 目录的打开

"：new"和"：split"等命令不但可以打开普通文件，还可以打开目录。一个目录打开以后将列出里面的文件信息，可以输入回车继续打开相应的文件或者子目录，也可以输入"？"得到其他目录操作（修改文件名、删除文件等）的帮助。

6. 折叠文本

当一个文本太长而用户又对其中很长一大段内容不关心时，可以把用户不关心的那些行折叠起来，让它们从用户的视线中消失。被折叠的行将以一行显示代替，折叠可以有多种方式控制，可以通过设置 foldmethod 选项的值来改变。默认情况下 foldmethod＝manual 为手工折叠。在可视模式下选择一段文本，然后输入 zf 可以手工创建一个折叠，在普通或插入模式下，在折叠行上横向移动光标将打开被折叠的行，输入 zc 可以关闭折叠。

7. 环境设定

为了方便地使用 vim，可以预设环境，如果想要知道目前的设定值，可以在一般模式下输入"：set all"来查阅，项目非常多，整个 vim 的设定值一般放置在/etc/vimrc 这个文件中，另外用户可以通过修改～/. vimrc 文件来设定自己的 vim 环境。

【例 5-4】　修改 vim 预设环境，使打开文件时就有行号存在，并且在编辑文档时，回车换行后跟前一排文档的第一个非空字符对齐。

[root@localhost ～]# vim ～/. vimrc
set autoindent　　　　　　"自动对齐"
set nu　　　　　　　　　"加行号"

注意：在这个文档中如果加入的内容是批注，要用双引号（""）括起来。

8. 文件恢复功能

当使用 vim 编辑 filename 文件时，vim 会在被编辑文档的目录下，再建立一个名为 filename. swp 的文档。vim 会主动建立 filename. swp 的暂存档，用户对 inittab 做的操作就会被记录到这个文档中，如果用户的系统因为某些缘故中断了，inittab. swp 就能够发挥救援的功能。我们可以在编辑文件的过程中，在 vim 的普通模式下输入 Ctrl＋z 组合按键，即可模仿不正常的中断。

[root@localhost ～]# vim /etc/inittab

[1]+　已停止　　　　　　　　　　vim /etc/inittab
[root@localhost ～]# vim /etc/inittab

当再次编辑文件时会出现：

E325：注意
发现交换文件 "/etc/. inittab. swp"
　　　　所有者：root　　　日期：Tue Mar　9 03：06：25 2021
　　　　文件名：/etc/inittab
　　　　修改过：否
　　　　用户名：root　　　主机名：localhost. localdomain
　　　进程 ID：3477（仍在运行）
正在打开文件 "/etc/inittab"

日期：Tue Feb 26 09:53:03 2019

（1）Another program may be editing the same file.　If this is the case, be careful not to end up with two different instances of the same file when making changes.　Quit, or continue with caution.

（2）An edit session for this file crashed.

如果是这样，请用 ":recover" 或 "vim -r /etc/inittab"

恢复修改的内容（请见 ":help recovery"）。

如果你已经进行了恢复，请删除交换文件 "/etc/.inittab.swp"

以避免再看到此消息。

交换文件 "/etc/.inittab.swp" 已存在！

以只读方式打开（[O]），直接编辑（(E)），恢复（(R)），退出（(Q)），中止（(A)）：

选项分别代表的含义如下。

➤ [O]pen Read-Only：以只读方式打开文档。

➤ (E)dit anyway：还是用正常的方式打开要编辑的那个文件，并不会载入交换文件的内容。不过很容易出现两个使用者互相改变对方的文档等问题。

➤ (R)ecover：就是加载交换文件的内容，不过当用户使用交换文件并且存盘退出 vim 后，还是要手动自行删除那个交换文件。

➤ (Q)uit：按下 q 键就退出 vim，不会进行任何操作，回到命令提示符。

➤ ((A))bort：忽略这个编辑行为，回到命令提示符。

这时在目录中可以看到有一个扩展名为 .swp 的同名交换文件，把它删除就不会出现前面的注意信息了。

```
[root@localhost ~]# ls -la /etc|grep inittab
-rw-r--r--.   1 root root       490 2 月   26 2019 inittab
-rw-r--r--.   1 root root      4096 3 月    9 03:06 .inittab.swp
```

以上是对 vim 功能的一些介绍，更详细的描述请读者参见 ":help"，vim 的使用是一个实践过程，使用得多就会觉得越来越好用，并体会出其功能的强大。

5.3　任务准备

1. 在虚拟机上启动 Red Hat Enterprise Linux 8 系统，并打开终端。
2. 准备好 Red Hat Enterprise Linux 8 系统 DVD 映像文件。

5.4　任务解决

子任务 1

① 把 /etc/sysconfig/network-scripts/ifcfg-ens160 /tmp/netcard 文件复制到 /tmp 目录下，改名为 netcard。

操作步骤：

```
[root@localhost ~]# cp /etc/sysconfig/network-scripts/ifcfg-ens160 /tmp/netcard
```

② 使用 vim 编辑/tmp 目录下的 netcard 文档。

操作步骤：

```
[root@localhost ~]# vim /tmp/netcard
TYPE = "Ethernet"
PROXY_METHOD = "none"
BROWSER_ONLY = "no"
BOOTPROTO = "dhcp"
DEFROUTE = "yes"
IPV4_FAILURE_FATAL = "no"
IPV6INIT = "yes"
IPV6_AUTOCONF = "yes"
IPV6_DEFROUTE = "yes"
IPV6_FAILURE_FATAL = "no"
IPV6_ADDR_GEN_MODE = "stable-privacy"
NAME = "ens160"
UUID = "34fc845e-bbcb-46d2-bdfd-453033523245"
DEVICE = "ens160"
ONBOOT = "yes"
```

③ 在 vim 中设定行号。

操作步骤：切换到末行命令模式":set nu"，然后会在画面中看到左侧出现行号，如图 5-6 所示。

图 5-6　给文本加行号

④ 光标移动到第 4 行的行尾。

操作步骤:在命令模式下输入 4G,然后输入 $ 。

⑤ 在第 4 行将"DHCP"改为"static"。

操作步骤:输入 i 进入插入模式,直接按退格键删除"DHCP",输入"static"即可。

⑥ 把第 5、6 行移动到第 11 行之后。

操作步骤:在命令模式下输入 5G,光标移到第 5 行,输入 2dd 剪切 2 行内容;输入 9G 移到原来的第 11 行;输入 p,把刚刚剪切的文件进行粘贴,实现两行的移动。结果如图 5-7 所示。

图 5-7　移动文本

⑦ 查找所有的 IPv6。

操作步骤:在命令模式下,直接按"/",输入"DHCP",就会找到"IPv6"并高亮显示,如图 5-8 所示。

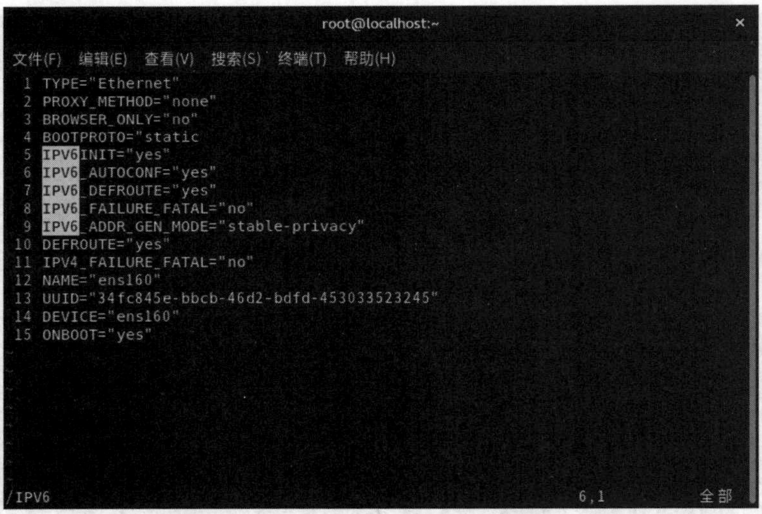

图 5-8　高亮显示查找到的文本

⑧ 把高亮显示关闭。

操作步骤:进入末行命令模式,输入 set nohlsearch 即可。

⑨ 光标移到文件尾,输入以下 4 行信息:

```
IPADDR = 192.168.239.100
NETMASK = 255.255.255.0
GATEWAY = 192.168.239..254
DNS1 = 192.168.239..254
```

操作步骤:切换到命令模式,输入 G 到最后一行,输入 o 切换到插入模式,输入信息即可。

⑩ 在第 5～9 行前面加上"♯"注释掉这些行,编辑完成后保存并退出。

操作步骤:切换到末行命令模式,输入"5,9 s/ˆ/♯/g"即可把这几行改为注释信息,输入完成后,在末行命令模式下输入 x 保存并退出,就全部完成了,完成后的结果如图 5-9 所示。

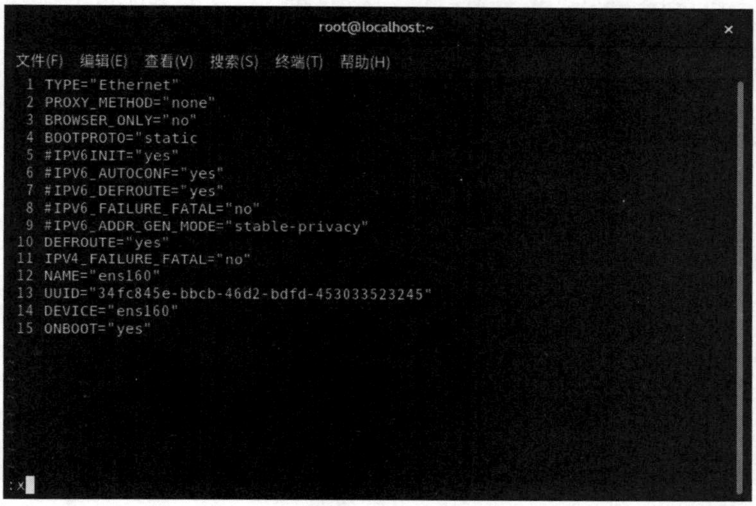

图 5-9　文件编辑结果

子任务 2

编辑并运行一个显示"Hello World!"的程序。

1. 建立存放程序的目录

虽然这一步并不是必需的,但是为了养成一个良好的编程习惯,建议大家编写程序时,建立一个专门的目录,比如 src(通常存放程序源码的目录)。

```
[root@localhost ~]# mkdir src
[root@localhost ~]# cd src
[root@localhost src]#
```

2. 用 vim 编辑程序并执行

① 用 vim 编辑源程序:

```
[root@localhost src]# vim hello.py
```

② 输入以下内容:

```
#! /usr/bin/python
print('hello world! ')
```

③ 执行程序,这里我们已经安装了 Python 3 版本,直接就可以执行。

```
[root@localhost src]# python3 hello.py
hello world!
```

至此 vim 的学习结束,这个编辑器得多练习,熟能生巧。

5.5　任务扩展练习

1. 练习使用本次任务引导知识里 vim 编辑器的高级功能。
2. 利用 vim 编写一个 Python 程序。

任务6　使用 shell

计算机硬件是由运算器、控制器、存储器、输入/输出设备等共同组成的,而让各种硬件设备各司其职且又协同运行的是系统内核。Linux 系统的内核负责完成对硬件资源的分配、调度等管理任务。Linux 系统的内核并不能直接接收来自终端的命令,需要 shell 这个交互式命令解释程序来充当桥梁。在本次任务中,要学会 shell 下支持的一些基本功能的使用,掌握 shell 下环境变量的使用,以及能够编写并执行简单的 shell 脚本。

6.1　任务描述

1. 完成以下 shell 的功能应用。

① 列出 /etc 目录下以 a、b、c 开头的文件。

② 在根目录下查找 passwd 文件,把错误输出到 errorfile 文件。

③ 输入字符到 mytext 文件中,直到输入"!"结束。

④ 统计当前目录下一般文件的个数。

⑤ 顺序执行 date、pwd 和 ls 命令。

⑥ 若文件 message 被 mail 给 u1,就把它删除,否则不删除。

2. 写一个名为 hello＊＊ 的脚本来完成以下功能。

① 给变量 a 赋值"hello world!"。

② 输出 a 的内容。

3. 写一个脚本程序,批量建 10 个用户,用户名为 u1 到 u10。

6.2　引导知识

shell 介绍

6.2.1　shell 的概念

系统内核对计算机的正常运行非常重要,一般不直接去编辑内核中的参数,而是让用户通过基于系统调用接口开发出的程序或服务来管理计算机,以满足日常工作的需要,如图 6-1 所示。Linux 系统中有些图形化工具调用脚本来完成相应的工作,往往只是为了完成某种工作而设计,缺乏 Linux 命令原有的灵活性及可控性。再者,图形化工具相较于 Linux 命令行界面会更加消耗系统资源,因此经验丰富的运维人员甚至都不会给 Linux 系统安装图形界面,需要开始运维工作时直接通过命令行模式远程连接过去,这样做能够提高效率。

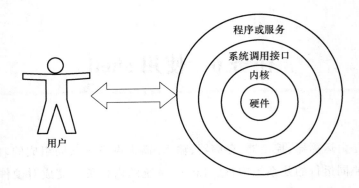

图 6-1　用户与 Linux 系统的交互

shell 就是一个命令行工具。shell(也称为终端或壳)充当的是人与内核(硬件)之间的翻译官,用户把一些命令"告诉"终端,它就会调用相应的程序服务去完成某些工作。目前包括红帽系统在内的许多主流 Linux 系统默认使用的终端都是 Bash(Bourne-again shell)解释器。

对于 Red Hat Linux 8 中可用的 shell,我们可以通过查看配置文件来查询:

```
[root@localhost ~]#　cat /etc/shells
/bin/sh
/bin/bash
/usr/bin/sh
/usr/bin/bash
```

6.2.2　shell 的主要功能

1. 命令通配符

命令通配符主要用于用户描述目录或文件。常用的命令通配符有如下几种。

＊:匹配任何字符和任何数目的字符。

?:匹配单一数目的任何字符。

[ ]:匹配"[ ]"之内的任意一个字符。

[!]:匹配除了"[!]"之外的任意一个字符,"!"表示非的意思。

例如:

```
[root@localhost ~]# ls *.c            #列出所有C语言源文件
[root@localhost ~]# ls n*.conf        #列出所有n字母开头的配置文件
[root@localhost ~]# ls test?.*        #列出文件名为5个字符、扩展名任意并且以
                                       text开头的所有文件
[root@localhost ~]# ls [abc]*         #列出以a、b、c开头的所有文件
[root@localhost ~]# ls [! abc]*       #列出不是以a、b、c开头的所有文件
[root@localhost ~]# ls [a-zA-Z]*      #列出以字母开头的所有文件
```

2. 命令自动补全

使用 Tab 键。

例如:

```
[root@localhost ~]# redhat-<Tab>          #输入 Redhat 命令再按 Tab 键
[root@localhost ~]# redhat-access-insights #命令会自动补齐
[root@localhost ~]# ls /bin/cp<Tab>        #忘记 cpupower 怎么拼写,只记得 cp
                                             开头,输入 cp 再按两次 Tab 键会显
                                             示 3 个命令

cp          cpio        cpupower
[root@localhost ~]# ls /bin/cpu<Tab>       #再输入一个 p 按一次 Tab 键,命名会
                                             补齐

[root@localhost ~]# ls /bin/cpupower
/bin/cpupower
```

3. 别名机制

alias 命令和 unalias 命令:

```
alias [alias_name ='original_command']
unalias alias_name
```

使用举例:

```
[root@localhost ~]#    alias
alias cp ='cp -i'
alias egrep ='egrep --color = auto'
alias fgrep ='fgrep --color = auto'
alias grep ='grep --color = auto'
alias l. ='ls -d . * --color = auto'
alias ll ='ls -l --color = auto'
alias ls ='ls --color = auto'
alias mv ='mv -i'
alias rm ='rm -i'
alias which ='(alias; declare -f) | /usr/bin/which --tty-only --read-alias --read-
functions --show-tilde --show-dot'
alias xzegrep ='xzegrep --color = auto'
alias xzfgrep ='xzfgrep --color = auto'
alias xzgrep ='xzgrep --color = auto'
alias zegrep ='zegrep --color = auto'
alias zfgrep ='zfgrep --color = auto'
alias zgrep ='zgrep --color = auto'
[root@localhost ~]# alias type ='cat'      #设置 type 命令等同于 cat 命令
[root@localhost ~]# unalias type           #取消 type 的别名设置
```

4. 命令历史

用上下方向键、PgUp 键和 PgDn 键来查看历史命令。

可以使用键盘上的编辑功能键对显示在命令行上的命令进行编辑。

使用 history 命令查看命令历史：

```
[root@localhost ~]# history
[root@localhost ~]# !<命令事件号>
```

例如：

```
[root@localhost ~]# history
……
  235  ll file0
  236  chmod 644 file0
  237  ll file0
  238  cd /home
  239  cd
  240  umask
  241  cd /home
……
[root@localhost ~]# ! 240
umask
0022
```

5. 重定向

重定向就是不使用系统的标准输入设备、标准输出设备或标准错误设备，而进行重新指定。重定向分为输入重定向、输出重定向和错误重定向、双重输出重定向。Linux 下的标准设备如表 6-1 所示。

表 6-1　Linux 下的标准设备

名　称	代　号	代表的含义	设　备	说　明
stdin	0	标准输入	键盘	命令在执行时所要的输入数据通过它来取得
stdout	1	标准输出	显示器	命令执行后的输出结果从该端口送出
stderr	2	标准错误	显示器	命令执行时的错误信息通过该端口送出

（1）输入重定向

标准输入 stdin(0)：默认是键盘，使用"<"来重定向输入源。

命令的使用格式：

```
command <file
```

命令 command 的输入源从 file 文件得到。

从当前文档输入，使用"<<"让系统将一次键盘的全部输入，先送入虚拟的"当前文档"，然后一次性输入。需要一对字母、符号或字符串作为起始终结标识符。可以选择任意符号作为起始终结标识符。

我们可以使用以下的方式实现一个简单的文本输入器：

```
[root@localhost ~]# cat > file <<!        #实现给文件名为 file 的文件输入内容
> test file                                #输入文件内容
> !                                        #输入"!"
```

```
[root@localhost ~]# cat file
test file
```

（2）输出重定向

标准输出 stdout(1)默认是终端屏幕,使用">"改变数据输出目标,将当前目录下的文件以长模式显示,写入 listfile 文件,文件原有内容会被消除,使用">>"可以将输出追加入文件。

```
[root@localhost ~]# ls-l > listfile
[root@localhost ~]# ls-l >> listfile
```

（3）错误重定向

报错信息与标准输出走不同的 I/O 通道,系统报错使用 stderr 通道,而标准输出使用 stdout 通道。默认是终端屏幕,使用"2>"将报错信息重定向入一个文件。

```
[root@localhost ~]# cat /root/passwd 2 >> result
[root@localhost ~]# cat /root/passwd 2 > /dev/null
```

把/dev/null 看作"黑洞",它通常等价于一个只写文件,所有写入它的内容都会永远丢失。

（4）双重输出重定向

查找执行权限为可写的文件,找到后存入 result 文件,错误信息输出到 error 文件。

```
[root@localhost ~]# find / -perm -2 2 >> error >> result
```

6. 管道

管道将一个命令的输出传送给另一个命令,作为另一个命令的输入。

使用方法:

```
命令 1|命令 2|命令 3|…|命令 n
```

管道前过滤器的输出与管道后过滤器的输入数据类型需匹配,如果有不匹配的数据,过滤器就会把它丢弃。

例如:

```
[root@localhost ~]# ls -l（屏幕回显是有颜色的）
[root@localhost ~]# ls -l ｜  less（屏幕回显是没有颜色的）
```

分屏显示/etc/passwd 文件:

```
[root@localhost ~]# cat /etc/passwd | more
```

在/etc/passwd 文件中查找包含 root 的行:

```
[root@localhost ~]# cat /etc/passwd | greproot
```

把当前目录下以 file 开头的文件合并成一个文件:

```
[root@localhost ~]# cat file * > file
```

6.2.3　用户工作环境

用户登录系统时,shell 为用户自动定义唯一的工作环境,并对该工作环境进行维护直至用户注销。用户工作环境将定义用户身份、工作目录和正在运行的进程等特性,这些特性由指定的环境变量值定义。用户工作环境有登录环境和非登录环境之分。登录环境是指用户登录系统时的工作环境,shell 对登录用户而言是主 shell。非登录环境是指用户再调用子 shell 时所使用的用户环境。

1. 环境变量概念

环境变量是指由 shell 定义和赋初值的 shell 变量。shell 用环境变量来确定查找路径、注册目录、终端类型、终端名称、用户名等。所有环境变量都是全局变量,并可以由用户重新设置。

2. 环境变量的定义方法

```
[root@localhost ~]#set 环境变量名 = 变量值
```

3. 查看系统定义的环境变量

```
[root@localhost ~]# set
[root@localhost ~]# env
```

4. 常见的环境变量

➤ HOME——用户主目录的位置,通常是/home/用户名。

➤ LOGNAME——登录名,也就是用户的账户名。

➤ PATH——命令搜索路径。

➤ PS1——第一命令提示符。

➤ PS2——第二命令提示符。

➤ PWD——用户的当前目录。

➤ SHELL——用户的 shell 类型,包括其在系统中的所在位置。

5. 使用工作环境设置文件设置用户工作环境

① 系统的用户工作环境设置文件:

➤ 登录环境设置文件/etc/profile;

➤ 非登录环境设置文件/etc/bashrc。

② 用户设置的环境设置文件:

➤ 登录环境设置文件 $ HOME/. bash_profile;

➤ 非登录环境设置文件 $ HOME/. bashrc;

➤ 系统的用户工作环境设置文件对所有用户均生效,用户设置的环境设置文件只对用户自身生效。

6.2.4　shell 编程

1. shell 脚本简介

shell 是一个功能强大的脚本编程语言。用 shell 编写的批处理文件称为 shell 脚本。shell 脚本可以将若干条命令浓缩成一条命令来使用。shell 脚本在系统管理和维护方面大有用处。shell 脚本的成分如下。

➤ 注释部分:注释部分以"♯"开头。

➤ 命令:在 shell 脚本中可以出现任何在交互方式下可以使用的命令。

➤ 变量:在 shell 脚本中既可以使用用户自定义的变量,也可以使用系统环境变量。

➤ 流程控制:流程控制语句对命令的执行流程进行控制(分支、循环、子 shell 调用)。

2．shell 变量

（1）变量赋值（定义变量）

```
varName = Value

export varName = Value
```

在定义变量时，若 string 中包含空格、制表符和换行符，则 string 必须用' string '或 "string"的形式，即用单（双）引号将其括起来。

（2）引用变量

```
[root@localhost ~]# var Name
```

（3）shell 变量的作用域

shell 变量分为局部变量和全局变量。局部变量的作用范围仅限制在其命令行所在的 shell 或 shell 脚本文件中，全局变量的作用范围则包括本 shell 进程及其所有子进程，可以使用 export 内置命令将局部变量设为全局变量。

3．shell 程序设计的流程控制

和其他高级程序设计语言一样，shell 提供了用来控制程序执行流程的命令，包括条件分支和循环结构，用户可以用这些命令创建非常复杂的程序，与传统语言不同的是，shell 用于指定条件值的不是布尔运算式，而是命令和字串。

（1）测试命令

test 命令用于检查某个条件是否成立，它可以进行数值、字符和文件 3 个方面的测试，其测试符和相应的功能分别如下。

① 数值测试

-eq，等于则为真。

-ne，不等于则为真。

-gt，大于则为真。

-ge，大于等于则为真。

-lt，小于则为真。

-le，小于等于则为真。

② 字串测试

＝，等于则为真。

!＝，不相等则为真。

-z 字串，字串长度伪则为真。

-n 字串，字串长度不伪则为真。

③ 文件测试

-e 文件名，如果文件存在则为真。

-r 文件名，如果文件存在且可读则为真。

-w 文件名，如果文件存在且可写则为真。

-x 文件名，如果文件存在且可执行则为真。

-s 文件名，如果文件存在且至少有一个字符则为真。

-d 文件名,如果文件存在且为目录则为真。

-f 文件名,如果文件存在且为普通文件则为真。

-c 文件名,如果文件存在且为字符型特殊文件则为真。

-b 文件名,如果文件存在且为块特殊文件则为真。

另外,Linux 还提供了与(!)、或(-o)、非(-a)3 个逻辑操作符,用于将测试条件连接起来,其优先顺序为:"!"最高,"-a"次之,"-o"最低。同时,bash 也能完成简单的算术运算。

(2) if 条件语句

shell 程序中的条件分支是通过 if 条件语句来实现的,其一般格式为:

```
if 条件命令串
then
条件为真时的命令串
else
条件为假时的命令串
fi
```

(3) for 循环

for 循环对一个变量可能的值都执行一个命令序列。赋给变量的几个数值既可以在程序内以数值列表的形式提供,也可以在程序外以位置参数的形式提供。for 循环的一般格式为:

```
for 变量名 [in 数值列表]
do
若干个命令行
done
```

变量名可以是用户选择的任何字串,如果变量名是 var,则在 in 之后给出的数值将顺序替换循环命令列表中的 $var。如果省略了 in,则变量 var 的取值将是位置参数。对变量的每一个可能的赋值都将执行 do 和 done 之间的命令列表。

(4) while 循环和 until 循环

while 和 until 命令都是用命令的返回状态值来控制循环的。while 循环的一般格式为:

```
while
若干个命令行 1
do
若干个命令行 2
done
```

只要 while"若干个命令行 1"中最后一个命令的返回状态为真,while 循环就继续执行 do…done之间的"若干个命令行 2"。

until 命令是另一种循环结构,它和 while 命令相似,其格式如下:

```
until
若干个命令行 1
do
```

若干个命令行 2

done

until 循环和 while 循环的区别在于：while 循环在条件为真时继续执行循环，而 until 则在条件为假时继续执行循环。

shell 还提供了 true 和 false 两条命令用于创建无限循环结构，它们的返回状态分别是总为 0 或总为非 0。

（5）case 条件选择

if 条件语句用于在两个选项中选定一项，而 case 条件语句为用户提供了根据字串或变量的值从多个选项中选择一项的方法，其格式如下：

```
case string in
exp-1)
若干个命令行 1
;;
exp-2)
若干个命令行 2
;;
……
*)
其他命令行
esac
```

shell 通过计算字串 string 的值，将其结果依次和运算式 exp-1、exp-2 等进行比较，直到找到一个匹配的运算式为止。如果找到了匹配项，则执行它下面的命令直到遇到一对分号（;;）为止。

在 case 运算式中也可以使用 shell 的通配符（"*""?""[ ]"）。通常用"*"作为 case 命令的最后运算式，以便在前面找不到任何相应的匹配项时，执行"其他命令行"的命令。

（6）无条件控制语句 break 和 continue

break 用于立即终止当前循环的执行，而 continue 用于不执行循环中后面的语句，立即开始下一个循环的执行。这两个语句只有放在 do 和 done 之间才有效。

4．shell 脚本的建立与执行

（1）shell 脚本的建立

使用文本编辑器编辑脚本文件。

（2）shell 脚本的执行

方法 1：

```
[root@localhost ~]# sh ./script-file
```

方法 2：

```
[root@localhost ~]# chmod +x script-file
[root@localhost ~]# ./script-file
```

5．脚本范例

① 建立一个 script，当执行该 script 的时候，该 script 可以显示：用户目前的身份（用 whoami）、用户目前所在的目录（用 pwd）。

```
#! /bin/bash
echo "Your name is = => $ (whoami)"
echo "The current directory is = =>'pwd'"
```

② 写一个脚本,执行后,打印一行提示"Please input a number:",要求用户输入数值,然后打印出该数值,再次要求用户输入数值,直到用户输入"end"时停止。

```
#! /bin/sh
unset var
while [ "$ var"! = "end" ]
do
echo-n "please input a number: "
read var
if [ "$ var" = "end" ]
then
break
fi
echo "var is $ var"
done
```

③ 在/etc/passwd 里面以":"来分隔,第一栏为账号名称。写脚本,可以将 /etc/passwd 的第一栏取出,而且每一栏都以"The 1 account is "root""来显示,"1"表示行数。

```
#!/bin/bash
accounts ='cat /etc/passwd | cut -d ":" -f1'
for account in $ accounts
do
declare -i i = $ i+1
echo "The $ i account is \" $ account\" "
done
```

④ 写一个脚本,利用循环和 continue 关键字,计算 100 以内能被 3 整除的数之和。

```
#!/bin/sh
sum = 0
for a in 'seq 1 100 '
do
if [ 'expr $ a % 3'-ne 0 ]
then
  continue
fi
  echo $ a
sum ='expr $ sum + $ a'
done
echo "sum = $ sum"
```

6. 定制登录 shell

为了每次登录时都有相同的设置,可以将命令写入 shell 的配置文件,这些文件不仅是用来设置诸如 shell 变量这类事的,还可以在用户登录和退出时运行任何 Linux 命令。这就可以节省时间,并且可以让登录会话为用户做更多的事情,在登录时一般使用 bash 从以下 4 个文件中读取环境变量,它们分为全局设置文件和用户设置文件两类。

➤ 全局设置文件:

```
/etc/profile
/etc/bashrc
```

➤ 用户设置文件:

```
~/.bashrc
~/.bash_profile
```

用户在登录时,bash 会首先读取全局设置文件,而后读取用户设置文件。全局设置文件对所有用户都生效,但只有 root 能改动。用户设置文件可以被用户自己改动,但只对个人生效。后读入的设置会覆盖先读入的设置内容,用户设置会覆盖全局设置。用户需要长期性地改变 shell 环境,可以通过在这些文件中添加来完成。

6.3　任务准备

1. 在虚拟机上启动 Red Hat Enterprise Linux 8 系统,并打开终端。
2. 以 root 身份登录系统。

6.4　任务解决

shell 实战

(1) shell 的功能应用。

① 列出/etc 目录下以 a、b、c 开头的文件:

```
[root@localhost ~]# ls [abc]*
a1  a2  anaconda-ks.cfg  creatuser.sh
```

② 在根目录下查找 passwd 文件,错误输出到 errorfile:

```
[root@localhost ~]# find / -name passwd 2 > errorfile
```

③ 输入字符到 mytext 文件中,直到输入"!"结束:

```
[root@localhost ~]# cat <<! > mytext
> This text forms the content of the heredocument,
> which continues until the end of text delimiter
> !
```

④ 统计当前目录下一般文件的个数:

```
[root@localhost ~]# ls -l * | grep "^-" | wc -l
17
```

⑤ 顺序执行 date、pwd 和 ls 命令:

```
[root@localhost ~]# date ; pwd ; ls
```

⑥ 若文件 message 被 mail 给 u1,就把它删除(注意,这里先建立 u1 用户和 message 文件):

```
[root@localhost ~]# mailu1 < message && rm -f message
```

（2）编写的脚本文件实现如下：

```
#!/bin/sh
# 对变量赋值：
a = "hello world!"
# 现在打印变量 a 的内容：
echo "A is:" $ a
```

（3）编写一个脚本程序，批量建立 10 个用户，用户名为 u1~u10。

批量创建用户，使用 for 循环就可以实现，设置用户密码，密码为 user 后面跟 5 个随机字符。设置密码时加一个随机密码定向到一个文件中，方便管理。

```
[root@localhost ~]# vim creatuser.sh
#!/bin/bash
for i in 'seq 1 10'
do
    pw = 'echo $[RANDOM]|md5sum|cut -c 1-5'
    useradd user $ i
    echo "user $ i $ pw" >> /root/pw.txt
    echo "user $ pw" |passwd --stdin user $ i
done

[root@localhost ~]# chmod + x creatuser.sh
[root@localhost ~]# sh creatuser.sh
Changing password for user user1.
passwd: all authentication tokens updated successfully.
Changing password for user user2.
passwd: all authentication tokens updated successfully.
......
[root@localhost ~]# tail -10 /etc/passwd
user1:x:1014:1014::/home/user1:/bin/bash
user2:x:1015:1015::/home/user2:/bin/bash
user3:x:1016:1016::/home/user3:/bin/bash
user4:x:1017:1017::/home/user4:/bin/bash
user5:x:1018:1018::/home/user5:/bin/bash
user6:x:1019:1019::/home/user6:/bin/bash
user7:x:1020:1020::/home/user7:/bin/bash
user8:x:1021:1021::/home/user8:/bin/bash
user9:x:1022:1022::/home/user9:/bin/bash
user10:x:1023:1023::/home/user10:/bin/bash
```

密码文件为：

```
[root@localhost ~]# cat pw.txt
user1 ea72d
user2 678f7
user3 198ab
user4 f8bd2
user5 c1368
user6 a5839
user7 fe20a
user8 33722
user9 5e41b
user10 649c8
```

验证结果:

```
[root@localhost ~]# su user1
[user1@localhost root]$ su user2
Password:
[user2@localhost root]$
```

6.5　任务扩展练习

1. 进入/root,把目录下的内容重定向到/root/mydir ** 文件中。

2. 在/root 下执行 cat userfile ** 命令,把标准错误追加到/root/mydir ** 文件尾。

3. 切换到另一个终端,用 user ** 登录,用管道检查 user ** 是否登录。

4. 把 user ** 用户登录的 shell 改为 csh。

5. 把/etc 目录下以 d 开头的文件,第二个字母不为 a、b、c 其中一个字母的,扩展名为 .conf 的文件名列出来。

6. 把刚才输入的所有命令保存到/tmp/mycmd ** 中。

7. 查看当前系统提示符的环境变量值,记录下结果并将系统提示符改为 @^@ ** 。

8. 执行以下命令并写出引号的功能:

```
[root@localhost ~]# var = gong
[root@localhost ~]# echo "var is $ var"
[root@localhost ~]# echo 'var is $ var'
[root@localhost ~]# echo 'var is \ $ var'
[root@localhost ~]# echo "var is \ $ var"
[root@localhost ~]# echo 'ls'
```

9. 编写脚本文件 try ** 实现如下功能,尽量写一个使用友好的 shell。

① 取得参数——用户输入的需要检查的用户名。

② 测试输入用户是否存在/etc/passwd 中。

③ 存在输出:found <输入用户> 在 /etc/passwd。

④ 否则输出:no user in system。

任务 7　控制启动与管理进程

Linux 系统是如何启动的？系统进程如何管理？要系统稳定、可靠地运行,需要经常对系统进行管理维护,系统引导是系统正常运行过程中的必经过程,在本次任务中,读者要理解系统启动的过程,掌握系统启动配置文件的修改、系统的引导级别;同时,能够处理将 root 密码忘记的问题以及简单地修复文件系统。在本次任务中,读者要熟练地掌握一些与系统管理维护相关的命令。

7.1　任 务 描 述

1. 了解 Red Hat Enterprise Linux 8 的系统引导过程。
2. 了解 Red Hat Enterprise Linux 8 的运行级别,修改默认的运行级别。
3. 掌握与系统引导相关的命令。
4. 掌握如果忘记 root 密码该如何操作。

7.2　引 导 知 识

系统引导介绍

7.2.1　Red Hat Enterprise Linux 8 的系统启动过程

Red Hat Enterprise Linux 8 基于 BIOS 的系统时,系统引导过程如下:

① 开机自检,然后查找并初始化所有外围设备,包括硬盘;

② BIOS 从引导设备读取主引导记录(MBR)到内存中,执行 MBR 中的 GRUB2,根据 GRUB2 的设置引导加载程序;

③ 引导加载程序将 vmlinuz 内核 ISO 文件加载到内存中,并将 initramfs ISO 文件的内容提取到基于内存的临时文件系统(tempts)中,选择 Linux 系统后加载 Linux 内核;

④ 内核从 initramfs 文件系统中加载访问根文件系统所需的驱动程序模块;

⑤ 内核从 systemd 进程 PID 1 启动进程;

⑥ 根据 systemd 处理进入默认的运行级别,执行 default.target;

⑦ 启动多用户模式、mult-user.target、相关服务(如防火墙)等;

⑧ 启动基本的目标服务 basic.target,如启动音频等;

⑨ 执行 sysinit.target、系统挂载、交换分区等;

⑩ 执行 local-fs.target,收尾,处理/etc/fstab 中的挂载等。

7.2.2　主引导记录介绍

MBR(Main Boot Record)是位于磁盘最前面的一段引导代码,存储于整个磁盘最开始的那个扇区,即0盘0道1扇区(该处用CHS方式表示MBR引导扇区地址,因此以1开始),它负责操作系统对磁盘进行读写时的分区合法性的判别、分区引导信息的定位,它由操作系统在对磁盘进行格式化的过程中产生。我们把包含MBR引导代码的分区称为主引导扇区,该扇区不属于磁盘上的任何分区,因而分区空间内的格式化命令不能清除主引导记录的任何信息。磁盘分区及MBR描述如图7-1所示。

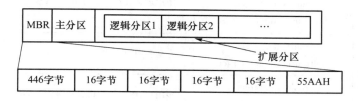

图 7-1　磁盘分区及 MBR 描述

MBR共有512字节,其中446字节在Windows中用于存储错误代码,在Linux中用于存储内核,16字节用于存储主分区的信息,55AA表示跳转2字节(即$446+16\times4+2=512$),MBR用于存储该设备上的组织、分区表,以及用于错误检测的启动签名信息。通过MBR中的指针项,找到GRUB2这个加载引导顺序的配置文件,并依照配置来进行系统的引导。Red Hat Enterprise Linux 8 将GRUB2作为默认的系统引导器。开机以后系统就进入了GRUB2的启动菜单界面,如图7-2所示,GRUB2支持Windows、macOS等多种系统。

图 7-2　GRUB2 启动菜单

7.2.3　Red Hat Enterprise Linux 8 系统的运行目标

近几年Linux系统的init进程发生了改变,传统的sysvinit已经被systemd替换掉,systemd从Red Hat Enterprise Linux 7开始使用,启动级别也开始淡化,sysvinit是运行级别模式,而Red Hat Enterprise Linux 8采用目标的方式,另外还提供了紧急救援模式

emergency. target,sysvinit 级别和 system 目标两种方式的对应关系如表 7-1 所示。

表 7-1　Linux 的 sysvinit 级别与 system 目标

sysvinit 级别	system 目标(target)	说　明
0	runlevel0. target Poweroff. target	关闭系统
1	runlevel1. target rescue. target	单用户模式
2,4	runlevel2. target runlevel4. target multi-user. target. target	用户定义或特定运行级别,默认等同于 3
3	runlevel3. target multi-user. target. target	完全多用户模式,无图形界面
5	runlevel5. target graphical. target	多用户、图形界面模式比级别 3 多图形化功能
6	runlevel6. target reboot. target	重启模式
emergency	emergency. target	紧急救援模式(emergency shell)

标准的 Linux 运行级别为 3 或者 5,其中 3 为字符界面,5 为图形界面。要查看当前用户的运行级别,可以用 runlevel 命令或 who -r 命令。

```
[root@localhost ～]# runlevel
N 5
[root@localhost ～]# who -r
         运行级别 5 2020-03-08 09:51
```

7.2.4　系统相关命令

1. shutdown 命令

功能说明:系统关机指令。

语法:

```
shutdown [参数][-t 秒数][时间][警告信息]
```

补充说明:shutdown 指令可以关闭所有程序,并依用户的需要,进行重新开机或关机的动作。

参数:

-c,当执行"shutdown -h 11:50"指令时,只要按"＋"键就可以中断关机的指令。

-f,重新启动时不执行 fsck。

-F,重新启动时执行 fsck。

-h,将系统关机。

-k,只是送出信息给所有用户,但不会实际关机。

-r,shutdown 之后重新启动。

-t<秒数>,送出警告信息和删除信息之间要间隔多少秒。

［时间］,设置多久后执行 shutdown 指令。

［警告信息］,要传送给所有登入用户的信息。

范例:

系统在 10 min 后关机,并且马上重新启动:

```
[root@localhost ~]# shutdown -r +10
```

2．reboot 命令

功能说明: 重新启动机器。

语法:

```
reboot [参数]
```

补充说明: 执行 reboot 命令可让系统停止运作,并重新开机。

参数:

-d,重新开机时不把数据写入记录文件/var/tmp/wtmp。本参数具有"-n"参数的效果。

-f,强制重新开机,不调用 shutdown 指令的功能。

-i,在重开机之前,先关闭所有网络界面。

-n,重开机之前不检查是否有未结束的程序。

-w,仅做测试,并不真将系统重新开机,只把重开机的数据写入/var/log 目录下的 wtmp 记录文件中。

范例:

不将系统重启,只把重开机的数据写入/var/log 目录下的 wtmp 记录文件:

```
[root@localhost ~]# reboot -w
```

3．halt 命令

功能说明: 关闭系统。

语法:

```
halt [-dfinpw]
```

补充说明: halt 会先检测系统的 runlevel。若 runlevel 为 0 或 6,则关闭系统,否则调用 shutdown 来关闭系统。

参数:

-d,不要在 wtmp 中记录。

-f,无论目前的 runlevel 为何,不调用 shutdown 即强制关闭系统。

-i,在 halt 之前,关闭全部的网络界面。

-n,在 halt 前,不用先执行 sync。

-p,在 halt 之后,执行 poweroff。

-w,仅在 wtmp 中记录,而不实际结束系统。

范例:

关闭系统后关闭电源:

```
[root@localhost ~]# halt -p
```

4．systemctl 命令

systemctl 是一个 systemd 工具,主要负责控制 systemd 系统和服务管理器。这里我们仅介绍它使用的关机、重启命令,其他功能我们在后续任务中讲解。

```
[root@localhost ~]systemctl halt              #关 CPU,但是不关电源
[root@localhost ~] systemctl poweroff         #关机关电源,真正的关机
[root@localhost ~] systemctl reboot           #重启
```

5. who 命令

功能说明:显示目前登入系统的用户信息。

语法:

```
who [-Himqsw][--help][--version][am i][记录文件]
```

参数:

-H,显示各栏位的标题信息列。

-r,显示当前运行级别。

-b,显示上次系统启动时间。

-q,只显示登入系统的账号名称和总人数。

-w,显示用户的信息状态栏。

范例:

显示登入系统的账号名称和总人数:

```
[root@localhost ~]# who -q
```

6. whoami 命令

功能说明:显示用户名称。

语法:

```
whoami [--help][--version]
```

补充说明:显示自身的用户名称,本指令相当于"id -un"指令。

参数:

--help,在线帮助。

--version,显示版本信息。

范例:

显示自己的用户名称:

```
[root@localhost ~]#whoami
```

7. ps 命令

功能说明:报告进程状况。

语法:

```
ps [参数]
```

补充说明:ps 是用来报告进程执行状况的指令,可以搭配 kill 指令随时中断,删除不必要的进程。

参数:

-a,显示所有终端机下执行的进程,包括其他用户的进程。

-A,显示所有进程。

-e,此参数的效果和指定"A"参数相同。

-f,显示 UID、PPIP、C 与 STIME 栏位。

-H,显示树状结构,表示进程间的相互关系。

-t<终端机编号>,指定终端机编号,并列出属于该终端机的进程状况。

 t<终端机编号>,此参数的效果和指定"-t"参数相同,只在列表格式方面稍有差异。

-T,显示现行终端机下的所有进程。

-u<用户识别码>,此参数的效果和指定"-U"参数相同。

-U<用户识别码>,列出属于该用户的进程状况,也可使用用户名称来指定。

v,采用虚拟内存的格式显示进程状况。

-V 或 V,显示版本信息。

-w 或 w,采用宽阔的格式来显示进程状况。

x,显示所有进程,不以终端机来区分。

范例:

显示所有包含其他使用者的进程:

```
[root@localhost ~]# ps -aux
USER    PID  %CPU %MEM     VSZ     RSS TTY    STAT START     TIME COMMAND
root      1   0.8  0.7  195492   13840 ?      Ss   09:50     0:02 /usr/lib/syste
root      2   0.0  0.0       0       0 ?      S    09:50     0:00 [kthreadd]
root      3   0.0  0.0       0       0 ?      I<   09:50     0:00 [rcu_gp]
root      4   0.0  0.0       0       0 ?      I<   09:50     0:00 [rcu_par_gp]
root      5   0.0  0.0       0       0 ?      I    09:50     0:00 [kworker/0:0-e
root      6   0.0  0.0       0       0 ?      I<   09:50     0:00 [kworker/0:0H-
……
```

各字段含义如下。

USER:该 process 属于哪个使用者账号。

PID:该 process 的号码。

%CPU:该 process 使用掉的 CPU 资源百分比。

%MEM:该 process 所占用的物理内存百分比。

VSZ:该 process 使用掉的虚拟内存量(kbytes)。

RSS:该 process 占用的固定内存量(kbytes)。

TTY:该 process 在哪个终端机上面运作,若与终端机无关,则显示"?",另外,tty1~tty6 是本机上面的登入者进程,若为 pts/0,则表示由网络连接进主机的进程。

START:该 process 被触发启动的时间。

TIME:该 process 实际使用 CPU 运作的时间。

COMMAND:该进程的实际指令。

8. top 命令(功能键)

功能说明:动态地查看进程情况,默认每隔 3 s 刷新一次。

语法:

```
top
```

功能键:

top 运行时可以输入:

A,按照执行的顺序先后排序(start time);

T,按照累计 CPU 时间排序(TIME+);

M,按照占用的内存大小排序(%MEM);

P,按照消耗的 CPU 资源排序(%CPU);

N,按照进程号排序(PID);

k,杀死某个进程;

u,user 查看指定用户的进程;

q,终止 top。

范例:

显示系统环境和进程运行情况:

```
[root@localhost ~]#top

top - 09:54:05 up 3 min,  1 user,   load average:0.81,1.04,0.47
Tasks: 348 total,   2 running, 346 sleeping,   0 stopped,   0 zombie
%Cpu(s):  3.1 us,  2.0 sy,  0.0 ni, 93.9 id,  0.0 wa,  1.0 hi,  0.0 si,  0.0 st
MiB Mem :   1806.1 total,    63.4 free,   1159.7 used,    583.0 buff/cache
MiB Swap:   2048.0 total,  2046.0 free,     2.0 used.    468.3 avail Mem


  PID USER  PR  NI    VIRT    RES    SHR S  %CPU   %MEM    TIME + COMMAND
 2367 root  20   0 2934172 171856 100976 S  4.3   9.3    0:09.91 gnome-sh +
  906 root  20   0  144972  12776  11252 S  0.7   0.7    0:00.32 vmtoolsd
 2510 root  20   0  177920  29556   8012 S  0.3   1.6    0:00.42 sssd_kcm
 2713 root  20   0  550064  37392  30864 S  0.3   2.0    0:00.47 vmtoolsd
 2852 root  20   0  608840  58424  41476 S  0.3   3.2    0:01.62 gnome-te +
 ……
```

top 命令显示字段说明如下。

PID(Process ID):进程标识号。

USER:进程所有者的用户名。

PR:进程的优先级别。

NI:进程的优先级别数值。

VIRT:进程占用的虚拟内存值。

RES:进程占用的物理内存值。

SHR:进程使用的共享内存值。

S:进程的状态,其中 S 表示休眠,R 表示正在运行,Z 表示僵死状态,N 表示该进程优先值是负数。

%CPU:该进程的 CPU 使用率。

%MEM:该进程占用的物理内存和总内存的百分比。

TIME+:该进程启动后占用的总 CPU 时间。

COMMAND:进程的启动命令名称,如果这一行显示不下,进程会有一个完整的命令行。

9. pstree 命令

功能说明:以树状图显示进程。

语法:

```
pstree [参数]
```

参数:

-a,显示每个进程的完整指令,包含路径、参数或是常驻服务的标识。

-h,列出树状图时,特别标明现在执行的进程。

-l,采用长列格式显示树状图。

-n,用程序识别码排序。预设以进程名称来排序。

-u,显示用户名称。

范例:

以树状方式显示进程:

[root@localhost ~]# pstree -a |more

10. kill 命令

功能说明:删除执行中的进程或工作。

语法:

kill [参数]

补充说明:kill 可将指定的信息送至进程。预设的信息为 SIGTERM(15),可将指定进程终止。若仍无法终止该进程,可使用 SIGKILL(9)信息尝试强制删除进程。进程或工作的编号可利用 ps 指令或 jobs 指令查看。

参数:

-l <信息编号>,若不加<信息编号>选项,则-l 参数会列出全部的信息名称。

-s <信息名称或编号>,指定要送出的信息,可以是进程的 PID 或是 PGID,也可以是工作编号。

范例:

将 pid 为 323 的进程强行终止:

[root@localhost ~]# kill -9 323

11. date 命令

功能说明:显示或设置系统时间与日期。

语法:

date[参数]

补充说明:第一种语法可用来显示系统日期或时间,以"%"开头的参数为格式参数,可指定日期或时间的显示格式。第二种语法可用来设置系统日期与时间。只有管理员才有设置日期与时间的权限。若不加任何参数,date 会显示目前的日期与时间。

当更改了系统时间之后,请记得以 clock -w 来将系统时间写入 CMOS 中,这样下次重新开机时系统时间才会持续保持最新的正确值。

参数:

%H,小时(以 00～23 来表示)。

%I,小时(以 01～12 来表示)。

%K,小时(以 0～23 来表示)。

%l,小时(以 0～12 来表示)。

%M,分钟(以 00～59 来表示)。

%P,AM 或 PM。

%r,时间(含时分秒,小时以 12 小时 AM/PM 来表示)。

%s,总秒数。起算时间为 1970-01-01 00:00:00 UTC。

%S,秒(以本地的惯用法来表示)。

%T,时间(含时分秒,小时以 24 小时制来表示)。

%X,时间(以本地的惯用法来表示)。

%Z,市区。

%a,星期的缩写。

%A,星期的完整名称。

%b,月份英文名的缩写。

%B,月份的完整英文名称。

%c,日期与时间。只输入 date 指令也会显示同样的结果。

%d,日期(以 01～31 来表示)。

%D,日期(含年月日)。

%j,该年中的第几天。

%m,月份(以 01～12 来表示)。

%U,该年中的周数。

%w,该周的天数,"0"代表周日,"1"代表周一,依次类推。

%x,日期(以本地的惯用法来表示)。

%y,年份(以 00～99 来表示)。

%Y,年份(以 4 位数来表示)。

%n,在显示时,插入新的一行。

%t,在显示时,插入 tab。

MM,月份(必要)。

DD,日期(必要)。

hh,小时(必要)。

mm,分钟(必要)。

CC,年份的前两位数(选择性)。

YY,年份的后两位数(选择性)。

ss,秒(选择性)。

-d<字符串>,显示字符串所指的日期与时间。字符串前后必须加上双引号。

-s<字符串>,根据字符串来设置日期与时间。字符串前后必须加上双引号。

-u,显示 GMT。

范例:

① 显示时间后跳行,再显示目前日期:

```
[root@localhost ~]# date + %T%n%D
16:47:47
01/07/20
```

② 显示月份与日数:

```
[root@localhost ~]# date + %B%d
January07
```

12. free 命令

功能说明:显示内存状态。

语法:

free[参数]

补充说明： free 指令会显示内存的使用情况，包括实体内存、虚拟的交换文件内存、共享内存区段，以及系统核心使用的缓冲区等。

参数：

-b，以 Byte 为单位显示内存使用情况。

-k，以 KB 为单位显示内存使用情况。

-m，以 MB 为单位显示内存使用情况。

-o，不显示缓冲区调节列。

-s<间隔秒数>，持续观察内存使用状况。

-t，显示内存总和列。

-V，显示版本信息。

范例：

显示当前内存的使用情况及交换空间的大小：

```
[root@localhost ~]# free
              total       used       free      shared   buff/cache    available
Mem:        1868692     846428     141024        8320       881240       735740
Swap:       2097148       2332    2094816
```

13．uptime 命令

功能说明： 日期排程。

语法：

uptime[参数]

补充说明：

uptime 提供以下信息，不需其他参数。

① 现在的时间。

② 系统开机运转到现在经过的时间。

③ 连线的使用者数量。

④ 最近 1 min、5 min、15 min 的系统负载。

参数：

-V，显示版本信息。

范例：

显示当前的日期排程：

```
[root@localhost ~]# uptime
11:30:57 up 37 min,  2 users,  load average: 0.18, 0.09, 0.04
```

14．last 命令

功能说明： 列出目前与过去登入系统的用户相关信息。

语法：

last[参数]

补充说明：

单独执行 last 指令，它会读取位于/var/log 目录下、名称为 wtmp 的文件，并把该文件中记录的登入系统的用户名单全部显示出来。

参数：

-a,把从何处登入系统的主机名称或 IP 地址显示在最后一行。

-d,将 IP 地址转换成主机名称。

-f ＜记录文件＞,指定记录文件。

-n ＜显示列数＞或-＜显示列数＞,设置列出名单的显示列数。

-R,不显示登入系统的主机名称或 IP 地址。

-x,显示系统关机、重新开机,以及执行等级的改变等信息。

范例：

显示 root 用户的登录信息：

```
[root@localhost ~]# last root
root      pts/0           :1              Fri Jan  5 17:34 - crash  (23:49)
root      tty1                            Fri Jan  5 17:30 - crash  (23:54)
wtmp begins Wed Jan  3 02:32:46 2020
```

7.3 任 务 准 备

1. 在虚拟机上启动 Red Hat Enterprise Linux 8 系统,并打开终端。

2. 以 root 身份登录系统。

7.4 任 务 解 决

系统引导实战

1. 如何修改系统默认的引导级别?

（1）获得系统默认的引导级别

通过 systemctl get-default 可获得默认启动的 target：

```
[root@localhost ~]# systemctl get-default
graphical.target
```

实际上修改默认的运行级别就是修改 default.target 的指向：

```
[root@localhost ~]# ll /etc/systemd/system/default.target
lrwxrwxrwx. 1 root root 36 2 月   17 21:33 /etc/systemd/system/default.target -> /
lib/systemd/system/graphical.target
```

（2）设置系统默认的引导级别

通过 systemctl set-default 设置默认启动的 target：

```
[root@localhost ~]#  systemctl set-default multi-user.target
Removed /etc/systemd/system/default.target.
Created symlink /etc/systemd/system/default.target → /usr/lib/systemd/system/
multi-user.target.
```

查看设置结果,可以重启系统,验证一下：

```
[root@localhost ~]# systemctl get-default
multi-user.target
[root@localhost ~]# ll /etc/systemd/system/default.target
```

```
lrwxrwxrwx. 1 root root 36 2 月   17 21:34 /etc/systemd/system/default.target -> /
usr/lib/systemd/system/multi-user.target
```

2. 忘记 root 密码如何修改？

操作步骤如下：

① 开机，快速地按上下键，进入引导菜单，选择第一项；

② 按 e 键进入编辑状态；

③ 在第 6 行末尾 "rhgb quiet" 后面添加上 "rd.break"，如图 7-3 所示；

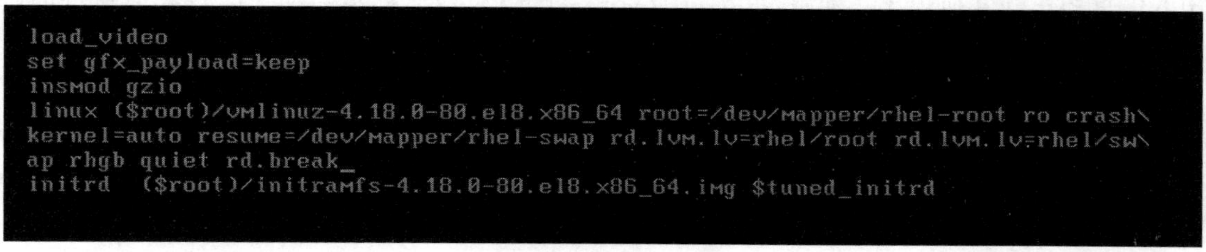

```
load_video
set gfx_payload=keep
insmod gzio
linux ($root)/vmlinuz-4.18.0-80.el8.x86_64 root=/dev/mapper/rhel-root ro crash\
kernel=auto resume=/dev/mapper/rhel-swap rd.lvm.lv=rhel/root rd.lvm.lv=rhel/sw\
ap rhgb quiet rd.break_
initrd  ($root)/initramfs-4.18.0-80.el8.x86_64.img $tuned_initrd
```

图 7-3　破解 root 密钥验证

④ 按 Ctrl＋x 键退出；

⑤ 输入 mount -o remount,rw /sysroot ，这是把/sysroot 以可读写的方式挂载；

⑥ 输入 chroot /sysroot/，这是指定根目录；

⑦ 输入 passwd root 重新设置 root 密码或在/etc/shadow 文件中删除密码；

⑧ 输入 touch /.autorelabel，这是 selinux 重打标签，如果没这步，系统启动不起来；

⑨ 输入 exit，退出；

⑩ 输入 reboot，重启系统。

3. 如何修复文件系统？

当 Linux 文件系统由于人为因素或是系统本身的缘故（如用户不小心冷启动系统，磁盘关键磁道出错，或机器关闭前没有来得及把 cache 中的数据写入磁盘等）而受到损坏时，都会影响到文件系统的完整性和正确性。这时就需要系统管理员进行维护。

对 Linux 系统中常用文件系统的检查都是通过 fsck 工具来完成的。fsck 命令的一般格式如下：

```
fsck [options] file_system [...]
```

在通常情况下，可以不为 fsck 指定任何选项。例如，要检查/dev/sda1 分区上的文件系统，可以用以下命令：

```
[root@localhost ~]# fsck /dev/sda1
```

应该在没有 mount 该文件系统时才使用 fsck 命令检查文件系统，这样能保证在检查时该文件系统上没有文件被使用。如果需要检查根文件系统，应该利用启动盘引导，而且运行 fsck 时应指定根文件系统所对应的设备文件名。

fsck 在发现文件系统有错误时可以修复它。如果需要 fsck 修复文件系统，必须在命令行中使用选项-a 和-y。当修复文件系统后，应该重新启动计算机，以便系统读取正确的文件系统信息。

fsck 对文件系统的检查是从超级块开始的，然后是已经分配的磁盘块、目录结构、链接数，以及空闲块链接表和文件的 I 节点等。值得注意的是，fsck 扫描文件系统时一定要在单用户模式、修复模式下或把设备 umount 后进行。如果扫描正在运行中的系统,会造成系统文件损坏。如果系统是正常的,就不要用扫描工具,否则系统可能会坏掉,fsck 的运行是有危险的。

4. 开关机自动执行脚本程序

Linux 加载后,在每一个系统的运行过程中,都可实现自动运行程序或配置文件。其方法基本如下。

（1）开机时自动运行实现

通常情况下,修改放置在/etc/rc 或/etc/rc.d 或/etc/rcx.d 目录下的脚本文件中,可以使用 init 自动启动其他程序。编辑/etc/rc.d/rc.local 文件,在文件最末加上一行需要执行的脚本,即可在开机启动时自动执行该脚本了。

（2）登录时自动运行程序

用户登录时,bash 首先自动执行系统管理员建立的全局登录 script:/ect/profile,然后 bash 在用户起始目录下按顺序查找 3 个特殊文件(/.bash_profile、/.bash_login、/.profile)中的一个,但只执行最先找到的一个。

因此,根据实际需要在上述文件中加入命令,就可以实现用户登录时自动运行某些程序。在不同的 shell 下,默认的用户配置文件有所不同,如表 7-2 所示,基本上以 bash 为例。

表 7-2　默认用户登录配置文件

shell 种类	脚本名
sh	.profile
bash	.bash_profile
csh	.cshrc
ksh	.profile
zsh	.zshrc

（3）打开终端时自动运行

编辑用户工作目录下的.bashrc 文件,在文件最末加上一行需要执行的脚本,即可在打开终端时自动执行该脚本。

（4）退出登录时自动运行程序

退出登录时,bash 自动执行个人的退出登录脚本/.bash_logout。编辑用户工作目录下的.bashrc 文件,在文件最末加上一行需要执行的脚本,即可在退出登录时自动执行该脚本。

（5）定期自动运行程序

定期自动运行程序可以使用 at 命令和 cron 服务,这将会在后面的任务中讲解,这里就不介绍了。

实现:编写 4 个简单的脚本,在前面 4 种情况下设置自动执行的功能,脚本编辑如下。

① 退出登录时自动执行的脚本:

```
[root@localhost ~]#cat logout.sh
#! /bin/bash
#This is thescript of logout
echo The time is 'date'>>/tmp/test
echo This is the script of logout ! >>/tmp/test
echo ----------------------------->>/tmp/test
```

② 系统启动时执行的脚本：

```
[root@localhost ~]#cat boot.sh
#!/bin/bash
#This is the script of boot
echo The time is 'date'>>/tmp/test
echo This is the script of boot！>>/tmp/test
echo ------------------------->>/tmp/test
```

③ 用户登录时自动执行的脚本：

```
[root@localhost ~]#cat login.sh
#!/bin/bash
#This is the script of login
echo The time is 'date'>>/tmp/test
echo This is the script of login！>>/tmp/test
echo ------------------------->>/tmp/test
```

④ 打开终端时自动执行的脚本：

```
[root@localhost ~]# cat openterm.sh
#! /bin/bash
#This is the script of openning terminal
echo The time is 'date'>>/tmp/test
echo This is the script of openning terminal！>>/tmp/test
echo ------------------------->>/tmp/test
```

注意：脚本中 date 两边的是一对反引号，即 Esc 键下面的那个键，另外脚本输入完成后要加上 x 的权限。

接下来修改配置文件。

① 修改退出登录时执行的配置文件：

```
[root@localhost ~]echo sh ~/logout.sh >>~/.bash_logout
```

② 修改启动时执行的配置文件：

```
[root@localhost ~]echo sh /boot/boot.sh >>/etc/rc.d/rc.local
```

注意：这里要用绝对路径，因为此时还没有用户登录。

③ 修改登录时执行的配置文件：

```
[root@localhost ~]echo sh ~/login.sh >>~/.bash_profile
```

④ 修改打开终端时执行的配置文件：

```
[root@localhost ~]echo sh ~/openterm.sh >>~/.bashrc
```

验证结果如下。

在打开的两个终端操作，用户为 root，在一个终端退出登录，在另一个终端重新启动系统，命令如下：

```
[root@localhost ~]# exit
[root@localhost ~]# reboot
```

系统启动并登录后查看结果文件如下：

```
[root@localhost ~]# cat /tmp/test
The time is 六   5 月 23 23:02:01 CST 2020
This is the script of logout !
------------------------------
The time is 六   5 月 23 23:03:18 CST 2020
This is the script of boot !
------------------------------
The time is 六   5 月 23 23:04:28 CST 2020
This is the script of openning terminal !
------------------------------
The time is 六   5 月 23 23:05:28 CST 2020
This is the script of login !
------------------------------
The time is 六   5 月 23 23:05:39 CST 2020
This is the script of openning terminal !
```

通过运行结果可以看出,root 用户退出登录后,启动系统,分别执行了退出登录时自动执行脚本、系统启动时自动执行脚本、终端打开(让用户登录)时自动执行脚本、用户登录时自动执行脚本以及登录后开启终端使用系统时自动执行脚本,根据执行时间也可以了解执行的顺序。

7.5　任务扩展练习

1. 系统在 3 min 后关机,并告知所有用户。
2. 显示当前登录系统用户的状态。
3. 以 MB 为单位显示内存使用情况。
4. 把系统当前时间设为 2021-10-1 8:00。
5. 将多用户下的字符模式转换成窗口模式。
6. 系统 2 min 后关机,并且不重新启动。
7. 系统开机后自动启动到多用户字符模式。
8. 忘记 root 密码如何删除或重新设置?

任务 8　安装和卸载软件

Linux 由开源内核和开源软件组成,软件的安装、升级、卸载使用操作系统的常用操作。学习 Linux 操作系统要了解 Linux 操作系统的软件管理机制,熟悉在 Linux 操作系统中安装应用程序的方法,掌握安装应用程序的基本操作,只有这样才能很好地使用 Linux 操作系统。在本次任务中要了解在 Linux 平台下安装软件的方法,能够用 rpm 命令、dnf 命令、yum 工具的方式安装软件包,能够安装源码包。

8.1　任 务 描 述

1. 用 rpm 命令方式安装 telnet 服务器软件。
2. 用 yum 方式安装 httpd 软件。
3. 用 dnf 命令安装 bind 软件。
4. 用源码包的方式安装 Nginx 软件。

8.2　引 导 知 识

在 Linux 中,常以后缀名来区分软件,后缀.rpm 最初是 Red Hat Linux 提供的一种包封装格式,目前许多 Linux 发行版本都使用;后缀.deb 是 Debain Linux 提供的一种包封装格式;后缀为 tar.gz、tar.Z、tar.bz2 或.tgz 的软件是使用 UNIX 系统打包工具 tar 打包的;后缀为.bin 的软件一般是一些商业软件。通过扩展名可以了解软件格式,进而了解软件的安装。

软件安装介绍

8.2.1　rpm 格式软件包的安装

几乎所有的 Linux 发行版本都使用某种形式的软件包管理软件的安装、更新和卸载。与直接从源代码安装相比,软件包管理易于安装和卸载,易于更新已安装的软件包,易于保护配置文件,易于跟踪已安装文件。rpm(Red Hat package manager,Red Hat 包管理器)本质上就是一个包,包含可以立即在特定机器体系结构上安装和运行的 Linux 软件。Red Hat Enterprise Linux 8 的本地 DVD 安装盘 rpm 安装包分别在 BaseOS(基本的操作系统) AppStream(应用流)和两个软件仓库的 Packages 目录下。

```
[root@localhost Packages]# ls -l /iso/AppStream/Packages|more　　#查看软件包
```

1. rpm 的优点

➢ 易于安装,升级便利。

➢ 具有丰富的软件包查询功能。

➢ 具有软件包内容校验功能。

> 支持多种硬件平台。

2. rpm 的五大功能

> 安装——将软件从包中解出来，并且安装到硬盘。
> 卸载——将软件从硬盘清除。
> 升级——替换软件的旧版本。
> 查询——查询软件包的信息。
> 验证——检验系统中软件与包中软件的区别。

3. rpm 包的命名

rpm 包的名称格式为 name-version. type. rpm，如 bind-9. 2. 1-16. i386. rpm 软件包的名称相关含义如下：

> name 为软件的名称；
> version 为软件的版本号（有些是版本-修正版）；
> type 为包的类型；
> i[3456]86 表示在 Intel X86 计算机平台上编译；
> sparc 表示在 sparc 计算机平台上编译；
> alpha 表示在 alpha 计算机平台上编译；
> src 表示软件源代码；
> rpm 为文件扩展名。

4. rpm 命令参数

（1）常用参数

-i，安装 rpm 包。

-v，说明执行步骤。

-h，显示一个百分比的进度条，输出 hash 记号"♯"。

-U，无论系统是否安装过软件包或其旧版本，安装或更新指定的 rpm 包。

-F，仅在系统已安装某旧版本 rpm 包时，更新 rpm 包，否则不安装。

-e，卸载软件包。

（2）详细参数

--nodeps，忽略彼此的依赖关系，强制安装。

--force，允许强制安装并覆盖旧有文件。

5. rpm 包的查询

-q，查询某一个 rpm 包是否已安装。

-qi，查询某一个 rpm 包的详细信息。

-ql，列出某 rpm 包中所包含的文件。

-qf，查询某文件属于哪一个 rpm 包。

-qa，列出当前系统所有已安装的包。

-qp，指定一个等待安装的 rpm 包。

对一个将要安装的 rpm 包，我们通常可以用 rpm -qpi 或 rpm -qpl 来查询该包的相关信息与内含文件。

6. 卸载软件

```
rpm -e 软件名
```

说明：代码中使用的是软件名，而不是软件包名。例如，要卸载 software-1.2.-1.i386.rpm 这个包，应执行：

```
[root@localhost ~]rpm -e software
```

8.2.2　使用 yum 安装软件包

用 rpm 安装软件包常常存在软件包的依赖关系，使软件安装变得很繁琐，yum 工具可以自动分析依赖性关系，是目前最方便的安装方法，它就像一个软件管家。所以说先装上 yum 然后装软件非常方便。以下是 yum 工具的日常用法，表 8-1 是 yum 的相关命令。

表 8-1　yum 的相关命令

命　　令	作　　用
yum repolist all	列出所有仓库
yum list all	列出仓库中所有软件包
yum info 软件包名称	查看软件包信息
yum install 软件包名称	安装软件包
yum reinstall 软件包名称	重新安装软件包
yum update 软件包名称	升级软件包
yum remove 软件包名称	移除软件包
yum clean all	清除所有仓库缓存
yum check-update	检查可更新的软件包
yum grouplist	查看系统中已经安装的软件包组
yum groupinstall 软件包组	安装指定的软件包组
yum groupremove 软件包组	移除指定的软件包组
yum groupinfo 软件包组	查询指定的软件包组信息

① 把系统安装盘放到光驱。这里把系统.iso 映像文件放入虚拟光驱，要选中两个复选框，如图 8-1 所示。

② 建立一个目录/iso 来挂载光盘。

```
[root@localhost ~]# mkdir /iso
```

③ 挂载光盘后可以看到光盘中的系统文件。

```
[root@localhost ~]# mount /dev/sr0 /iso
mount：/iso：WARNING：device write-protected, mounted read-only.
[root@localhost iso]# ls
AppStream    EFI        extra_files.json        images        media.repo
RPM-GPG-KEY-redhat-release BaseOS      EULA    GPL              isolinux
RPM-GPG-KEY-redhat-beta    TRANS.TBL
```

④ 编辑 repo 文档，这个文件为新建文件，文件名任意，但扩展名一定是 repo。

图 8-1　把系统.iso 映像文件放入虚拟光驱

```
[root@localhost iso]# cd /etc/yum.repos.d/
[root@localhost yum.repos.d]# vim iso.repo          # 输入以下内容
[BaseOS]                                            # 仓库标识
name = BaseOS                                       # 仓库名称
baseurl = file:///iso/BaseOS                        # 指定安装的软件源
enabled = 1                                         # 是否启动
gpgcheck = 0                                        # 是否进行签名检查
[AppStream]                                         # 仓库标识
name = AppStream                                    # 仓库名称
baseurl = file:///iso/AppStream                     # 指定安装的软件源
enabled = 1                                         # 是否启动
gpgcheck = 0                                        # 是否进行签名检查
```

⑤ 列出 yum 的所有仓库，列出软件包个数。

```
[root@localhost Packages]# yum repolist all
Updating Subscription Management repositories.
Unable to read consumer identity
This system is not registered to Red Hat Subscription Management. You can use
subscription-manager to register.
上次元数据过期检查:0:57:43 前,执行于 2021 年 02 月 26 日 星期五 01 时 32 分 24 秒。
仓库标识                    仓库名称                      状态
AppStream                  AppStream                    启用:4,672
BaseOS                     BaseOS                       启用:1,658
```

⑥ 安装 rpm 包,如 dhcp,参数 y 表示安装回答 yes。

```
[root@localhost ~]# yum install dhcp -y
```

⑦ 删除 rpm 包,包括与该包有依赖性的包。

```
[root@localhost ~]# yum remove licq
```

注意:同时会提示删除 licq-gnome、licq-qt、licq-text。

⑧ 检查可更新的 rpm 包。

```
[root@localhost ~]# yum check-update
```

⑨ 更新所有的 rpm 包。

```
[root@localhost ~]# yum update
```

⑩ 更新指定的 rpm 包,如更新 kernel 和 kernel source。

```
[root@localhost ~]# yum update kernel kernel-source
```

⑪ 列出资源库中所有可以安装或更新 rpm 包的信息。

```
[root@localhost ~]# yum info
```

8.2.3　dnf 包的安装

dnf 代表 dandified。yum 是基于 rpm 的 Linux 发行版软件包管理器。dnf 用于在 Fedora、RHEL、CentOS 操作系统中安装、更新和删除软件包。它是 Fedora 22、CentOS 8 和 RHEL 8 的默认软件包管理器。dnf 是 yun 的下一代版本,并打算在基于 rpm 的系统中替代 yum。与 yum 相比,dnf 功能强大。dnf 使维护软件包组变得容易,并且能够自动解决依赖性问题。

以下是 dnf 常用的命令。

① 查看 dnf 版本:

```
[root@localhost ~]# dnf --version
4.0.9
    已安装:dnf-0:4.0.9.2-5.el8.noarch 在 2021 年 02 月 18 日 星期四 02 时 28 分 17 秒
    构建:Red Hat, Inc. <http://bugzilla.redhat.com/bugzilla> 在 2019 年 02 月 14
日 星期四 12 时 04 分 07 秒
    已安装:rpm-0:4.14.2-9.el8.x86_64 在 2021 年 02 月 18 日 星期四 02 时 26 分 04 秒
    构建:Red Hat, Inc. <http://bugzilla.redhat.com/bugzilla> 在 2018 年 12 月 20
日 星期四 13 时 30 分 03 秒
```

② 列出系统中所有已安装的软件包:

```
[root@localhost ~]dnf list installed
```

③ 列出所有已安装和可用的软件包:

```
[root@localhost ~]dnf list
```

④ 仅列出可用的软件包:

```
[root@localhost ~]dnf list available
```

⑤ 搜索要安装的软件包:

```
[root@localhost ~]dnf search httpd
```

⑥ 安装 httpd 软件包：

```
[root@localhost ~]dnf install httpd
```

⑦ 重新安装软件包 httpd：

```
[root@localhost ~]dnf reinstall httpd
```

⑧ 查看 httpd 软件包的详细信息：

```
[root@localhost ~]dnf info httpd
```

⑨检查系统中所有系统软件包的更新：

```
[root@localhost ~]dnf check-update
```

⑩ 列出所有存储库：

```
[root@localhost ~]dnf repolist all
```

⑪ 从系统中删除 httpd 软件包：

```
[root@localhost ~]dnf remove httpd
```

⑫ 删除不需要的单独依赖包：

```
[root@localhost ~]dnf autoremove
```

⑬ 清除所有缓存的软件包：

```
[root@localhost ~]dnf clean all
```

⑭ 列出所有组软件包：

```
[root@localhost ~]dnf grouplist
```

⑮ 安装特定的组软件包：

```
[root@localhost ~]dnf groupinstall 'System Tools'
```

⑯ 更新组软件包：

```
[root@localhost ~]dnf groupupdate 'System Tools'
```

⑰ 删除组软件包：

```
[root@localhost ~]dnf groupremove 'System Tools'
```

由于 yum 中许多长期存在的包括性能差、内存占用过多、依赖解析速度变慢等问题仍未得到解决，因此 yum 包管理器将被 dnf 包管理器取代。

8.2.4　源码包的安装

目前有很多地方都提供源代码包，到底在什么地方获得取决于软件的特殊需要。对于那些使用比较普遍的软件包，可从开发者的 Web 站点下载。下面介绍一下安装步骤。

① 解压数据包。

② 源代码软件通常以 tar. gz 作为扩展名，也有用 tar. Z、tar. bz2 或. tgz 作为扩展名的。扩展名不同，解压缩命令也不相同。

③ 编译软件。成功解压缩源代码文件后，进入解包的目录。在安装前阅读 Readme 文件和 Install 文件。尽管许多源代码文件包都使用基本相同的命令，但是有时在阅读这些文件时能发现一些重要的区别。例如，有些软件包含一个可以安装的脚本程序(. sh)，在安装前阅读这些说明文件，有助于安装成功和节约时间。

在安装软件以前要成为 root 用户。通常的安装方法是从安装包的目录执行以下操作:

```
[root@localhost ～]# tar-zxvf  soft.tar.gz
[root@localhost ～]# cd soft
[root@localhost soft]# ./configure          #检查配置环境
[root@localhost soft]# make                 #调用 make
[root@localhost soft]# make install         #安装源代码
[root@localhost soft]# make clean           #删除安装时产生的临时文件
[root@localhost soft]# make uninstall       #卸载软件
```

注意: 如果安装源码包时需要指定安装位置,可以在执行. /configures 时指定,比如安装软件到/opt/soft,可以执行以下操作。

```
[root@localhost soft]# ./configure --prefix = /opt/soft
```

有些软件包的源代码编译安装后可以用 make uninstall 命令卸载。如果不提供此功能,则软件的卸载必须手动删除。由于软件可能将文件分散地安装在系统的多个目录中,所以往往很难把它删除干净,应该在编译前进行配置。

8.3 任 务 准 备

1. 在虚拟机上启动 Red Hat Enterprise Linux 8 系统,并打开终端。
2. 以 root 身份登录系统。
3. 准备好 Red Hat Enterprise Linux 8 安装 DVD 盘。
4. 计算机能够联网,下载软件。

8.4 任 务 解 决

8.4.1 用 rpm 包的方式安装 telnet 服务器软件

软件安装实战

进入挂载光盘所在的目录,进入软件包的目录下,查看软件包的情况,然后开始安装软件包。DVD 光盘挂载部分前文已经讲解,此处省略。

1. 安装软件包

```
root@localhost ～]# cd /iso/AppStream/Packages/
[root@localhost Packages]# ls telnet *
telnet-0.17-73.el8.x86_64.rpm   telnet-server-0.17-73.el8.x86_64.rpm
[root@localhost Packages]# rpm -ivh telnet-server-0.17-73.el8.x86_64.rpm
警告:telnet-server-0.17-73.el8.x86_64.rpm: 头 V3 RSA/SHA256 Signature, 密钥 ID
fd431d51: NOKEY
Verifying...                     ############################### [100％]
准备中...                         ############################### [100％]
正在升级/安装...
1:telnet-server-1:0.17-73.el8    ############################### [100％]
```

2. 查看软件包

```
[root@localhost Packages]# rpm -q telnet
telnet-0.17-73.el8.x86_64
```

3. 卸载软件包

```
[root@localhost Packages]# rpm -e telnet
[root@localhost Packages]# rpm -q telnet
未安装软件包 telnet
```

8.4.2　用 yum 方式安装 Apache 软件

① 建立一个目录/iso 来挂载光盘。

② 挂载光盘。

注意:重启系统后要重新挂载光盘文件。

③ 编辑 repo 配置文件。操作步骤省略,本次任务的引导知识有讲解。

④ 安装软件:

```
[root@localhost ~]# yum install httpd -y
……
已安装:
   httpd-2.4.37-10.module + el8 + 2764 + 7127e69e.x86_64
apr-util-bdb-1.6.1-6.el8.x86_64
   apr-util-openssl-1.6.1-6.el8.x86_64
apr-1.6.3-9.el8.x86_64
   apr-util-1.6.1-6.el8.x86_64
httpd-filesystem-2.4.37-10.module + el8 + 2764 + 7127e69e.noarch
   httpd-tools-2.4.37-10.module + el8 + 2764 + 7127e69e.x86_64
mod_http2-1.11.3-1.module + el8 + 2443 + 605475b7.x86_64
   redhat-logos-httpd-80.7-1.el8.noarch
完毕!
```

⑤ 查看软件包:

```
[root@localhost ~]# rpm -q httpd
httpd-2.4.37-10.module + el8 + 2764 + 7127e69e.x86_64
[root@localhost ~]# yum info httpd
Updating Subscription Management repositories.
Unable to read consumer identity
This system is not registered to Red Hat Subscription Management. You can use
subscription-manager to register.
上次元数据过期检查:1:22:51 前,执行于 2021 年 02 月 26 日 星期五 01 时 32 分 24 秒。
已安装的软件包
名称          : httpd
版本          : 2.4.37
发布          : 10.module + el8 + 2764 + 7127e69e
```

```
架构          : x86_64
大小          : 4.3 M
源            : httpd-2.4.37-10.module + el8 + 2764 + 7127e69e.src.rpm
仓库          : @System
来自仓库      : AppStream
小结          : Apache HTTP Server
URL          : https://httpd.apache.org/
协议          : ASL 2.0
描述          : The Apache HTTP Server is a powerful, efficient, and extensible
             : web server.
```

⑥ 删除软件包：

```
root@localhost ~]# yum remove httpd
Updating Subscription Management repositories.
Unable to read consumer identity
This system is not registered to Red Hat Subscription Management. You can use
subscription-manager to register.
依赖关系解决。
……
已移除：
   httpd-2.4.37-10.module + el8 + 2764 + 7127e69e.x86_64
apr-1.6.3-9.el8.x86_64
   apr-util-1.6.1-6.el8.x86_64
apr-util-bdb-1.6.1-6.el8.x86_64
   apr-util-openssl-1.6.1-6.el8.x86_64
httpd-filesystem-2.4.37-10.module + el8 + 2764 + 7127e69e.noarch
   httpd-tools-2.4.37-10.module + el8 + 2764 + 7127e69e.x86_64
mod_http2-1.11.3-1.module + el8 + 2443 + 605475b7.x86_64
   redhat-logos-httpd-80.7-1.el8.noarch
完毕！
```

8.4.3 用 dnf 安装 bind 软件包

1. 安装软件包

```
[root@localhost ~]# dnf install bind -y
Updating Subscription Management repositories.
Unable to read consumer identity
This system is not registered to Red Hat Subscription Management. You can use
subscription-manager to register.
上次元数据过期检查:1:29:35 前,执行于 2021 年 02 月 26 日 星期五 01 时 32 分 24 秒。
依赖关系解决。
```

```
========================================================
软件包            架构            版本                仓库                    大小
========================================================
Installing:
bind            x86_64    32:9.11.4-16.P2.el8      AppStream              2.1 M
事务概要
========================================================
安装  1 软件包
总计:2.1 M
安装大小:4.7 M
下载软件包:
运行事务检查
事务检查成功。
运行事务测试
事务测试成功。
运行事务
   准备中         :                                              1/1
   运行脚本       : bind-32:9.11.4-16.P2.el8.x86_64              1/1
   Installing    : bind-32:9.11.4-16.P2.el8.x86_64              1/1
   运行脚本       : bind-32:9.11.4-16.P2.el8.x86_64              1/1
   验证          : bind-32:9.11.4-16.P2.el8.x86_64              1/1
Installed products updated.
已安装:
   bind-32:9.11.4-16.P2.el8.x86_64
完毕!
```

2. 查看软件包

```
[root@localhost ~]# dnf info bind
Updating Subscription Management repositories.
Unable to read consumer identity
This system is not registered to Red Hat Subscription Management. You can use
subscription-manager to register.
上次元数据过期检查:1:39:04 前,执行于 2021 年 02 月 26 日 星期五 01 时 32 分 24 秒。
已安装的软件包
……
```

3. 卸载软件包

```
[root@localhost ~]# dnf remove bind -y
```

8.4.4　用源码包的方式安装 Nginx 软件

1. 下载软件包

可以在 http://nginx.org/download 网站中下载需要版本的 Nginx 软件,这里先建立了一个存放软件的目录,然后下载软件。

```
[root@localhost Packages]# mkdir -p /data/soft
[root@localhost Packages]# cd /data/soft
[root@localhost soft]# wget http://nginx.org/download/nginx-1.18.0.tar.gz
[root@localhost soft]# wget http://nginx.org/download/nginx-1.18.0.tar.gz
--2021-02-26 08:39:02-- http://nginx.org/download/nginx-1.18.0.tar.gz
正在解析主机 nginx.org (nginx.org)... 52.58.199.22,3.125.197.172,2a05:d014:
edb:5702::6,...
正在连接 nginx.org (nginx.org)|52.58.199.22|:80... 已连接。
已发出 HTTP 请求,正在等待回应... 200 OK
长度:1039530 (1015K) [application/octet-stream]
正在保存至:"nginx-1.18.0.tar.gz"
100 % [ +++++++++++++++++++++++++++=============================>]
1015K 10.1KB/s 用时 67s
2021-02-26 08:44:24 (8.38 KB/s) - 已保存 "nginx-1.18.0.tar.gz"
[1039530/1039530])
```

2. 软件解压解包

```
[root@localhost soft]# ls
nginx-1.18.0.tar.gz
[root@localhost soft]# tar -xzvf nginx-1.18.0.tar.gz
nginx-1.18.0/
nginx-1.18.0/auto/
nginx-1.18.0/conf/
nginx-1.18.0/contrib/
nginx-1.18.0/src/
......
[root@localhost soft]# ls
nginx-1.18.0   nginx-1.18.0.tar.gz
[root@localhost soft]# cd nginx-1.18.0/
[root@localhost nginx-1.18.0]# ls
auto  CHANGES  CHANGES.ru  conf  configure  contrib  html  LICENSE  man
README   src
```

3. 检查编译环境

```
[root@localhost nginx-1.18.0]# ./configure
checking for OS
 + Linux 4.18.0-80.el8.x86_64 x86_64
checking for C compiler ... not found

./configure: error: C compiler cc is not found
```

注意:在这部分内容的执行过程中,反馈没有找到 C 语言的编译器,所以要安装 gcc 软件包,后续再次检查编译环境,还可能会提示要先安装 pcre、zlib、openssl、openssl-devel 等依赖环境,这里用 dnf 安装。

[root@localhost nginx-1.18.0]# dnf -y install gcc openssl openssl-devel pcre-devel zlib zlib-devel

Updating Subscription Management repositories.

Unable to read consumer identity

This system is not registered to Red Hat Subscription Management. You can use subscription-manager to register.

上次元数据过期检查:0:08:34 前,执行于 2021 年 02 月 26 日 星期五 08 时 52 分 57 秒。

Package gcc-8.2.1-3.5.el8.x86_64 is already installed.

Package openssl-1:1.1.1-8.el8.x86_64 is already installed.

Package openssl-devel-1:1.1.1-8.el8.x86_64 is already installed.

Package pcre-devel-8.42-4.el8.x86_64 is already installed.

Package zlib-1.2.11-10.el8.x86_64 is already installed.

Package zlib-devel-1.2.11-10.el8.x86_64 is already installed.

依赖关系解决。

无须任何处理。

完毕!

4. 编译软件

① 编译软件前可能会需要安装 make 软件包:

[root@localhost nginx-1.18.0]# dnf -y install make

......

准备中	:	1/1
Installing	: make-1:4.2.1-9.el8.x86_64	1/1
运行脚本	: make-1:4.2.1-9.el8.x86_64	1/1
验证	: make-1:4.2.1-9.el8.x86_64	1/1

Installed products updated.

已安装:

make-1:4.2.1-9.el8.x86_64

完毕!

② 编译软件:

[root@localhost nginx-1.18.0]# make

make -f objs/Makefile

make[1]:进入目录"/data/soft/nginx-1.18.0"

cc -c -pipe -O -W -Wall -Wpointer-arith -Wno-unused-parameter -Werror -g -I src/core -I src/event -I src/event/modules -I src/os/unix -I objs \
	-o objs/src/core/nginx.o \
	src/core/nginx.c

......

```
sed -e "s|%%PREFIX%%|/usr/local/nginx|" \
    -e "s|%%PID_PATH%%|/usr/local/nginx/logs/nginx.pid|" \
    -e "s|%%CONF_PATH%%|/usr/local/nginx/conf/nginx.conf|" \
    -e "s|%%ERROR_LOG_PATH%%|/usr/local/nginx/logs/error.log|" \
    < man/nginx.8 > objs/nginx.8
make[1]：离开目录"/data/soft/nginx-1.18.0"
```

5. 安装软件

```
[root@localhost nginx-1.18.0]# make install
make -f objs/Makefile install
make[1]：进入目录"/data/soft/nginx-1.18.0"
test -d '/usr/local/nginx' || mkdir -p '/usr/local/nginx'
test -d '/usr/local/nginx/sbin' \
    || mkdir -p '/usr/local/nginx/sbin'
test ! -f '/usr/local/nginx/sbin/nginx' \
    || mv '/usr/local/nginx/sbin/nginx' \
        '/usr/local/nginx/sbin/nginx.old'
……
test -d '/usr/local/nginx/html' \
    || cp -R html '/usr/local/nginx'
test -d '/usr/local/nginx/logs' \
    || mkdir -p '/usr/local/nginx/logs'
make[1]：离开目录"/data/soft/nginx-1.18.0"
```

6. 制作页面测试网站软件安装结果

```
#进入软件的安装目录
[root@localhost nginx-1.18.0]# cd /usr/local/nginx/sbin
#运行软件
[root@localhost sbin]# ./nginx
#写主页文字
[root@localhost sbin]# echo "welcome !" >/usr/local/nginx/html/index.html
[root@localhost sbin]# curl http://127.0.0.1
welcome !
#用字符命令 curl 浏览网页
[root@localhost sbin]# curl http://127.0.0.1
welcome !
```

7. 测试结果

用火狐浏览器的测试结果如图 8-2 所示。

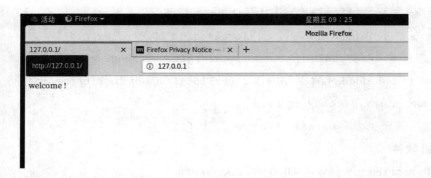

图 8-2 Nginx 的网页测试结果

8.5 任务扩展练习

1. 查询系统中所有已经安装的软件包,并分屏浏览,要求可上下翻屏。

2. 用 rpm 命令安装 dhcp 软件。

3. 分别用 yum、dnf 安装 gcc 软件包。

4. 练习源码包的安装,网上下载一个源码包,也安装到/u＊＊soft 目录下。

2

情景二　管理Linux主机

任务 9　按计划任务管理系统

经验丰富的系统运维工程师可以让 Linux 系统在无须人为介入的情况下,在指定的时间段自动启用及停止某些服务或命令,从而实现运维的自动化。尽管我们目前已经有了脚本程序来进行一些批处理工作,但是,如果仍然需要执行脚本程序也是很麻烦的。如何设置服务器的计划任务服务,把周期性、规律性的工作交给系统自动完成,是系统运维的重要方式,本次任务就是实现定时的管理系统。

9.1　任务描述

1. 今晚 11 点 30 分开启网站服务。
2. 每周一的凌晨 3 点 25 分把/home/wwwroot 目录打包备份为 backup.tar.gz。

9.2　引导知识

使用计划任务

在 Linux 系统上,必须频繁地定期执行的任务包括:转移日志文件以避免装满文件系统,备份数据库,以及连接时间服务器来执行系统时间同步,等等。crontab 和 at 命令能实现定期运行或在指定的时间运行一次的设置。

9.2.1　at 命令

1. at 功能介绍

at 命令在某一指定时间内调度一项一次性作业。例如"at time"命令,time 是执行命令的时间,采用这种方式来制订计划简单易行。其命令格式为:

`at［参数］time`

其参数如表 9-1 所示,time 的格式如表 9-2 所示。

表 9-1　at 命令的参数

参　数	功　能
-V	输出版本编号
-q	使用指定的队列(queue)来储存,at 的资料存放在所谓的 queue 中,使用者可以同时使用多个 queue,而 queue 的编号为 a, b, c,…,z 以及 A, B,…,Z,共 52 个,默认保存在 a 队列
-m	即使程序/指令执行完成后没有输出结果,也要寄封信给使用者
-f file	读取预先写好的脚本。使用者不一定要使用交互方式来输入,可以将所有的指定先写入文件,然后再一次读入
-l	列出所有的 at 计划任务,其功能等同于 atq 命令
-d	删除 at 计划任务,其功能等同于 atrm 命令
-v	列出所有已经完成但尚未删除的计划任务

表 9-2　at 命令中 time 的格式

时　间	说　明
HH:MM	HH 为小时,MM 为分钟,也可以加上 am、pm、midnight、noon、teatime(下午 4 点)等
MMDDYY 或者 MM/DD/YY	用于指定超过一天的时间,MM 是分钟,DD 是第几日,YY 是年份
now ＋时间间隔	间隔可以是 minutes、hours、days、weeks
today 或 tomorrow	表示今天或明天

2. at 的使用

输入计划时,首先指定时间并按下 Enter 键,at 会进入交谈模式并要求输入指令或程序,当输入完并按下 Ctrl＋d 键后即可完成所有动作,以下是个范例。

【范例】　启动 at 服务,设置定时执行某些操作,查看和删除服务项目。

① 启动 atd 服务:

```
[root@localhost ～]♯ atd
```

② 2 min 后广播"hello!"到每个终端:

```
[root@localhost ～]♯ at now + 2min
warning：commands will be executed using /bin/sh
at > echo"hello!" |wall
at > < EOT >
job 2 at Mon Mar   1 15:56:00 2021
```

按 Ctrl＋d 键,就会出现"EOT"的字样,表示结束。

2 min 后在终端上就会出现结果,如图 9-1 所示。

图 9-1　终端收到广播

③ 在 2021 年 3 月 31 日晚上最后 1 min 提醒"会议开始"到/tmp/hello.txt 文件:

```
[root@localhost ～]♯ at 23:59 3/31/2021
warning：commands will be executed using /bin/sh
at > echo 'The meeting start'>/tmp/hello.txt
at > < EOT >
job 3 at Wed Mar 31 23:59:00 2021
```

④ 三天后的下午 5 点执行/bin/ls ＊:

```
[root@localhost ～]♯ at 5pm + 3 days
warning：commands will be executed using /bin/sh
at > /bin/ls ＊
at > < EOT >
job 4 at Thu Mar   4 17:00:00 2021
```

⑤ 显示任务队列:

```
[root@localhost ~]# atq
3 Wed Mar 31 23:59:00 2021 a root
4 Thu Mar  4 17:00:00 2021 a root
```

⑥ 删除并查看任务：

```
[root@localhost ~]# atrm 4
[root@localhost ~]# atq
3 Wed Mar 31 23:59:00 2021 a root
```

Linux 系统默认是不启动 atd(at 的守护进程)服务的,另外 at 的任务保存在/var/spool/at 目录下,是可以编辑的。利用/etc/at.allow 与/etc/at.deny 这两个文件可以对用户对 at 的使用进行限制,在 Linux 中并非所有用户都能使用 at 安排计划任务,只有写在/etc/at.allow 这个文件中的用户才能使用,没有在这个文件中的用户则不能使用 at(即使没有写在 at.deny 中)。如果系统中没有/etc/at.allow 文件,就寻找/etc/at.deny 这个文件,写在这个 at.deny 文件中的用户则不能使用 at,而没有在这个 at.deny 文件中的用户,就可以使用 at,如果两个文件都不存在,那么只有 root 可以使用 at 这个指令。

9.2.2　cron 服务

cron 是一个可以根据时间、日期、月份、星期的组合来调度重复任务执行的守护进程。cron 的执行在系统持续运行时,如果当某任务被调度时系统不运行,该任务就不会被执行。cron 服务提供 crontab 命令来设定 cron 服务,其参数如表 9-3 所示。

表 9-3　crontab 参数

参　　数	说　　明
crontab -u	设定某个用户的 cron 服务,一般 root 用户在执行这个命令的时候需要此参数
crontab -e	编辑某个用户的 cron 服务
crontab -l	列出某个用户 cron 服务的详细内容
crontab -r	删除某个用户的 cron

crontab 文件中的每一行都代表一项任务,每项共 6 个字段,它的格式是：

```
minute   hour   day   month   dayofweek   command
```

crontab 字段说明及字段内容说明分别见表 9-4、表 9-5。

表 9-4　crontab 字段说明

字　　段	说　　明
minute	分钟,0~59 之间的任何整数
hour	小时,0~23 之间的任何整数
day	日期,1~31 之间的任何整数(如果指定了月份,必须是该月份的有效日期)
month	月份,1~12 之间的任何整数(或使用月份的英文简写,如 jan、feb 等)
dayofweek	星期,0~7 之间的任何整数,这里的 0 或 7 代表星期日(或使用星期的英文简写,如 sun、mon 等)
command	要执行的命令,也可以执行自行编写的脚本命令

表 9-5　字段内容说明

字段内容	说　明	举　例
*	代表所有有效的值	例如，月份值中的星号表示在满足其他制约条件后每月都执行该命令
-	指定一个整数范围	例如，1-4 意味着整数 1、2、3、4
,	指定一个列表	例如，3，4，6，8 表明这 4 个指定的整数
/＜integer＞	指定间隔频率	例如，0-23/2 可以用来在小时字段定义每两小时
#	注释	例如，在说明的行首加上"#"，此行不被处理

【范例】

① 每天早上 6 点显示问候信息：

```
[root@localhost ~]# crontab-e      #编辑 crontab,输入内容
0 6 * * * echo "Good morning." >> /tmp/test.txt
```

注意：对于单纯 echo，从屏幕上看不到任何输出，因为 cron 把任何输出都发送到 root 的信箱了。

② 每两个小时提醒休息：

```
0 */2 * * * echo "Have a break now!" >> /tmp/test.txt
```

③ 晚上 11 点到早上 8 点之间每两个小时提醒一次：

```
0 23-8/2 * * * echo "Have a good dream!" >> /tmp/test.txt
```

④ 每个月的 4 日和每个星期的星期一到星期三的早上 11 点执行某个命令：

```
0 11 4 * 1-3 command line
```

⑤ 每星期六的 11：00 pm 重启 lighttpd：

```
0 23 * * 6 /usr/local/etc/rc.d/lighttpd restart
```

⑥ 每周日凌晨 4 点以 root 身份更新系统：

```
0 4 * * 0 root emerge --sync && emerge -uD world
```

⑦ 每月 1 日凌晨 2 点清理/tmp 下的文件：

```
0 2 1 * * root rm -f /tmp/ *
```

⑧ 每年 5 月 6 日给 tom 发信息，祝他生日快乐：

```
0 8 6 5 * root mail tom < /home/happy.txt
```

⑨ 普通用户的任务控制如下。

➤ 建立、切换用户并创建文件：

```
[root@localhost ~]# useradd newuser
[root@localhost ~]# passwd newuser
[root@localhost ~]# su newuser
[newuser@localhost root]$ cd
```

➤ 编辑 crontab 并输入内容：

```
[newuser@localhost ~]$ crontab -e
* * * * * echo ~hello newuser! ~>>/home/newuser/test
* /2 * * * echo ~Hi newuser! ~>>/home/newuser/test
* /5 * * * /bin/date >>/home/newuser/test
```

➤ 存盘退出时显示：

no crontab for newuser - using an empty one

crontab：installing new crontab

➤ 显示 cron 内容：

[newuser@localhost ~]$ crontab -l

　*　*　*　*　* echo ～hello newuser! ～>>/home/newuser/test

　*/2 * * * * echo ～Hi newuser! ～>>/home/newuser/test

　*/5 * * * * /bin/date >>/home/newuser/test

➤ 验证结果。十几分钟后查看结果文件：

[newuser@localhost ~]$ cat test

～hello newuser! ～

～Hi newuser! ～

～hello newuser! ～

～hello newuser! ～

～Hi newuser! ～

～hello newuser! ～

～hello newuser! ～

2021 年 03 月 01 日 星期一 16：55：02 EST

～hello newuser! ～

～Hi newuser! ～

～hello newuser! ～

～Hi newuser! ～

～hello newuser! ～

～hello newuser! ～

～Hi newuser! ～

～hello newuser! ～

2021 年 03 月 01 日 星期一 17：00：02 EST

➤ 删除计划任务并查看：

[newuser@localhost ~]$ crontab -r

[newuser@localhost ~]$ crontab -l

no crontab for newuser

9.3 任 务 准 备

1. 在虚拟机上启动 Red Hat Enterprise Linux 8 系统，并打开终端。

2. 以 root 身份登录系统。

9.4 任 务 解 决

① 今晚 11 点 30 分开启网站服务：

```
[root@localhost ～]# at 23:30
warning：commands will be executed using /bin/sh
at > systemctl restart httpd
at > <EOT>
job 5 at Mon Mar   1 23:30:00 2021
[root@localhost ～]# atq
3 Wed Mar 31 23:59:00 2021 a root
5 Mon Mar   1 23:30:00 2021 a root
```

② 每周一的凌晨 3 点 25 分把/home/wwwroot 目录打包备份为 backup. tar. gz：

```
[root@localhost ～]#   crontab -e
25 3 *  * 1 /usr/bin/tar -czvf backup. tar. gz /home/wwwroot
[root@localhost ～]#   crontab -l
25 3 *  * 1 /usr/bin/tar -czvf backup. tar. gz /home/wwwroot
[root@localhost ～]#
```

9.5　任务扩展练习

1. 用 at 实现明年 5 月 1 日早上 8 点,在用户终端显示"Happy Labour Day!"。

2. 设置自动执行的时间和任务。

① 每个星期一的下午 3:30 记录内存使用信息。

② 在每天早晨 8 点问候早上好。

③ 在工作日(周一到周五)的 10:00 pm 执行脚本 work. sh。

④ 在 0～23 时区间内,每两小时执行一次,即 0 点,2 点,…,22 点,在这些时间之后的 23 min 执行一次显示系统时间。

⑤ 在每个月第二个周六的 04:00 am 通知"发工资啦!"。

⑥ 5 月第二个星期天早上 9 点,在终端问候母亲节快乐!

3. 在网上查找一些系统管理员能够自动定时完成任务的案例。

任务 10　管理磁盘

在 Linux 系统中一切都是文件，硬件设备也不例外。既然是文件，就必须有文件名称，系统内核中的 udev 设备管理器会自动把硬件名称规范起来，目的是让用户通过设备文件的名字可以猜出设备大致的属性以及分区信息等，这对于陌生的设备来说特别方便。udev 设备管理器的服务会一直以守护进程的形式运行，并侦听内核发出的信号，来管理/dev 目录下的设备文件。磁盘就是其管理设备文件中的一种，本次任务的目的就是让读者了解文件系统如何管理磁盘，并添加新磁盘，使用新磁盘。

10.1　任务描述

在系统中新添加一个 5 GB 的 SATA 磁盘，在新磁盘中划分一个 2 GB 的逻辑分区，并格式化该分区，分区的文件系统类型创建为 xfs，挂载/newdata 目录下并实现自动挂载。

10.2　引导知识

要使用新的磁盘空间，就必须对 Linux 下的设备进行了解，以下对设备的
简单描述和对磁盘的分区、格式化、挂载等相关命令，可以帮助我们使用新磁盘。

磁盘管理介绍

10.2.1　给虚拟机添加一块 5 GB 的新硬盘

1. 添加一块虚拟硬盘

打开虚拟机设置窗口，选择"硬盘"，单击下面的"添加"按钮，如图 10-1 所示，弹出"添加硬件向导"，如图 10-2 所示，选择"硬盘"，然后单击"下一步"，这里我们选择 SCSI 硬盘，如图 10-3 所示，单击"下一步"。选择"创建新虚拟磁盘"，如图 10-4 所示，单击"下一步"。

图 10-1　虚拟机设置

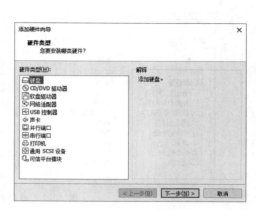

图 10-2　添加硬件向导

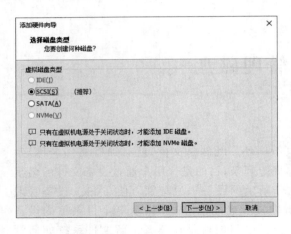

图 10-3　选择创建 SCSI 磁盘

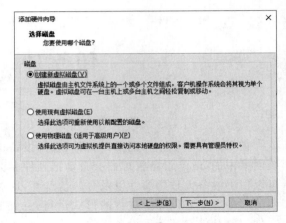

图 10-4　选择创建新虚拟磁盘

　　输入新建磁盘的大小，这里我们输入 5 GB，其他选择默认值，如图 10-5 所示，单击"下一步"。指定磁盘文件也选择默认值，如图 10-6 所示，单击"完成"。至此新的磁盘就添加完毕。图 10-7 即添加完成后的虚拟机设置情况。注意 SCSI 磁盘需要重启系统才能识别，SATA 磁盘不需要重启。

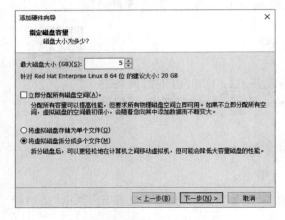

图 10-5　选择创建 SCSI 磁盘

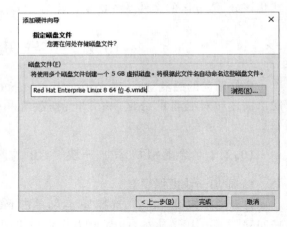

图 10-6　选择创建新虚拟盘

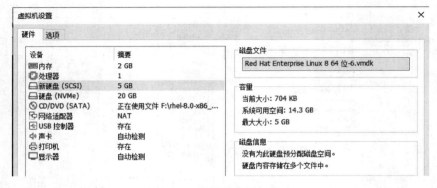

图 10-7　虚拟磁盘添加完成

2．虚拟机引导顺序设置

在 Red Hat Enterprise Linux 8 虚拟机上装系统时用的硬盘是 NVMe（固态硬盘），我们添加一块新硬盘，有可能会改变虚拟机的默认引导盘位置，把新加的磁盘作为引导盘，比如添加 SCSI 磁盘，重新启动后会显示重装，这时我们修改磁盘启动顺序即可。

（1）开机进入固件

在主菜单选择"虚拟机"，然后选择"电源"，接着选择最后一项"打开电源时进入固件"，如图 10-8 所示。

图 10-8　虚拟机进入固件

（2）系统启动顺序设置

进入 BISO 设置界面后，是没有鼠标的，移动键盘选择"Boot"，然后选择第二项"Hard Drive"，此时就会看到有不同的磁盘，我们选中 NVMe 磁盘，按"＋"键把它移动到第一项，如图 10-9 所示。设置好后按 F10 键存盘退出即可。

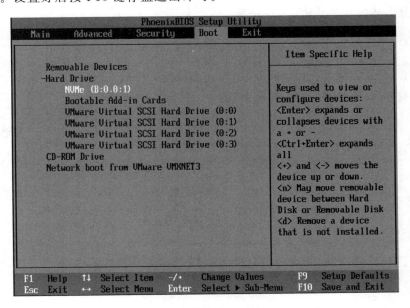

图 10-9　启动顺序设置

10.2.2 Linux 下的设备

Linux 的设备通过文件管理,放在/dev 目录下,udev 设备管理器的服务会一直以守护进程的形式运行,并侦听内核发出的信号,来管理/dev 目录下的设备文件。Linux 系统中常见的硬件设备及其文件名称如表 10-1 所示。

表 10-1 硬件设备及其文件名称

硬件设备	文件名称
IDE 设备	/dev/hd[a-d]
SCSI/SATA/U 磁盘	/dev/sd[a-p]
虚拟化硬盘	/dev/vd[a-z]
固态硬盘	/dev/nvme[0-9]n[0-9]p[0-9]
打印机	/dev/lp[0-15]
光驱	/dev/sr0
鼠标	/dev/mouse

目前 IDE 设备已经很少见了,所以一般的硬盘设备都是以"/dev/sd"开头的。而一台主机上可以有多块硬盘,因此系统采用 a~p 来代表 16 块不同的硬盘(默认从 a 开始分配),磁盘设备的分区如图 10-10 所示,设备的表示如图 10-11 所示,其表示规则如下:

➢ 主分区或扩展分区的编号从 1 开始,到 4 结束;

➢ 逻辑分区从编号 5 开始。

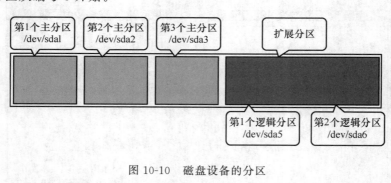

图 10-10 磁盘设备的分区

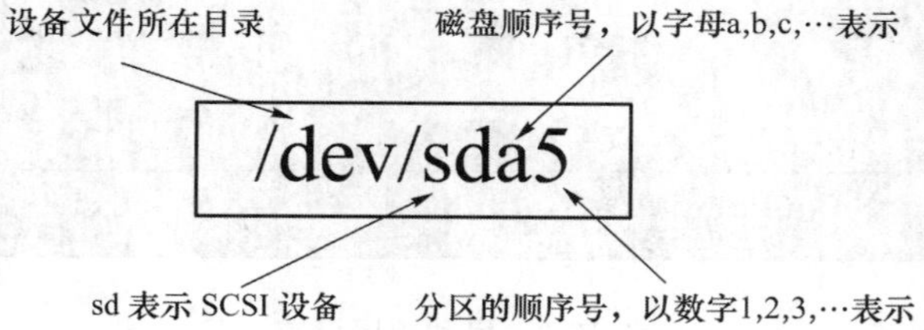

设备文件所在目录　　　　磁盘顺序号,以字母a,b,c,…表示

/dev/sda5

sd 表示 SCSI 设备　　　　分区的顺序号,以数字1,2,3,…表示

图 10-11 设备的表示

10.2.3　管理磁盘的相关命令

1. fdisk 命令

功能说明: 磁盘分区。

语法:

```
fdisk [参数][设备]
```

参数:

-b<分区大小>,指定每个分区的大小。

-l,列出指定外围设备的分区表状况。

-s<分区编号>,将指定的分区大小输出到标准输出上,单位为区块。

-u,搭配"-l"参数列表,会用分区数目取代柱面数目,来表示每个分区的起始地址。

-v,显示版本信息。

假设对/dev/sdb 设备、一个 2 GB 的 SCSI 硬盘进行分区,从执行带/dev/sdb 参数的 fdisk 开始。输入下面的命令:

```
[root@localhost ~]# fdisk /dev/sdb
```

屏幕上出现一个简单的提示符:

```
Command ( m for help ):
```

输入字母"m"看看有哪些参数。

```
[root@localhost ~]# fdisk /dev/sdb
欢迎使用 fdisk (util-linux 2.32.1)。
更改将停留在内存中,直到您决定将更改写入磁盘。
使用写入命令前请三思。


命令(输入 m 获取帮助):m
帮助:

  DOS（MBR）

   a   开关 可启动 标志
   b   编辑嵌套的 BSD 磁盘标签
   c   开关 dos 兼容性标志
  常规
   d   删除分区
   F   列出未分区的空闲区
   l   列出已知分区类型
   n   添加新分区
   p   打印分区表
   t   更改分区类型
   v   检查分区表
   i   打印某个分区的相关信息
  杂项
   m   打印此菜单
   u   更改 显示/记录 单位
```

  x 更多功能(仅限专业人员)

脚本

  I 从 sfdisk 脚本文件加载磁盘布局

  O 将磁盘布局转储为 sfdisk 脚本文件

保存并退出

  w 将分区表写入磁盘并退出

  q 退出而不保存更改

新建空磁盘标签

  g 新建一份 GPT 分区表

  G 新建一份空 GPT (IRIX) 分区表

  o 新建一份空 DOS 分区表

  s 新建一份空 Sun 分区表

命令(输入 m 获取帮助):

常用的参数解释如下:

① 输入 m 显示所有命令帮助;

② 输入 p 显示硬盘分割情形;

③ 输入 a 设定硬盘启动区;

④ 输入 n 设定新的硬盘分区;

⑤ 输入 e 硬盘为扩展分区(extend);

⑥ 输入 p 硬盘为主分区(primary);

⑦ 输入 t 改变硬盘分区属性;

⑧ 输入 d 删除硬盘分区属性;

⑨ 输入 q 结束不存入硬盘分区属性;

⑩ 输入 w 结束并写入硬盘分区属性。

用 p 命令可以显示分区情况:(这里磁盘还没有分区)

命令(输入 m 获取帮助):p

Disk /dev/sdb:2 GiB,2147483648 字节,4194304 个扇区

单元:扇区 / 1 * 512 = 512 字节

扇区大小(逻辑/物理):512 字节 / 512 字节

I/O 大小(最小/最佳):512 字节 / 512 字节

磁盘标签类型:dos

磁盘标识符:0x5506dca8

使用"l"命令查看分区类型,使用"t"命令改变分区类型。

命令(输入 m 获取帮助):l

0	空	24	NEC DOS	81	Minix / 旧 Linu	bf	Solaris
1	FAT12	27	隐藏的 NTFS Win	82	Linux swap / So	c1	DRDOS/sec (FAT-
2	XENIX root	39	Plan 9	83	Linux	c4	DRDOS/sec (FAT-
3	XENIX usr	3c	PartitionMagic	84	OS/2 隐藏 或 In	c6	DRDOS/sec (FAT-
4	FAT16 <32M	40	Venix 80286	85	Linux 扩展	c7	Syrinx
5	扩展	41	PPC PReP Boot	86	NTFS 卷集	da	非文件系统数据

......

2. mkfs 命令

功能说明: 建立文件系统。

语法:

mkfs［参数］［设备名称］

补充说明: 建立好分区以后,需要在其上建立文件系统(建立文件系统的过程类似于对磁盘进行格式化的操作)。在 Linux 操作系统中,程序来完成这个过程,如 mkfs、mkfs.xfs 等。

参数:

fs,指定建立文件系统时的参数。

-t＜文件系统类型＞,给定档案系统的形式,Linux 的预设值为 ext2。

-c,在制作档案系统前,检查该分区是否有坏磁道。

-v,显示版本信息与详细的使用方法。

-V,显示简要的使用方法。

范例:

① 在/dev/sdb1 上建立一个 xfs 的文件系统:

```
[root@localhost ~]# mkfs -t xfs /dev/sdb1
meta-data = /dev/sdb1        isize = 512      agcount = 4, agsize = 65536 blks
         =                   sectsz = 512     attr = 2, projid32bit = 1
         =                   crc = 1          finobt = 1, sparse = 1, rmapbt = 0
         =                   reflink = 1
data     =                   bsize = 4096     blocks = 262144, imaxpct = 25
         =                   sunit = 0        swidth = 0 blks
naming   = version 2         bsize = 4096     ascii-ci = 0, ftype = 1
log      = internal log      bsize = 4096     blocks = 2560, version = 2
         =                   sectsz = 512     sunit = 0 blks, lazy-count = 1
realtime = none              extsz = 4096     blocks = 0, rtextents = 0
```

② 在分区/dev/sdb2 上建立一个 ext4 的文件系统:

```
[root@localhost ~]# mkfs.ext4 /dev/sdb2
[root@localhost ~]# mkfs -t ext4 /dev/sdb1
mke2fs 1.44.3 (10-July-2018)
/dev/sdb1 有一个 xfs 文件系统
Proceed anyway? (y,N) n
[root@localhost ~]# mkfs.ext4 /dev/sdb2
mke2fs 1.44.3 (10-July-2018)
创建含有 261888 个块(每块 4k)和 65536 个 inode 的文件系统
文件系统 UUID:b05c82c2-c893-4733-b2fb-549abf8956f3
超级块的备份存储于下列块:
    32768,98304,163840,229376
正在分配组表:完成
正在写入 inode 表:完成
创建日志(4096 个块)完成
写入超级块和文件系统账户统计信息:已完成
```

3．mount 命令

功能说明：将文件系统挂载。

语法：

```
mount［参数］［文件系统］［目录］
```

参数：

-V，显示程序版本。

-l，显示已加载的文件系统列表。

-h，显示帮助信息并退出。

-v，冗长模式，输出指令执行的详细信息。

-n，加载没有写入文件"/etc/mtab"中的文件系统。

-r，将文件系统加载为只读模式。

-a，加载文件"/etc/fstab"中描述的所有文件系统。

-o ro，用只读模式挂载。

-o rw，用可读写模式挂载。

-o loop＝，使用 loop 模式，用来将一个档案当成硬盘挂载到文件系统上。

范例：

① 将/dev/sdb1 挂载到/mnt 目录下：

```
［root@localhost ～］# mount /dev/sdb1 /mnt/disk1
```

② 将/dev/sda1 用只读模式挂载到/mnt 目录下：

```
［root@localhost ～］# mount -o ro /dev/sda1 /mnt/disk2
```

③ 挂载 IP 地址为 192.168.1.4 的 NFS 服务器中/opt/mynfs 目录下的资源到本地/mnt/mynfs 目录下：

```
［root@localhost ～］# mkdir /mnt/mynfs #在本地机器中建一个目录作为 NFS 挂载点
［root@localhost ～］# mount -t nfs 192.168.1.4:/opt/mynfs /mnt/mynfs
```

说明：挂载 NFS 网络文件系统的格式为"mount -t nfs 服务器地址:/目录 挂载点"。

在本地机器上建一个目录，作为 NFS 挂载点：

```
［root@localhost ～］# mkdir /mnt/mynfs
［root@localhost ～］# mount -t nfs 192.168.1.4:/opt/mynfs /mnt/mynfs
```

4．umount 命令

功能说明：卸载文件系统。

语法：

```
umount［参数］［文件系统］
```

参数：

-h，显示帮助。

-n，卸载时不要将信息存入/etc/mtab 文件中。

-r，若无法成功卸载，则尝试以只读的方式重新挂入文件系统。

-t＜文件系统类型＞，仅卸载选项中所指定的文件系统。

-v，执行时显示详细的信息。

-V，显示版本信息。

范例：

```
[root@localhost ~]# umount /dev/cdrom
```

5．自动挂载配置文件：/etc/fstab

文件/etc/fstab 中存放的是系统中的文件系统信息。系统启动后，如果正确设置了该文件，则可以自动加载一个文件系统，每种文件系统都对应一个独立的行，每行中的字段都用空格或 tab 键分开。同时 fsck、mount、umount 等命令都利用该程序。

下面是/etc/fatab 文件的一个示例行：

fs_spec	fs_file	fs_type	fs_options	fs_dump	fs_pass
/dev/sda1	/	xfs	defaults	0	0

➢ fs_spec：该字段定义希望加载的文件系统所在的设备或远程文件系统。

➢ fs_file：该字段描述希望的文件系统加载的目录点，对于 swap 设备，该字段为 swap。

➢ fs_type：定义了该设备上的文件系统，一般常见的文件类型为 xfs、ext4（Linux 设备的常用文件类型）、NTFS、iso9600 等。

➢ fs_options：指定加载该设备的文件系统是需要使用的特定参数选项，多个参数是由逗号分隔开来的。对于大多数系统使用"defaults"就可以满足需要。其他常见的选项如下。

• ro，以只读模式加载该文件系统。

• rw，以可读写模式挂载。

• sync，以同步方式执行文件系统的输入/输出操作。

• async，以非同步方式执行文件系统的输入/输出操作。

• user，允许普通用户加载该文件系统。

• quota，强制在该文件系统上进行磁盘定额限制。

• noauto，不再使用 mount -a 命令（例如系统启动时）加载该文件系统。

➢ fs_dump：该选项被 dump 命令使用，来显示备份状态，为"1"时备份，为"0"时不备份。

➢ fs_pass：该字段被 fsck 命令用来决定在启动时需要被检测的文件系统的顺序，根文件系统"/"对应该字段的值应该为1，其他文件系统应该为2。若该文件系统无须在启动时扫描，则设置该字段为0。

用 mount 命令可以查看系统当前的挂载信息：

```
[root@localhost ~]# mount
sysfs on /sys type sysfs (rw,nosuid,nodev,noexec,relatime,seclabel)
proc on /proc type proc (rw,nosuid,nodev,noexec,relatime)
devtmpfs on /dev type devtmpfs (rw,nosuid,seclabel,size = 918804k,nr_inodes = 229701,mode = 755)
……
/dev/sr0 on /run/media/root/RHEL-7.2 Server.x86_64 type iso9660 (ro,nosuid,nodev,relatime,uid = 0,gid = 0,iocharset = utf8,mode = 0400,dmode = 0500,uhelper = udisks2)
/dev/sdb1 on /mnt/newdisk1 type xfs (rw,relatime,seclabel,attr2,inode64,noquota)
```

修改/etc/fstab 自动挂载文件后，用 mount - a 命令可以让它自动生效。

6. du 命令

功能说明：查看目录和文件使用的空间。

语法：

du［参数］［文件］

参数：

-a 或-all，显示目录中个别文件的大小。

-b 或-bytes，显示目录或文件大小时，以 byte 为单位。

-c 或--total，除了显示目录或文件的大小外，同时也显示所有目录或文件的总和。

-k 或--kilobytes，以 KB(1 024 bytes)为单位输出。

-m 或--megabytes，以 MB 为单位输出。

-s 或--summarize，仅显示总计，只列出最后相加得到的总值。

-h 或--human-readable，以 KB、MB、GB 为单位，提高信息的可读性。

范例：

［root@localhost ～］# du -h

7. df 命令

功能说明：显示磁盘分区上可使用的磁盘空间。

语法：

df［参数］

参数：

-a 或--all，包含全部的文件系统。

--block-size＝＜区块大小＞，以指定的区块大小来显示区块数目。

-h 或--human-readable，以可读性较高的方式来显示信息。

-H 或--si，与-h 参数相同，但在计算时以 1 000 bytes 为换算单位，而非 1 024 bytes。

-i 或--inodes，显示 inode 的信息。

-k 或--kilobytes，指定区块大小为 1 024 字节。

-l 或--local，仅显示本地端的文件系统。

-m 或--megabytes，指定区块大小为 1 048 576 字节。

--no-sync，在取得磁盘使用信息前，不要执行 sync 指令，此为预设值。

-P 或--portability，使用 POSIX 的输出格式。

--sync，在取得磁盘使用信息前，先执行 sync 指令。

-t＜文件系统类型＞，仅显示指定文件系统类型的磁盘信息。

-T 或--print-type，显示文件系统的类型。

-x＜文件系统类型＞，不要显示指定文件系统类型的磁盘信息。

--help，显示帮助。

--version，显示版本信息。

范例：

［root@localhost ～］# df -h

8. lsblk 命令

功能说明：显示所有可用块设备的信息及它们之间的依赖关系。

语法：

df［参数］

参数：

-a,显示所有设备。

-b,以字节方式显示设备大小。

-d,不显示 slaves 或 holders。

-D,不显示设备的信息,只显示它们之间的依赖关系。

-e,排除设备。

-f,显示文件系统信息。

-h,显示帮助信息。

-i,只使用 ASCII 码。

-m,显示权限信息。

-l,使用列表格式显示。

-n,不显示标题。

-o,输出列。

-P,使用 key="value"格式显示。

-r,使用原始格式显示。

-t,显示拓扑结构信息。

范例：

```
[root@localhost ~]# lsblk
NAME            MAJ:MIN RM  SIZE RO TYPE MOUNTPOINT
sr0      11:0     1  6.6G  0 rom  /run/media/user/RHEL-8-0-0-BaseOS-x86_64
nvme0n1          259:0    0   20G  0 disk
 ├─nvme0n1p1     259:1    0    1G  0 part /boot
 └─nvme0n1p2     259:2    0   19G  0 part
   ├─rhel-root   253:0    0   17G  0 lvm  /
   └─rhel-swap   253:1    0    2G  0 lvm  [SWAP]
```

10.3　任务准备

1. 在虚拟机上启动 Red Hat Enterprise Linux 8 系统,并打开终端。

2. 以 root 身份登录系统。

3. 确定系统硬盘有剩余的空间,如果没有就在虚拟机下添加一块硬盘。

10.4　任务解决

磁盘管理实战

1. 查看磁盘空间的使用情况

```
[root@localhost ~]# fdisk -l
Disk /dev/nvme0n1:20 GiB,21474836480 字节,41943040 个扇区
单元:扇区 / 1 * 512 = 512 字节
扇区大小(逻辑/物理):512 字节 / 512 字节
I/O 大小(最小/最佳):512 字节 / 512 字节
```

磁盘标签类型:dos

磁盘标识符:0x868884c7

设备	启动	起点	末尾	扇区	大小 Id 类型
/dev/nvme0n1p1	*	2048	2099199	2097152	1G 83 Linux
/dev/nvme0n1p2		2099200	41943039	39843840	19G 8e Linux LVM

Disk /dev/mapper/rhel-root:17 GiB,18249416704 字节,35643392 个扇区

单元:扇区 / 1 * 512 = 512 字节

扇区大小(逻辑/物理):512 字节 / 512 字节

I/O 大小(最小/最佳):512 字节 / 512 字节

Disk /dev/mapper/rhel-swap:2 GiB,2147483648 字节,4194304 个扇区

单元:扇区 / 1 * 512 = 512 字节

扇区大小(逻辑/物理):512 字节 / 512 字节

I/O 大小(最小/最佳):512 字节 / 512 字节

Disk /dev/sda:5 GiB,5368709120 字节,10485760 个扇区

单元:扇区 / 1 * 512 = 512 字节

扇区大小(逻辑/物理):512 字节 / 512 字节

I/O 大小(最小/最佳):512 字节 / 512 字节

我们可以看到系统一共有两块磁盘,一块为 20 GB 的固态硬盘,另一块为 5 GB 的/dev/sda 硬盘。一个扇区为 512 bytes,第一块磁盘的第二个分区采用 LVM 管理。

2. 建立一个 2 GB 的逻辑分区

输入建立分区命令"n",第一个提示,问我们建立主分区还是扩展分区。我们选择扩展分区 e,输入默认的起始柱面数和终止柱面数,如果我们建立的是扩展分区,把所有的空间都给它,所以选择默认值,然后输入 p 查看结果。这样扩展分区就建好了。

[root@localhost ~]# fdisk /dev/sda

欢迎使用 fdisk (util-linux 2.32.1)。

更改将停留在内存中,直到您决定将更改写入磁盘。

使用写入命令前请三思。

设备不包含可识别的分区表。

创建了一个磁盘标识符为 0x693721e6 的新 DOS 磁盘标签。

命令(输入 m 获取帮助):n

分区类型

    p   主分区 (0 个主分区,0 个扩展分区,4 空闲)

    e   扩展分区 (逻辑分区容器)

选择 (默认 p):e

分区号 (1-4,默认 1):

第一个扇区 (2048-10485759,默认 2048):

上个扇区,+sectors 或 +size{K,M,G,T,P}（2048-10485759，默认 10485759）:+2G

创建了一个新分区 1,类型为"Extended",大小为 2 GiB。

命令(输入 m 获取帮助):p
Disk /dev/sda:5 GiB,5368709120 字节,10485760 个扇区
单元:扇区 / 1 * 512 = 512 字节
扇区大小(逻辑/物理):512 字节 / 512 字节
I/O 大小(最小/最佳):512 字节 / 512 字节
磁盘标签类型:dos
磁盘标识符:0x693721e6

设备	启动	起点	末尾	扇区	大小	Id	类型
/dev/sda1		2048	4196351	4194304	2G	5	扩展

如果要使用扩展分区就要建立逻辑分区,下面我们建立 2 GB 的逻辑分区,逻辑分区的初始柱面用默认值,把全部扩展分区建立为一个逻辑分区,建立好之后查看结果,用"w"命令存盘退出。

命令(输入 m 获取帮助):n
分区类型
　p　主分区（0 个主分区,1 个扩展分区,3 空闲）
　l　逻辑分区（从 5 开始编号）
选择（默认 p）:l

添加逻辑分区 5
第一个扇区（4096-4196351,默认 4096）:
上个扇区,+sectors 或 +size{K,M,G,T,P}（4096-4196351,默认 4196351）:

创建了一个新分区 5,类型为"Linux",大小为 2 GiB。

命令(输入 m 获取帮助):p
Disk /dev/sda:5 GiB,5368709120 字节,10485760 个扇区
单元:扇区 / 1 * 512 = 512 字节
扇区大小(逻辑/物理):512 字节 / 512 字节
I/O 大小(最小/最佳):512 字节 / 512 字节
磁盘标签类型:dos
磁盘标识符:0x693721e6

设备	启动	起点	末尾	扇区	大小	Id	类型
/dev/sda1		2048	4196351	4194304	2G	5	扩展
/dev/sda5		4096	4196351	4192256	2G	83	Linux

命令(输入 m 获取帮助):w

分区表已调整。

将调用 ioctl() 来重新读分区表。

正在同步磁盘。

[root@localhost ~]#

3. 建立文件系统

[root@localhost ~]# mkfs.xfs /dev/sda5

meta-data	= /dev/sda5	isize = 512	agcount = 4, agsize = 131008 blks
	=	sectsz = 512	attr = 2, projid32bit = 1
	=	crc = 1	finobt = 1, sparse = 1, rmapbt = 0
	=	reflink = 1	
data	=	bsize = 4096	blocks = 524032, imaxpct = 25
	=	sunit = 0	swidth = 0 blks
naming	= version 2	bsize = 4096	ascii-ci = 0, ftype = 1
log	= internal log	bsize = 4096	blocks = 2560, version = 2
	=	sectsz = 512	sunit = 0 blks, lazy-count = 1
realtime	= none	extsz = 4096	blocks = 0, rtextents = 0

4. 建立目录

[root@localhost ~]# mkdir /newdata

5. 挂载分区

分区挂载以后就可以使用了:

root@localhost ~]# mount /dev/sda5 /newdata

[root@localhost ~]# mount |grep sda5

/dev/sda5 on /newdata type xfs (rw,relatime,seclabel,attr2,inode64,noquota)

6. 实现开机自动挂载分区

[root@localhost ~]# vim /etc/fstab　　　　　　　　#在文件最后添加下面一行

/dev/sda5　　　　　　　　　　/newdata　　　　　　　xfs　　　　defaults　　　0 0

10.5　任务扩展练习

1. 查看虚拟机磁盘空间,了解分区使用情况,看是否有剩余空间。如果没有就添加一块 2 GB的 SCSI 新硬盘,建立 5 ** MB 大小的逻辑分区,赋予 xfs 文件系统,把它挂载到 /newdisk ** 目录下。

2. 在虚拟机下再添加一块 5 GB 的 SATA 硬盘,建立为主分区,赋予 ext4 文件系统,挂载到/newdisk2 ** 目录下。

3. 实现前面两个分区开机自动挂载功能。

任务 11　管理交换空间

　　SWAP(交换)分区是一种通过在硬盘中预先划分一定的空间,然后把内存中暂时不常用的数据临时存放到硬盘中,以便腾出物理内存空间,让更活跃的程序服务来使用的技术,其设计目的是解决真实物理内存不足的问题。但由于交换分区是通过硬盘设备读写数据的,速度肯定要比物理内存慢,所以只有当真实的物理内存耗尽后才会调用交换分区的资源。当系统已经创建好分区,不能再重新添加交换分区时,也可以通过增加交换文件的方式来添加交换空间,本次任务用两种方式增加交换空间。

11.1　任务描述

1. 给系统增加一个 2 GB 的交换分区。
2. 给系统增加一个 1 GB 的交换文件。

11.2　引导知识

11.2.1　交换空间的概念

交换空间介绍

　　曾经有一个这样的案例,机房中一台 Linux 服务器运行缓慢,系统服务出现间歇性停止响应现象,系统管理员登录到服务器之后,发现此服务器的物理内存是 16 GB,而最初装机的时候,系统管理人员却只分配了 4 GB 的交换分区。查看内存的使用状况,物理内存并没有完全耗尽,但交换空间已经耗尽,整个系统 CPU 负载和磁盘 I/O 都非常高。管理员将交换空间通过增加交换文件的方式增加到 16 GB,系统运行状况明显好转。

　　Linux 系统下的交换空间(swap space)与 Windows 下的虚拟内存意思差不多,Linux 中的交换空间在物理内存(RAM)被占满时被使用。如果系统需要更多的内存资源,而物理内存已经占满,内存中不活跃的页就会被转移到交换空间中。以前的时候遵守一个规则:交换分区一般设为内存的 1～2 倍。目前红帽官方推荐交换分区的大小应当与系统物理内存的大小保持线性比例关系,不过在小于 2 GB 物理内存的系统中,交换分区的大小应该设置为内存大小的两倍,如果内存大于 2 GB,交换分区大小应该是物理内存大小加上 2 GB。其原因在于,系统中的物理内存越大,内存的负荷可能也越大。但是,如果物理内存大小扩展到数百吉字节,这样做就没什么意义。

　　表 11-1 是 Red Hat Enterprise Linux 中,设置合适的交换分区大小的推荐规则,读者可以参考。

表 11-1 交换分区的推荐大小

物理内存	交换分区
≤4 GB	至少 4 GB
4~16 GB	至少 8 GB
16~64 GB	至少 16 GB
64~256 GB	至少 32 GB

11.2.2 交换空间的分类

Linux 支持两种形式的交换空间：交换分区和交换文件。交换分区是指在磁盘中专门分出一个磁盘分区用于交换。交换文件是指创建一个文件用于交换。

Linux 可以利用文件系统中通常的文件作为交换文件，也可以利用某个分区进行交换操作。在交换分区上的交换操作较快，而利用交换文件可方便地改变交换空间的大小。Linux 还可以用多个交换空间或交换文件进行交换操作。使用交换分区比使用交换文件效率要高，这是因为独立的交换分区保证了磁盘块的连续，使得 Linux 系统读写数据的速度较快。

交换空间可以为内存不足的计算机提供帮助，但是，这种方法不应该被当作对内存的取代。交换空间位于硬盘，存取速度比物理内存慢。

11.3 任 务 准 备

1. 在虚拟机上启动 Red Hat Enterprise Linux 8 系统，并打开终端。
2. 以 root 身份登录系统。
3. 保证磁盘有 2 GB 以上没有分区的剩余空间，如果没有就在虚拟机上再添加一块硬盘。

11.4 任 务 解 决

交换空间实战

11.4.1 交换分区创建及管理

① 查看当前系统硬盘空间的使用情况：

```
[root@localhost ~]# fdisk -l
```

② 创建一个新分区，命名为 sdb1（大小为 2 GB）：

```
[root@localhost ~]# fdisk /dev/sdb
```

n，新建一个分区。

t，修改该分区的类型为交换分区（82）。

建立后结果如下：

```
[root@localhost ~]# fdisk -l /dev/sdb
命令(输入 m 获取帮助):p
Disk /dev/sdb:5 GiB,5368709120 字节,10485760 个扇区
单元:扇区 / 1 * 512 = 512 字节
扇区大小(逻辑/物理):512 字节 / 512 字节
I/O 大小(最小/最佳):512 字节 / 512 字节
```

磁盘标签类型:dos

磁盘标识符:0xb1b81e41

设备	启动	起点	末尾	扇区 大小 Id 类型
/dev/sdb1		2048	4196351	4194304　2G　82　Linux swap / Solaris

说明:分区类型不修改也可以使用,为了更清晰地说明分区类型,建议修改。

③ 建立交换分区:

[root@localhost ~]# mkswap /dev/sdb1

正在设置交换空间版本1,大小 = 2 GiB(2147479552　个字节)

无标签,UUID = f818ad08-4f8d-4f30-bc9c-b0aca5ae3f65

④ 查看系统当前交换空间的大小:

[root@localhost ~]# free

	total	used	free	shared	buff/cache	available
Mem:	1849400	1040904	246252	10576	562244	638896
Swap:	2097148	310784	1786364			

说明:交换空间的大小为 2 GB。

⑤ 激活新建立的交换分区:

[root@localhost ~]# swapon /dev/sdb1

[root@localhost ~]# free

	total	used	free	shared	buff/cache	available
Mem:	1849400	1042568	244524	10584	562308	637244
Swap:	4194296	310784	3883512			

[root@localhost ~]# cat /proc/swaps

Filename	Type	SizeUsedPriority
/dev/dm-1		partition 2097148 310784 -2
/dev/sdb1		partition 2097148 0 -3

说明:交换空间的大小为 4 GB,可以看出是由原来的交换分区 2 GB 和新建的交换分区 2 GB提供的。

⑥ 关闭和删除交换分区。

a. 先把交换分区关闭:

[root@localhost ~]# swapoff /dev/sdb1

b. 用 fdisk 删除对应的分区。

11.4.2　交换文件创建及管理

① 在根目录下创建交换文件,名为 swapfile:

[root@localhost ~]# dd if = /dev/zero of = /swapfile bs = 1M count = 1024

记录了 1024 + 0 的读入

记录了 1024 + 0 的写出

1073741824 bytes (1.1 GB, 1.0 GiB) copied, 3.0404 s, 353 MB/s

说明：有一些特殊的设备文件。例如，/dev/zero 文件代表一个永远输出 0 的设备文件，使用它作为输入，可以得到全为空的文件（bs 决定每次读写 1 MB，count 定义读写 1 024 次），但内容全为 0，文件大小为 1 GB，交换文件的文件名和位置可以自己确定。

② 建立交换文件：

```
[root@localhost ~]# mkswap /swapfile
mkswap：/swapfile：不安全的权限 0644，建议使用 0600。
正在设置交换空间版本 1，大小 = 1024 MiB (1073737728　个字节)
无标签，UUID = e2a24c22-9f5a-410d-af36-71bf436ffabc
```

③ 查看当前系统交换空间的大小：

```
[root@localhost ~]# free
             total       used       free     shared    buff/cache   available
Mem：     1849400     965612      75192      10600        808596       713060
Swap：    2097148     384408    1712740
```

说明：原来交换空间的大小为 2 GB。

④ 激活该交换文件，再查看系统交换空间的大小是否有变化。

```
[root@localhost ~]# swapon /swapfile
swapon：/swapfile：不安全的权限 0644，建议使用 0600。
[root@localhost ~]# free
             total       used      free    shared    buff/cache   available
Mem：     1849400     966532     74140     10600        808728       712140
Swap：    3145720     384408   2761312
[root@localhost ~]# cat /proc/swaps
Filename          Type      Size    Used   Priority
/dev/dm-1                 partition 2097148 383896    -2
/swapfile                   file    1048572    0      -3
```

说明：现在总的交换空间为 3 GB，其中 2 GB 由系统原来的交换分区提供，1 GB 由新建的交换文件提供。

⑤ 交换文件关闭：

```
[root@localhost ~]# swapoff /swapfile
```

⑥ 删除交换文件：

```
[root@localhost ~]# rm /swapfile
```

⑦ 交换空间自动生效。

如果希望下一次重新启动系统后新建立的交换分区和交换文件能够直接生效，需要将两行配置添加到/etc/fstab 文件中，使其可自动加载。

```
[root@localhost ~]# vim /etc/fstab                #在最后加入下面两行
/dev/sdb1          swap          swap    defaults    0  0
/swapfile          swap          swap    defaults    0  0
```

重启系统后查看：

```
[root@localhost ~]# free
        total     used    free    shared  buff/cache  available
Mem:  1849400  1244212  106168  14716    499020      428056
Swap: 5242868  5644    5237224
[root@localhost ~]# cat /proc/swaps
Filename            Type      Size     Used    Priority
/dev/sdb1                     partition  2097148  5388   -2
/dev/dm-1                     partition  2097148  0      -3
/swapfile                     file       1048572  0      -4
```

说明:现在总的交换空间为 5 GB,其中 2 GB 为系统原来的交换分区,2 GB 为新建交换分区,另外 1 GB 为交换文件。

11.5　任务扩展练习

1. 利用剩余未分区的磁盘空间,给系统增加一个 1 GB 的交换分区。
2. 利用增加交换文件的方法给系统增加(500＋＊＊)MB 的交换空间。
3. 使两个交换空间下次重启时能够马上生效。

任务 12 给磁盘空间做配额

Linux 系统是多用户、多任务的操作系统。但是，硬件资源是固定且有限的，如果某些用户不断地在 Linux 系统上创建文件或者存放电影，硬盘空间总有一天会被占满。针对这种情况，root 管理员就需要使用磁盘容量配额服务来限制某位用户或某个用户组针对特定目录可以使用的最大硬盘空间或最大文件个数，一旦达到这个最大值就不再允许继续使用。本次任务的目的就是给用户使用的磁盘空间做配额，并进行配额的管理。

12.1 任务描述

1. 把系统中的一个磁盘分区进行配额管理，对 user 用户做配额限制，使该用户建立文件的软限制数为 100 MB，硬限制数为 200 MB，同时文件数软限制为 5，硬限制为 10。

2. 把 user 的配额限制同样复制给 user1 用户。

12.2 引导知识

磁盘配额介绍

12.2.1 磁盘配额的概念

对磁盘配额的限制一般是从一个用户占用磁盘大小和所有文件的数量两个方面来进行的。磁盘配额的设置单位是分区，针对分区启用配额限制功能后才可以对用户进行设置，而不需理会用户文件放在该文件系统的哪个目录中。磁盘配额限制空间使用的方法有两种，即分别对 inode 和 block 进行限制。磁盘配额可以限定用户在分区中使用的空间大小（blocks），也可以限定用户可以在分区中最多创建的文件数（inodes），需要注意的是，只要用户所创建的文件超过他可以使用的 inode 数额，即使这些文件是空的，他再次创建文件的行为也将被限制。在 Linux 中创建一个文件，系统就为该文件分配一个唯一的 inode，文件的 inode 用于访问文件的属性。也就是说，Linux 系统中每个文件都要对应一个 inode。磁盘配额的两个基本概念：软限制和硬限制。磁盘配额通过 quota 来实现，RHEL 8 系统中默认已经安装了 quota 磁盘容量配额服务程序包。

1. 软限制

一个用户在一定时间范围内（默认为一周）超过其限制的额度，在不超出硬限制的范围内可以继续使用空间，系统会发出警告，但如果用户达到时间期限仍未释放空间到限制的额度下，系统将不再允许该用户使用更多的空间。

2. 硬限制

硬限制指一个用户可拥有的磁盘空间或文件的绝对数量，绝对不允许超过这个限制。

12.2.2　磁盘配额的基本命令

1. edquota 命令

功能说明:编辑配额文件。

语法:

```
edquota [-u username] [-g groupname]
edquota -p username_demo -u username
```

参数:

-u,后边加用户,设定用户的 quota 值,是默认的选项。

-g,后边加组名,设定群组的 quota 值。

-t,修改限制时间。

-p,复制配额,可以将一个用户的配额值复制给另一个用户。

2. quotaon 命令

功能说明:启动配额设置。

语法:

```
quotaon [-avug]
quotaon [-vug] [/mount_point]
```

参数:

-u,针对用户的配额启动。

-g,针对组的配额启动。

-v,显示过程。

-a,开启所有 filesystem 的 quota,不加-a 的话,要指明 filesystem。

3. quotaoff 命令

功能说明:关闭配额设置。

语法:

```
quotaoff [-a]
quotaoff [-ug] [/mount_point]
```

参数:

-a,关闭所有 quota。

-u,关闭指定用户的 quota。

-g,关闭指定组的 quota。

4. xfs_quota 命令

功能说明:磁盘配额设置。

语法:

```
xfs_quota [参数]
```

参数:

-x,专家模式,后接-c 可以指定参数。

-c,后面加指令,指令如下。

➤ print,单纯列出目前主机内文件系统参数等资料。

➤ df,与正常的 df 一致。

➢ report，返回当前设置的 quota 项目。

➢ state，说明目前支持 quota 的文件系统信息。

范例：

① 设置 user 用户对/newdisk 目录的额度限制，文件大小软限制为 3 MB，硬限制为 6 MB；文件数软限制为 3 个，硬限制为 6 个。

```
[root@localhost ~]# xfs_quota -x -c 'limit bsoft = 3M bhard = 6M isoft = 3 ihard = 6 user3'/newdisk
```

② 查看配额情况：

```
[root@localhost ~]# xfs_quota -x -c report /newdisk
User quota on /newdisk (/dev/sdb1)
                              Blocks
User ID        Used         Soft         Hard      Warn/Grace
------------------------------------------------------------
root            0            0            0         00 [--------]
user            0          3072         6144       00 [--------]
```

12.3 任务准备

1. 在虚拟机上启动 Red Hat Enterprise Linux 8 系统，并打开终端。
2. 以 root 身份登录系统。
3. 保证系统有一个分区供配额使用，或者有足够的空间建立新的分区。

12.4 任务解决

磁盘配额实战

1. 添加一块 5 GB 的虚拟硬盘，建立 xfs 文件系统并挂载到目录下

目前系统中有一个 5 GB 分区/dev/sda1 挂载到/newdisk 目录下，供配额限制使用，这里我们可以看到挂载的方式是 noquota，不支持磁盘配额。

```
[root@localhost ~]# fdisk -l
    ……
Disk /dev/sda:5 GiB,5368709120 字节,10485760 个扇区
单元:扇区 / 1 * 512 = 512 字节
扇区大小(逻辑/物理):512 字节 / 512 字节
I/O 大小(最小/最佳):512 字节 / 512 字节
磁盘标签类型:dos
磁盘标识符:0x58c7b362


设备        启动    起点        末尾        扇区 大小 Id 类型
/dev/sda1           2048    10485759    10483712    5G 83 Linux


[root@localhost ~]# mount
/dev/sda1 on /newdisk type xfs (rw,relatime,seclabel,attr2,inode64,noquota)
```

2. 修改/etc/fstab 文件

把要进行配额管理的文件系统在挂载选项中添加 usrquota 和 grpquota。usrquota 表示支持用户级配额,grpquota 表示支持组级的配额,可以根据需要选择设置一个或两个。重新挂载刚才修改的文件系统,使其支持配额。

```
/dev/sda1            /newdisk       xfs       defaults,usrquota,grpquota    0 0
```

修改配置文件后要重新自动挂载生效,可以用 mount 命令检查一下挂载结果,可以看到此时分区已经支持用户配额和组配额。

```
[root@localhost ~]# umount /dev/sda1
[root@localhost ~]# mount -a
[root@localhost ~]# mount |grep sda
/dev/sda1 on /newdisk type xfs (rw,relatime,seclabel,attr2,inode64,usrquota,
grpquota)
```

3. 修改配额

用 edquota 完成用户或组配额设置或修改。

```
[root@localhost ~]# edquota -u user
```

这时打开的是一个编辑界面,可以修改相关配额。配额文件格式说明:第一行是自动添加的行,不能删除。

Disk quotas for user user (uid 1000):						
Filesystem	blocks	soft	hard	inodes	soft	hard
/dev/sda1	0	102400	204800	0	5	10

- ➢ filesystem:正在设置的文件系统,不要修改或删除。
- ➢ block:当前已经使用的磁盘空间、块个数,块的大小为 1 KB(不能修改)。
- ➢ soft(第一个):软磁盘空间限制,表示用户可以使用的磁盘空间大小,单位为 KB。可以有 7 天(默认)的超越,过后自动转为硬限制,不限制设置为 0。
- ➢ hard(第一个):硬配额限制,不能超越,表示用户可以使用的最大磁盘空间,单位为 KB,不限制设置为 0。
- ➢ inodes:当前文件个数(不能修改)。
- ➢ soft(第二个):软磁盘空间限制,可以有 7 天(默认)的超越,表示用户可以创建的文件个数,包括目录。
- ➢ hard(第二个):硬配额限制,不能超越,表示用户可以创建的文件个数。

4. 启动磁盘配额监控进程

```
[root@localhost ~]# quotaon -uv /dev/sda1
quotaon:Enforcing user quota already on /dev/sda1    #到此为止,磁盘配额已经完成
```

5. 测试配额

(1) 文件大小配额测试

```
[root@localhost ~]# chmod 777 /newdisk       #修改目录权限,任何人可读、写、执行
[root@localhost ~]# cd /newdisk
[root@localhost newdisk]# su user            # 切换到 user 用户
[user@localhost newdisk]$ ls                 # 目录下没有文件
[user@localhost newdisk]$
```

```
[root@localhost ~]# su- user    #切换到限制的用户,注意权限的设置
Last login: Mon Jan  8 21:56:43 CST 2021 on pts/0

#先建立第一个 80 MB 的文件
[user@localhost newdisk]$ dd if = /dev/zero of = /newdisk/file1 bs = 1M count = 80
记录了 80 + 0 的读入
记录了 80 + 0 的写出
83886080 bytes (84 MB, 80 MiB) copied, 0.315964 s, 265 MB/s

#再建立第二个 80 MB 的文件
[user@localhost newdisk]$ dd if = /dev/zero of = /newdisk/file2 bs = 1M count = 80
记录了 80 + 0 的读入
记录了 80 + 0 的写出
83886080 bytes (84 MB, 80 MiB) copied, 0.306402 s, 274 MB/s
[user@localhost newdisk]$ ls
file1   file2

#再建立第三个 80 MB 的文件,这时系统显示超出配额,文件只建立了 40 MB
[user@localhost newdisk]$ dd if = /dev/zero of = /newdisk/file3 bs = 1M count = 80
dd: 写入'/newdisk/file3' 出错: 超出磁盘限额
记录了 41 + 0 的读入
记录了 40 + 0 的写出
41943040 bytes (42 MB, 40 MiB) copied, 0.117993 s, 355 MB/s
[user@localhost newdisk]$ ls -l
总用量 204800
-rw-rw-r--. 1 user user 83886080 2 月    25 02:04 file1
-rw-rw-r--. 1 user user 83886080 2 月    25 02:04 file2
-rw-rw-r--. 1 user user 41943040 2 月    25 02:05 file3
```

（2）文件数配额测试

先删除/newdisk 下的文件,再重新建立 10 个文件,第 11 个文件建立时显示超出配额。

```
[user@localhost newdisk]$ rm *
[user@localhost newdisk]$ ls
[user@localhost newdisk]$ touch file{1,2,3,4,5}
[user@localhost newdisk]$ ll
总用量 0
-rw-rw-r--. 1 user user 0 2 月    25 02:16 file1
-rw-rw-r--. 1 user user 0 2 月    25 02:16 file2
-rw-rw-r--. 1 user user 0 2 月    25 02:16 file3
-rw-rw-r--. 1 user user 0 2 月    25 02:16 file4
-rw-rw-r--. 1 user user 0 2 月    25 02:16 file5
```

```
[user@localhost newdisk]$ touch file{6,7,8,9,10}
[user@localhost newdisk]$ ll
总用量 0
-rw-rw-r--. 1 user user 0 2月    25 02:16 file1
-rw-rw-r--. 1 user user 0 2月    25 02:17 file10
-rw-rw-r--. 1 user user 0 2月    25 02:16 file2
-rw-rw-r--. 1 user user 0 2月    25 02:16 file3
-rw-rw-r--. 1 user user 0 2月    25 02:16 file4
-rw-rw-r--. 1 user user 0 2月    25 02:16 file5
-rw-rw-r--. 1 user user 0 2月    25 02:17 file6
-rw-rw-r--. 1 user user 0 2月    25 02:17 file7
-rw-rw-r--. 1 user user 0 2月    25 02:17 file8
-rw-rw-r--. 1 user user 0 2月    25 02:17 file9
[user@localhost newdisk]$ touch file11
touch：无法创建 'file11'：超出磁盘限额
```

6. 显示磁盘配额使用状态

```
[user@localhost newdisk]$ su -            #回到 root 用户才能查看
密码：
[root@localhost ~]#
[root@localhost newdisk]# repquota -a
* * * Report for user quotas on device /dev/sda1
Block grace time：7days；Inode grace time：7days
```

User		Block limits				File limits		
	used	soft	hard	grace	used	soft	hard	grace
root	--	0	0	0		3	0	0	
user	-+	0	102400	204800		10	5	10	6days

7. 关闭配额限制

```
[root@localhost ~]# quotaoff  -uv /dev/sda1
Disabling user quota enforcement on /dev/sda1
/dev/sda1：user quotas turned off
```

8. 修改软配额的最大超越时间

```
[root@localhost ~]# edquota -t
```

修改用户软配额超越的最大天数,也就是用户超过 soft 的限制后,系统允许在设定的时间范围内继续超越。容量限制和文件节点数限制默认是 7 天,可以按照需要分别修改。

```
race period before enforcing soft limits for users：
Time units may be：days, hours, minutes, or seconds
  Filesystem              Block grace period        Inode grace period
  /dev/sda1                    7days                     7days
```

9. 复制 quota 资料到 user1 用户

```
[root@localhost ~]# edquota -p user user1
```

12.5　任务扩展练习

1. 在系统中增加一个 10＊＊MB 的分区,建立 /user＊＊目录,把新分区挂载到此文件夹下,建立用户 user＊＊,建立/user＊＊对此用户的文件数配额限制,软限制为 8 个文件,硬限制为 10 个文件,验证结果。

2. 在系统中增加一个 5＊＊M 分区,建立/user1＊＊目录,把新分区挂到此文件夹下,对用户 user＊＊,建立对目录的使用容量大小配额限制,软限制为 200 MB,硬限制为 500 MB,验证结果。

3. 建立用户 user2＊＊、user3＊＊,把 user＊＊的配额复制给他们。

任务 13　用逻辑卷管理磁盘

Linux 提供的逻辑卷管理(Logical Volume Manager,LVM)是 Linux 系统对硬盘分区进行管理的一种机制,理论性较强,其创建初衷是为了解决硬盘设备在创建分区后不易修改分区大小的缺陷,允许用户对硬盘资源进行动态调整。LVM 在硬盘分区和文件系统之间添加了一个逻辑层,它提供了一个抽象的卷组,可以把多块硬盘进行卷组合并。这样一来,用户不必关心物理硬盘设备的底层架构和布局,就可以实现对硬盘分区的动态调整。本次任务的目的就是使读者能够使用逻辑卷管理系统,来解决动态分配磁盘空间的问题。

13.1　任务描述

添加两块 5 GB 大小的硬盘,硬盘使用 LVM,把两块硬盘生成物理卷,组成卷组 uservg,在卷组下创建 6 GB 的逻辑卷 userlv1。把逻辑卷 userlv1 增加 1 GB,然后再减少3 GB,同时文件系统也跟着增大或减小。

13.2　引 导 知 识

13.2.1　LVM 的工作原理

逻辑卷管理介绍

LVM 是 Linux 环境下对磁盘分区进行管理的一种机制,LVM 是建立在硬盘和分区之上的一个逻辑层,用来提高磁盘分区管理的灵活性。通过 LVM 系统管理员可以轻松管理磁盘分区,例如,将若干个磁盘分区连接为一个整块的卷组(volume group),形成一个存储池。管理员可以在卷组上随意创建逻辑卷组(logical volume),并进一步在逻辑卷组上创建文件系统。管理员通过 LVM 可以方便地调整存储卷组的大小,并且可以对磁盘存储按照组的方式进行命名、管理和分配,而且当系统添加了新的磁盘后,LVM 管理员就不必将磁盘的文件移动到新的磁盘上,直接扩展文件系统跨越磁盘即可。

LVM 是一种把硬盘驱动器空间分配成逻辑卷的方法,这样硬盘就不必使用分区而被简易地重划大小。物理卷被合并成逻辑卷组(logical volume group),唯一例外的是 /boot 分区。/boot分区不能位于逻辑卷组,因为引导装载程序无法读取它。如果想把/分区放在逻辑卷上,需要创建一个分开的 /boot 分区,它不属于卷组的一部分。

13.2.2　LVM 的名词与术语

LVM 是在磁盘分区和文件系统之间添加的一个逻辑层,来为文件系统屏蔽下层磁盘分区布局,提供一个抽象的盘卷,在盘卷上建立文件系统。下面介绍 LVM 相关术语。

1. 物理存储介质(physical media)

这里指系统的存储设备(磁盘、磁盘分区),如/dev/sda、/dev/nvme0n1p1、/dev/sda1 等,是存储系统最底层的存储单元。

2. 物理卷（physical volume）

物理卷就是指硬盘分区或从逻辑上与磁盘分区具有同样功能的设备（如 RAID），是 LVM 的基本存储逻辑块，但和基本的物理存储介质（如分区、磁盘等）比较，却包含与 LVM 相关的管理参数。

3. 卷组（volume group）

LVM 卷组类似于非 LVM 系统中的物理硬盘，其由物理卷组成。可以在卷组上创建一个或多个"LVM 分区"（逻辑卷），LVM 卷组由一个或多个物理卷组成。

4. 逻辑卷（logical volume）

LVM 的逻辑卷类似于非 LVM 系统中的硬盘分区，在逻辑卷之上可以建立文件系统（比如 /home 或者/usr 等）。

5. PE

每一个物理卷都被划分为称为 PE（Physical Extent）的基本单元，具有唯一编号的 PE 是可以被 LVM 寻址的最小单元。PE 的大小是可配置的，默认为 4 MB。

6. LE

逻辑卷也被划分为称为 LE（Logical Extent）的可被寻址的基本单位。在同一个卷组中，LE 的大小和 PE 是相同的，并且一一对应。

从图 13-1 可以看出，物理卷可以是一块磁盘，也可以是一个磁盘分区，还可以是一个虚拟磁盘或分区。一个卷组由一个或多个物理卷组成，逻辑卷建立在卷组上。首先可以看到，物理卷由大小相同的基本单元 PE 组成。逻辑卷相当于非 LVM 系统的磁盘分区，可以在其上创建文件系统，PE 和 LE 有着一一对应的关系。

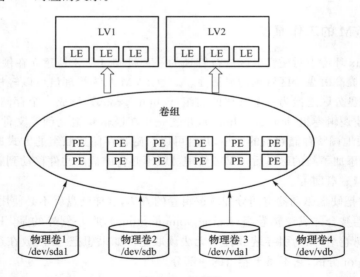

图 13-1　逻辑卷

系统启动 LVM 时激活 VG，并将 VGDA（卷组描述符区域）加载至内存，来识别 LV 的实际物理存储位置。当系统进行 I/O 操作时，就会根据 VGDA 建立的映射机制来访问实际的物理位置，部署 LVM 常用的命令如表 13-1 所示。

表 13-1　常用的 LVM 命令

功能/命令	物理卷管理	卷组管理	逻辑卷管理
扫描	pvscan	vgscan	lvscan
建立	pvcreate	vgcreate	lvcreate
显示	pvdisplay	vgdisplay	lvdisplay
删除	pvremove	vgremove	lvremove
扩展		vgextend	lvextend
缩小		vgreduce	lvreduce

　　当 Red Hat Enterprise Linux 8 以默认方式安装完成后,系统的磁盘管理就是以 LVM 的方式进行的,固态硬盘/dev/nvme0n1 分为两个分区,启动的引导分区没有用 LVM,而是普通的 Linux 文件系统,/dev/nvme0n1p2 分区使用了 LVM 管理,分成了 Disk /dev/mapper/rhel-root 和 Disk /dev/mapper/rhel-swap 两个逻辑卷,一个作为/分区,另一个作为 swap 分区。

```
[root@localhost ~]# fdisk -l
Disk /dev/nvme0n1:20 GiB,21474836480 字节,41943040 个扇区
单元:扇区 / 1 * 512 = 512 字节
扇区大小(逻辑/物理):512 字节 / 512 字节
I/O 大小(最小/最佳):512 字节 / 512 字节
磁盘标签类型:dos
磁盘标识符:0x868884c7


设备              启动  起点      末尾      扇区      大小 Id 类型
/dev/nvme0n1p1  *     2048    2099199  2097152   1G   83 Linux
/dev/nvme0n1p2        2099200 41943039 39843840  19G  8e Linux LVM


Disk /dev/mapper/rhel-root:17 GiB,18249416704 字节,35643392 个扇区
单元:扇区 / 1 * 512 = 512 字节
扇区大小(逻辑/物理):512 字节 / 512 字节
I/O 大小(最小/最佳):512 字节 / 512 字节


Disk /dev/mapper/rhel-swap:2 GiB,2147483648 字节,4194304 个扇区
单元:扇区 / 1 * 512 = 512 字节
扇区大小(逻辑/物理):512 字节 / 512 字节
I/O 大小(最小/最佳):512 字节 / 512 字节
```

13.3　任务准备

1. 在虚拟机上启动 Red Hat Enterprise Linux 8 系统,并打开终端。
2. 以 root 身份登录系统。
3. 保证在虚拟机中有足够的空间来添加虚拟硬盘。

13.4　任务解决

逻辑卷管理实战

配置步骤如下。

① 确定系统中是否安装了 lvm 工具。

```
[root@localhost ~]# rpm -qa|grep lvm
libblockdev-lvm-2.19-7.el8.x86_64
llvm-libs-7.0.1-1.module+el8+2560+c32c7af1.x86_64
lvm2-libs-2.03.02-6.el8.x86_64
udisks2-lvm2-2.8.0-2.el8.x86_64
lvm2-2.03.02-6.el8.x86_64
```

② 增加两个 5 GB 大小的磁盘,先看看它们的原始信息。

```
[root@localhost ~]# fdisk -l
Disk /dev/nvme0n1:20 GiB,21474836480 字节,41943040 个扇区
单元:扇区 / 1 * 512 = 512 字节
扇区大小(逻辑/物理):512 字节 / 512 字节
I/O 大小(最小/最佳):512 字节 / 512 字节
磁盘标签类型:dos
磁盘标识符:0x868884c7


设备              启动      起点      末尾      扇区        大小   Id   类型
/dev/nvme0n1p1  *          2048   2099199   2097152      1G   83   Linux
/dev/nvme0n1p2           2099200  41943039 39843840     19G   8e   Linux LVM


Disk /dev/mapper/rhel-root:17 GiB,18249416704 字节,35643392 个扇区
单元:扇区 / 1 * 512 = 512 字节
扇区大小(逻辑/物理):512 字节 / 512 字节
I/O 大小(最小/最佳):512 字节 / 512 字节


Disk /dev/mapper/rhel-swap:2 GiB,2147483648 字节,4194304 个扇区
单元:扇区 / 1 * 512 = 512 字节
扇区大小(逻辑/物理):512 字节 / 512 字节
I/O 大小(最小/最佳):512 字节 / 512 字节


Disk /dev/sda:5 GiB,5368709120 字节,10485760 个扇区
单元:扇区 / 1 * 512 = 512 字节
扇区大小(逻辑/物理):512 字节 / 512 字节
I/O 大小(最小/最佳):512 字节 / 512 字节
```

Disk /dev/sdb:5 GiB,5368709120 字节,10485760 个扇区
单元:扇区 / 1 * 512 = 512 字节
扇区大小(逻辑/物理):512 字节 / 512 字节
I/O 大小(最小/最佳):512 字节 / 512 字节
512 bytes / 512 bytes

③ 创建物理卷。

```
[root@localhost ~]# pvcreate /dev/sda /dev/sdb
  Physical volume "/dev/sda" successfully created.
  Physical volume "/dev/sdb" successfully created.
```

④ 查看物理卷,可以用 pvscan 和 pvdisplay 两个命令,这里的/dev/nvme0n1p2 是系统原来的固态硬盘。

```
[root@localhost ~]# pvscan
  PV /dev/nvme0n1p2    VG rhel          lvm2 [< 19.00 GiB / 0      free]
  PV /dev/sda                           lvm2 [5.00 GiB]
  PV /dev/sdb                           lvm2 [5.00 GiB]
  Total: 3 [< 29.00 GiB] / in use: 1 [< 19.00 GiB] / in no VG: 2 [10.00 GiB]


[root@localhost ~]# pvdisplay
  --- Physical volume ---
  PV Name                /dev/nvme0n1p2
  VG Name                rhel
  PV Size                < 19.00 GiB / not usable 3.00 MiB
  Allocatable            yes (but full)
  PE Size                4.00 MiB
  Total PE               4863
  Free PE                0
  Allocated PE           4863
  PV UUID                dz07IH-UIWb-v7tx-1zhF-wwFR-4TY0-uRv1S9


  "/dev/sda" is a new physical volume of "5.00 GiB"
  --- NEW Physical volume ---
  PV Name                /dev/sda
  VG Name
  PV Size                5.00 GiB
  Allocatable            NO
  PE Size                0
  Total PE               0
  Free PE                0
  Allocated PE           0
```

```
        PV UUID                AFeHMM-BRPE-AmdA-HjOE-72b9-doKN-SGxIPB
```

"/dev/sdb" is a new physical volume of "5.00 GiB"

```
    --- NEW Physical volume ---
    PV Name                /dev/sdb
    VG Name
    PV Size                5.00 GiB
    Allocatable            NO
    PE Size                0
    Total PE               0
    Free PE                0
    Allocated PE           0
    PV UUID                B2VUBP-ho3j-Cgaa-KA02-vs40-8eN0-z3HaFV
```

⑤ 创建卷组,创建卷组后可以看到 PE 默认的大小为 4 MB。

```
[root@localhost ~]# vgcreate uservg /dev/sda /dev/sdb
    Volume group "uservg" successfully created
[root@localhost ~]# vgscan
    Reading all physical volumes.   This may take a while...
    Found volume group "rhel" using metadata type lvm2
    Found volume group "uservg" using metadata type lvm2
[root@localhost ~]# vgdisplay
......
    --- Volume group ---
    VG Name                uservg
    System ID
    Format                 lvm2
    Metadata Areas         2
    Metadata Sequence No   4
    VG Access              read/write
    VG Status              resizable
    MAX LV                 0
    Cur LV                 1
    Open LV                0
    Max PV                 0
    Cur PV                 2
    Act PV                 2
    VG Size                9.99 GiB
    PE Size                4.00 MiB
    Total PE               2558
    Alloc PE / Size        1536 / 6.00 GiB
```

Free　PE／Size	1022／3.99 GiB
VG UUID	IOeiP5-tCET-VP6B-xhWo-Icjy-ItwK-2qAc2A

⑥　从卷组中删除一个物理卷（系统盘本身也是用 LVM 的，卷组为 rhel）。

```
[root@localhost ~]# vgreduce uservg /dev/sdb
    Removed "/dev/sdb" from volume group "uservg"
[root@localhost ~]# pvscan
    PV /dev/nvme0n1p2    VG rhel        lvm2 [< 19.00 GiB / 0      free]
    PV /dev/sda          VG uservg      lvm2 [< 5.00 GiB / < 5.00 GiB free]
    PV /dev/sdb                         lvm2 [5.00 GiB]
    Total: 3 [28.99 GiB] / in use: 2 [23.99 GiB] / in no VG: 1 [5.00 GiB]
```

⑦　增加一个物理卷。

```
[root@localhost ~]# vgextend uservg /dev/sdb
    Volume group "uservg" successfully extended
[root@localhost ~]# pvscan
    PV /dev/nvme0n1p2    VG rhel        lvm2 [< 19.00 GiB / 0      free]
    PV /dev/sda          VG uservg      lvm2 [< 5.00 GiB / < 5.00 GiB free]
    PV /dev/sdb          VG uservg      lvm2 [< 5.00 GiB / < 5.00 GiB free]
    Total: 3 [< 28.99 GiB] / in use: 3 [< 28.99 GiB] / in no VG: 0 [0      ]
```

⑧　创建逻辑卷有两种方式。第一种以容量为单位，所使用的参数为-L。例如，使用-L 1G 生成一个大小为 1 GB 的逻辑卷，默认的单位为 MB。另一种是以基本单元的 PE 个数为单位的，所使用的参数为-l。每个基本单元的大小都默认为 4 MB。例如，使用-l 200 可以生成一个大小为 200×4 MB＝800 MB 的逻辑卷。

```
[root@localhost ~]# lvcreate -n userlv1 -L 6G uservg
    Logical volume "userlv1" created.
[root@localhost ~]# lvscan
    ACTIVE            '/dev/rhel/swap' [2.00 GiB] inherit
    ACTIVE            '/dev/rhel/root' [< 17.00 GiB] inherit
    ACTIVE            '/dev/uservg/userlv1' [6.00 GiB] inherit
[root@localhost ~]# lvdisplay
    ……
    --- Logical volume ---
    LV Path                /dev/uservg/userlv1
    LV Name                userlv1
    VG Name                uservg
    LV UUID                WDNyge-rM74-8XTQ-cxJw-4IiI-xMWq-4v1yl1
    LV Write Access        read/write
    LV Creation host, time localhost.localdomain, 2021-02-17 22:47:07 -0500
    LV Status              available
    # open                 0
    LV Size                6.00 GiB
```

Current LE	1536
Segments	2
Allocation	inherit
Read ahead sectors	auto
- currently set to	8192
Block device	253:2

......

⑨ 建立文件系统(格式化)。Linux系统会把LVM中的逻辑卷设备存放在/dev设备目录中(实际上是做了一个符号链接),同时会以卷组的名称来建立一个目录,其中保存了逻辑卷的设备映射文件(即/dev/卷组名称/逻辑卷名称)。我们把逻辑卷格式化成Ext4类型。

```
[root@localhost ~]# mkfs.ext4 /dev/uservg/userlv1
mke2fs 1.44.3 (10-July-2018)
创建含有 1572864 个块(每块 4k)和 393216 个 inode 的文件系统
文件系统 UUID:5ba29286-6ca1-4a4b-80a5-0d0b8fc2fcf4
超级块的备份存储于下列块:
    32768,98304,163840,229376,294912,819200,884736


正在分配组表:完成
正在写入 inode 表:完成
创建日志(16384 个块)完成
写入超级块和文件系统账户统计信息:已完成
```

⑩ 挂载逻辑卷,挂载完成后逻辑卷的表示为"/dev/mapper/卷组名-逻辑卷名"。

```
[root@localhost ~]# mkdir /userlv1
[root@localhost ~]# mount /dev/uservg/userlv1 /userlv1
[root@localhost ~]# df -h /userlv1
文件系统                     容量  已用  可用  已用%  挂载点
/dev/mapper/uservg-userlv1   5.9G  24M   5.6G   1%    /userlv1
```

⑪ 自动加载文件系统。

```
[root@localhost ~]#  echo "/dev/uservg/userlv1 /userlv1   ext4 defaults 0 0" >>
/etc/fstab
[root@localhost ~]#  tail -1 /etc/fstab
/dev/uservg/userlv1 /userlv1   ext4 defaults 0 0
```

⑫ 把逻辑卷 userlv1 增加 1 GB。把 userlv1 增加 1 GB 后我们会看到逻辑卷增加了,可是文件系统的大小没有改变。注意,这里我们需要检查磁盘完整性和重置磁盘容量。

```
[root@localhost ~]# lvextend -L +1G /dev/uservg/userlv1
    Size of logical volume uservg/userlv1 changed from 6.00 GiB (1536 extents) to
7.00 GiB (1792 extents).
    Logical volume uservg/userlv1 successfully resized.    #增加 1 GB 操作成功
[root@localhost ~]# lvscan
    ACTIVE        '/dev/rhel/swap'[2.00 GiB] inherit
```

```
        ACTIVE          '/dev/rhel/root'[<17.00 GiB] inherit
        ACTIVE          '/dev/uservg/userlv1'[7.00 GiB] inherit      #逻辑卷增加了1 GB


[root@localhost ～]# df -h /userlv1
文件系统                         容量   已用   可用   已用%   挂载点
/dev/mapper/uservg-userlv1      5.9G   24M   5.6G    1%    /userlv1
                                                              #文件系统没有增加1 GB


[root@localhost ～]# umount  /dev/uservg/userlv1          #卸载文件系统
[root@localhost ～]# e2fsck -f /dev/uservg/userlv1        #检查磁盘完整性
e2fsck 1.44.3 (10-July-2018)
第1步:检查 inode、块和大小
第2步:检查目录结构
第3步:检查目录连接性
第4步:检查引用计数
第5步:检查组概要信息
/dev/uservg/userlv1:11/393216 文件(0.0% 为非连续的), 47214/1572864 块


[root@localhost ～]# resize2fs /dev/uservg/userlv1      #重置磁盘大小
resize2fs 1.44.3 (10-July-2018)
将 /dev/uservg/userlv1 上的文件系统调整为 1835008 个块(每块 4k)。
/dev/uservg/userlv1 上的文件系统现在为 1835008 个块(每块 4k)。


[root@localhost ～]# mount-a                            #重新挂载文件系统


[root@localhost ～]# df -h /userlv1
文件系统                         容量   已用   可用  已用%  挂载点
/dev/mapper/uservg-userlv1      6.9G   27M   6.5G   1%  /userlv1
                                                         #文件系统大小增加1 GB成功
```

说明:在 xfs 文件系统中,只需要在增加逻辑卷命令后运行"xfs_growfs /dev/uservg/userlv1",即可增加文件系统的大小了。

⑬ 把逻辑卷 userLV1 减少 3 GB。

注意:逻辑卷只能增大或减少 $4n$ MB(n 为正整数),逻辑卷和文件系统减小时要先重置文件系统到指定大小,设置逻辑卷到指定大小。可以用 resize2fs 命令加上重置的大小,例如:

```
# resize2fs /dev/uservg/userlv1 700M
```

一般情况下,为了避免磁盘的数据遭到破坏,通常不会减少逻辑卷和文件系统,另外 xfs 文件系统是不支持减小的。

```
[root@localhost ~]# umount /userlv1                    #卸载文件系统

[root@localhost ~]# e2fsck -f /dev/uservg/userlv1      #检查磁盘完整性
e2fsck 1.44.3 (10-July-2018)
第 1 步:检查 inode、块和大小
第 2 步:检查目录结构
第 3 步:检查目录连接性
第 4 步:检查引用计数
第 5 步:检查组概要信息
/dev/uservg/userlv1:11/458752 文件(0.0% 为非连续的), 52095/1835008 块

[root@localhost ~]# resize2fs /dev/uservg/userlv1 4G  #重置文件系统大小
resize2fs 1.44.3 (10-July-2018)
将 /dev/uservg/userlv1 上的文件系统调整为 1048576 个块(每块 4k)。
/dev/uservg/userlv1 上的文件系统现在为 1048576 个块(每块 4k)。

[root@localhost ~]#  lvreduce -L -3G /dev/uservg/userlv1   #减小逻辑卷
  WARNING: Reducing active logical volume to 4.00 GiB.
  THIS MAY DESTROY YOUR DATA (filesystem etc.)
Do you really want to reduce uservg/userlv1? [y/n]: y
  Size of logical volume uservg/userlv1 changed from 7.00 GiB (1792 extents) to
4.00 GiB (1024 extents).
  Logical volume uservg/userlv1 successfully resized.

[root@localhost ~]# mount -a                   #重新执行 fstab 文件进行系统挂载

[root@localhost ~]# lvscan                      #查看逻辑卷大小
  ACTIVE              '/dev/rhel/swap' [2.00 GiB] inherit
  ACTIVE              '/dev/rhel/root' [< 17.00 GiB] inherit
  ACTIVE              '/dev/uservg/userlv1' [4.00 GiB] inherit
[root@localhost ~]# df -h /userlv1             #查看文件系统大小
文件系统                         容量  已用  可用 已用% 挂载点
/dev/mapper/uservg-userlv1    3.9G  24M  3.7G    1% /userlv1
```

⑭ 删除一个逻辑卷。

```
root@localhost ~]# lvremove /dev/uservg/userlv1
Do you really want to remove active logical volume uservg/userlv1? [y/n]: y
  Logical volume "userlv1" successfully removed
[root@localhost ~]# lvscan
  ACTIVE              '/dev/rhel/swap' [2.00 GiB] inherit
  ACTIVE              '/dev/rhel/root' [< 17.00 GiB] inherit
```

注意：删除逻辑卷后，根据需要删除卷组和物理卷。

13.5　任务扩展练习

1. 在系统中添加两个大小分别为 4 GB、6 GB 的磁盘，创建物理卷。

2. 把物理卷共同组成一个卷组：user＊＊vg。

3. 从卷组中删除第二个物理卷，然后再添加回去。

4. 在 user＊＊vg 中划分出 2 个大小为 2 GB、4 GB 的逻辑卷：user＊＊lv1、user＊＊lv2。

5. 将逻辑卷格式化成 Ext4 的类型，分别挂载到/mnt/user＊＊lv1、/mnt/user ＊＊lv2 目录下。

6. 删除一个逻辑卷 user＊＊lv2，再创建一个 3 GB 的逻辑卷 user＊＊lv3，将 user＊＊lv3 格式化成 xfs 类型，挂载到/mnt/user＊＊lv3 目录下。

7. 把逻辑卷 user＊＊lv3 增加 800 MB，把逻辑卷 user＊＊LV1 减少 1 GB，同时文件系统跟着改变。

8. 删除新添加的两个物理卷。

任务 14　用软 RAID 管理磁盘

RAID 技术的设计初衷是减少因为采购硬盘设备带来的费用支出,但是与数据本身的价值相比较,现代企业更看重的则是 RAID 技术所具备的冗余备份机制以及带来的硬盘吞吐量的提升。也就是说,RAID 不仅降低了硬盘设备损坏后丢失数据的概率,还提升了硬盘设备的读写速度,所以它在绝大多数运营商或大中型企业中得以广泛部署和应用。本次任务的目的就是让读者能够了解磁盘阵列的相关原理,并能够通过 Linux 系统自带的软件创建 RAID 0、RAID 1、RAID 5 磁盘阵列。

14.1　任务描述

利用 4 块 SCSI 硬盘做 RAID 实验,分别为/dev/sda、/dev/sdb、/dev/sdc、/dev/sdd,要求如下。

1. 使用/dev/sda1、/dev/sdb1、/dev/sdc1(大小全为 100 MB)来创建 RAID 0。

2. 使用/dev/sda2、/dev/sdb2、/dev/sdc2(大小全为 100 MB)来创建 RAID 1,其中 sdd2 作为热备份设备。

3. 使用/dev/sda3、/dev/sdb3、/dev/sdc3、/dev/sdd3(大小全为 100 MB)来创建 RAID 5,其中 sdd4 作为热备份设备。

14.2　引导知识

14.2.1　RAID 种类及其工作原理

RAID 介绍

RAID(Redundant Arrays of Independent Disks,独立磁盘冗余阵列)有时也简称磁盘阵列(disk array)。

简单地说,RAID 把多块独立的硬盘(物理硬盘)按不同的方式组合起来形成一个硬盘组(逻辑硬盘),从而提供比单个硬盘更高的存储性能和数据备份技术。组成磁盘阵列的不同方式称为 RAID 级别(RAID level)。数据备份的功能是用户数据一旦发生损坏后,利用备份信息可以使损坏数据得以恢复,从而保障了用户数据的安全性。在用户看来,组成的磁盘组就像是一个硬盘,用户可以对它进行分区、格式化等。总之,对磁盘阵列的操作与单个硬盘一模一样。不同的是,磁盘阵列的存储速度要比单个硬盘快很多,而且可以提供自动数据备份。

RAID 技术的两大特点:一是速度快,二是安全。由于这两项优点,RAID 技术早期被应用于高级服务器 SCSI 接口的硬盘系统中,随着近年计算机技术的发展,PC 的 CPU 速度已进入吉赫兹时代,PC 的硬盘开发者也不甘落后,相继推出了 IDE、SATA 接口硬盘及固态硬盘。这就使得 RAID 技术被应用于中低档甚至个人 PC 上成为可能。RAID 通常是由在硬盘阵列中的 RAID 控制器或计算机中的 RAID 卡来实现的。

RAID 技术经过不断的发展,现在已拥有了从 RAID 0 到 RAID 6 共 7 种基本的 RAID 级别。另外,还有一些基本 RAID 级别的组合形式,如 RAID 10(RAID 0 与 RAID 1 的组合)、RAID 50(RAID 0 与 RAID 5 的组合)。除此之外还有 RAID 6、RAID 7、RAID 5E、RAID 5EE、RAID 1E、RAID DP 等高级别磁盘 RAID 技术。不同 RAID 级别代表着不同的存储性能、数据安全性和存储成本,但最为常用的是下面的几种 RAID 形式。

1. RAID 0

RAID 0 又称为 Stripe 或 Striping(条带化),它代表了所有 RAID 级别中最高的存储性能。RAID 0 提高存储性能的原理是把连续的数据分散到多个磁盘上进行存取,这样系统有数据请求就可以被多个磁盘并行执行,每个磁盘都执行属于它自己的那部分数据请求。这种数据上的并行操作可以充分利用总线的带宽,显著提高磁盘整体存取性能。

如图 14-1 所示,系统两块磁盘组成的逻辑硬盘(RAID 0 磁盘组)发出的 I/O 数据请求被转化为 2 项操作,其中的每一项操作都对应一块物理硬盘。我们从图 14-1 中可以清楚地看到,通过建立 RAID 0,原先顺序的数据请求被分散到 2 块硬盘中同时执行。从理论上讲,2 块硬盘的并行操作使同一时间内磁盘读写速度提升了 2 倍。但由于总线带宽等多种因素的影响,实际的提升速率肯定会低于理论值。但是,大量数据并行传输与串行传输比较,提速效果显著。

RAID 0 的缺点是不提供数据冗余,因此一旦用户数据损坏,损坏的数据将无法得到恢复。RAID 0 具有的特点使其特别适用于对性能要求较高,而对数据安全不太在乎的领域。对于个人用户,RAID 0 也是提高硬盘存储性能的绝佳选择。

2. RAID 1

RAID 1 又称为 Mirror 或 Mirroring(镜像),它的宗旨是最大限度地保证用户数据的可用性和可修复性。RAID 1 的操作方式是把用户写入硬盘的数据百分之百地自动复制到另外一个硬盘上。

如图 14-2 所示,当读取数据时,系统先从 Disk 0 的源盘读取数据,如果读取数据成功,则系统不去管备份盘上的数据;如果读取源盘数据失败,则系统自动转而读取备份盘上的数据,不会造成用户工作任务的中断。当然,我们应当及时地更换损坏的硬盘并利用备份数据重新建立 Mirror,避免备份盘在发生损坏时,造成不可挽回的数据损失。

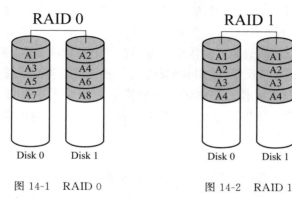

图 14-1　RAID 0　　　　　图 14-2　RAID 1

由于对存储的数据进行百分之百的备份,在所有RAID级别中,RAID 1提供最高的数据保护。Mirror的磁盘空间利用率低,存储成本高。Mirror虽不能提高存储性能,但由于其具有高数据安全性,使其尤其适用于存放重要数据,如服务器和数据库存储等领域。

3. RAID 0+1

正如其名字一样RAID 0+1是RAID 0和RAID 1的组合形式。

以4个磁盘组成的RAID 0+1为例,其数据存储方式如图14-3所示。RAID 0+1是存储性能和数据安全兼顾的方案。它在提供与RAID 1一样的数据安全保障的同时,也提供了与RAID 0近似的存储性能。

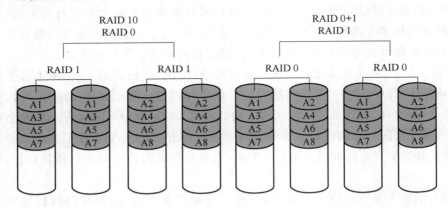

图14-3　RAID 10 和 RAID 0+1

由于RAID 0+1也通过数据的100%备份功能提供数据安全保障,因此RAID 0+1的磁盘空间利用率与RAID 1相同,存储成本高。RAID 0+1的特点使其特别适用于既有大量数据需要存取,同时又对数据安全性要求严格的领域,如银行、金融、商业超市、仓储库房、各种档案管理等。

另外还有一种RAID 10(或称为RAID 1+0)级别,其磁盘组成的顺序与RAID 0+1不同,如图14-3所示,但在功能上两者基本相同。

4. RAID 3

RAID 3把数据分成多个“块”,按照一定的容错算法,存放在$N+1$个硬盘上,实际数据占用的有效空间为N个硬盘的空间总和,而第$N+1$个硬盘上存储的数据是校验容错信息,当这$N+1$个硬盘中的一个硬盘出现故障时,根据其他N个硬盘中的数据也可以恢复原始数据。这样仅使用这N个硬盘也可以带伤继续工作(如采集和回放素材),当更换一个新硬盘后,系统可以重新恢复完整的校验容错信息。由于在一个硬盘阵列中,多于一个硬盘同时出现故障的概率很小,所以一般情况下,使用RAID 3安全性是可以得到保障的。与RAID 0相比,RAID 3在读写速度方面相对较慢。使用的容错算法和分块大小决定RAID使用的应用场合,在通常情况下,RAID 3比较适合大文件类型且安全性要求较高的应用,如视频编辑、硬盘播出机、大型数据库等。

5. RAID 5

RAID 5是一种存储性能、数据安全和存储成本兼顾的存储解决方案。以4个硬盘组成的RAID 5为例,其数据存储方式如图14-4所示,A_P为A_1、A_2和A_3的奇偶校验信息,其他以此类推。由图14-4可以看出,RAID 5不对存储的数据进行备份,而是把数据和相对应的奇偶校验信息存储到组成 RAID 5 的各个磁盘上,并且奇偶校验信息和相对应的数据分别存储于不同的磁盘上。当 RAID 5 的一个磁盘数据发生损坏后,可利用剩下的数据和相应的奇偶校验信息去恢复被损坏的数据。

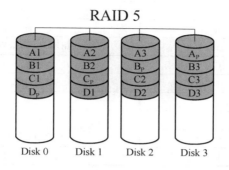

图 14-4　RAID 5

RAID 5 可以理解为是 RAID 0 和 RAID 1 的折衷方案。RAID 5 可以为系统提供数据安全保障,但保障程度要比 Mirror 低,而磁盘空间利用率要比 Mirror 高。RAID 5 具有和 RAID 0 相近似的数据读取速度,只是多了一个奇偶校验信息,写入数据的速度比对单个磁盘进行写入操作稍慢。同时由于多个数据对应一个奇偶校验信息,所以 RAID 5 的磁盘空间利用率要比 RAID 1 高,存储成本相对较低。

6. RAID 6

RAID 6(independent data disks with two independent distributed parity schemes,带有两个独立分布式校验方案的独立数据磁盘)是由一些大型企业提出来的私有 RAID 级别标准。这种 RAID 级别是在 RAID 5 的基础上发展而成的,因此它的工作模式与 RAID 5 有异曲同工之妙,不同的是,RAID 5 将校验码写入一个驱动器里面,而 RAID 6 将校验码写入两个驱动器里面,这样就增强了磁盘的容错能力,同时 RAID 6 阵列中允许出现故障的磁盘也就达到了两个,但相应的阵列磁盘数量最少也要 4 个。每个磁盘中都有两个校验值,而 RAID 5 只能为每一个磁盘提供一个校验值,由于校验值的使用可以达到恢复数据的目的,因此多增加一位校验位,数据恢复的能力就越强。不过在增加一位校验位后,就需要一个比较复杂的控制器来进行控制,同时也使磁盘的写能力降低,并且还需要占用一定的磁盘空间。因此,这种 RAID 级别应用还比较少,相信随着 RAID 6 技术的不断完善,RAID 6 将得到广泛应用。RAID 6 的磁盘数量为 $N+2$ 个。

14.2.2　RAID 配置命令

Red Hat Enterprise Linux 8 系统本身提供软件 RAID 功能,可以极大地增强 Linux 磁盘的 I/O 性能和可靠性,还具有将多个较小的磁盘空间组合成一个较大磁盘空间的功能。这里不建议在单个物理硬盘上实现 RAID 功能,为提高 RAID 的性能,最好还是使用多个硬盘,使用 SCSI 接口的硬盘效果会更好。在生产环境中用到的服务器一般都配备 RAID 阵列卡,为了方便学习 RAID 的使用,本书中的案例我们通过软件实现。

mdadm 命令用于管理 Linux 系统中的软件 RAID 硬盘阵列,格式为:

```
mdadm［模式］＜RAID 设备名称＞［选项］［成员设备名称］
```

mdadm 命令的常用参数以及作用如表 14-1 所示。

表 14-1　mdadm 命令的常用参数和作用

参　数	作　用
-a	检测设备名称
-n	指定设备数量
-l	指定 RAID 级别
-C	创建
-v	显示过程
-f	模拟设备损坏
-r	移除设备
-Q	查看摘要信息
-D	查看详细信息

14.3　任 务 准 备

1. 在虚拟机上启动 Red Hat Enterprise Linux 8 系统,并打开终端。
2. 以 root 身份登录系统。
3. 系统有足够的空间添加 4 块 1 GB 大小的 SCSI 硬盘。

14.4　任 务 解 决

RAID 实战

1. 做 RAID 配置前的准备

我们利用 4 块 SCSI 硬盘做 RAID 实验,分别为/dev/sda 、/dev/sdb、/dev/sdc、/dev/sdd。
建议磁盘分区时转换文件系统类型为 fd(不转换也可以直接使用),结果如下:

```
Disk /dev/sda:1 GiB,1073741824 字节,2097152 个扇区
单元:扇区 / 1 * 512 = 512 字节
扇区大小(逻辑/物理):512 字节 / 512 字节
I/O 大小(最小/最佳):512 字节 / 512 字节
磁盘标签类型:dos
磁盘标识符:0x53c42519


设备        启动    起点    末尾    扇区    大小 Id  类型
/dev/sda1          2048 206847 204800   100M fd  Linux raid 自动检测
/dev/sda2        206848 411647 204800   100M fd  Linux raid 自动检测
/dev/sda3        411648 616447 204800   100M fd  Linux raid 自动检测


Disk /dev/sdb:1 GiB,1073741824 字节,2097152 个扇区
单元:扇区 / 1 * 512 = 512 字节
扇区大小(逻辑/物理):512 字节 / 512 字节
I/O 大小(最小/最佳):512 字节 / 512 字节
```

磁盘标签类型:dos

磁盘标识符:0x37c13887

设备	启动	起点	末尾	扇区	大小	Id	类型
/dev/sdb1		2048	206847	204800	100M	fd	Linux raid 自动检测
/dev/sdb2		206848	411647	204800	100M	fd	Linux raid 自动检测
/dev/sdb3		411648	616447	204800	100M	fd	Linux raid 自动检测

Disk /dev/sdd:1 GiB,1073741824 字节,2097152 个扇区

单元:扇区 / 1 * 512 = 512 字节

扇区大小(逻辑/物理):512 字节 / 512 字节

I/O 大小(最小/最佳):512 字节 / 512 字节

磁盘标签类型:dos

磁盘标识符:0xe61b91a5

设备	启动	起点	末尾	扇区	大小	Id	类型
/dev/sdd1		2048	206847	204800	100M	fd	Linux raid 自动检测
/dev/sdd2		206848	411647	204800	100M	fd	Linux raid 自动检测
/dev/sdd3		411648	616447	204800	100M	fd	Linux raid 自动检测
/dev/sdd4		616448	821247	204800	100M	fd	Linux raid 自动检测

Disk /dev/sdc:1 GiB,1073741824 字节,2097152 个扇区

单元:扇区 / 1 * 512 = 512 字节

扇区大小(逻辑/物理):512 字节 / 512 字节

I/O 大小(最小/最佳):512 字节 / 512 字节

磁盘标签类型:dos

磁盘标识符:0xb3118a3c

设备	启动	起点	末尾	扇区	大小	Id	类型
/dev/sdc1		2048	206847	204800	100M	fd	Linux raid 自动检测
/dev/sdc2		206848	411647	204800	100M	fd	Linux raid 自动检测
/dev/sdc3		411648	616447	204800	100M	fd	Linux raid 自动检测

2. RAID 0 的实现

① 创建 RAID 0 阵列:

```
[root@localhost ~]# mdadm -Cv /dev/md0 -a yes -l0 -n3 /dev/sda1 /dev/sdb1 /dev/sdc1
mdadm: chunk size defaults to 512K
mdadm: Defaulting to version 1.2 metadata
mdadm: array /dev/md0 started.
```

注意：命令中各参数分别有如下作用。"-C"表示创建一个新的阵列；"-v"表示显示细节；"/dev/md0"表示阵列设备名称；"-a yes"表示确认；"-l0"表示设置阵列模式；"-n3"指设置阵列中活动设备的数目，"/dev/sdb1、/dev/sdc1、/dev/sdd1"指当前阵列中包含的所有设备标识符，也可以合在一起来写，如"/dev/sd[b,c,d]1"。

② 查看 RAID 0 阵列情况：

```
[root@localhost ~]# cat /proc/mdstat
Personalities : [raid0]
md0 : active raid0 sdc1[2] sdb1[1] sda1[0]
        301056 blocks super 1.2 512k chunks

unused devices：<none>
```

在这里可以看到 personality 是 RAID 0，设备/dev/md0 是活动的，而两个磁盘都是活动的。

③ 格式化 md0 分区：

```
[root@localhost ~]# mkfs.ext4 /dev/md0
mke2fs 1.44.3（10-July-2018）
```

创建含有 301056 个块（每块 1k）和 75480 个 inode 的文件系统
文件系统 UUID：60431539-5bee-4013-a0fb-a27988f5e235
超级块的备份存储于下列块：
    8193，24577，40961，57345，73729，204801，221185

正在分配组表：完成
正在写入 inode 表：完成
创建日志（8192 个块）完成
写入超级块和文件系统账户统计信息：已完成

④ 建立/raid0disk 目录，把/md0 挂载到/raid0disk：

```
[root@localhost ~]# mkdir /raid0disk
[root@localhost ~]# mount /dev/md0 /raid0disk
```

试到 raid0disk 目录建几个文件。

⑤ 为了让系统重新启动后自动挂载，可以修改一下/etc/fstab 文件，添加一行：

```
/dev/md0                /raid0disk              ext4    defaults      0 0
```

这样系统重新启动后会自动将/dev/md0 挂接到 /raid0disk 目录。

3. RAID 1 的实现

① 创建 RAID 1 阵列：

```
[root@localhost ~]# mdadm -Cv /dev/md1 -a yes -l1 -n2 -x1 /dev/sda2 /dev/sdb2 /dev/sdc2
mdadm：Note：this array has metadata at the start and
    may not be suitable as a boot device.   If you plan to
    store '/boot' on this device please ensure that
    your boot-loader understands md/v1.x metadata, or use
    --metadata = 0.90
```

mdadm: size set to 101376K

Continue creating array? y   #此处有一个提醒信息,我们输入"y"确认就好

mdadm: Defaulting to version 1.2 metadata

mdadm: array /dev/md1 started.

注意:命令中-x1表示阵列中热备份设备的数目,当前阵列中含有1个热备份设备。

② 查看 RAID 1 阵列情况:

```
[root@localhost ~]#    mdadm -D /dev/md1
/dev/md1:
            Version : 1.2
      Creation Time : Thu Mar 11 09:27:04 2021
         Raid Level : raid1
         Array Size : 101376 (99.00 MiB 103.81 MB)
      Used Dev Size : 101376 (99.00 MiB 103.81 MB)
       Raid Devices : 2
      Total Devices : 3
        Persistence : Superblock is persistent

        Update Time : Thu Mar 11 09:28:41 2021
              State : clean
     Active Devices : 2
    Working Devices : 3
     Failed Devices : 0
      Spare Devices : 1

 Consistency Policy : resync

               Name : localhost.localdomain:1  (local to host localhost.localdomain)
               UUID : 9768b576:9ca720f0:4282c082:7946d721
             Events : 17

    Number   Major   Minor   RaidDevice State
       0       8       2        0      active sync   /dev/sda2
       1       8      18        1      active sync   /dev/sdb2

       2       8      34        -      spare    /dev/sdc2
```
3)格式化 md1 分区

`[root@localhost ~]#mkfs.ext4 /dev/md1`

③ 建立/raid1disk 目录,把/md1 挂载到/raid1disk:

`[root@localhost ~]#  mkdir /raid1disk`

`[root@localhost ~]#  mount /dev/md1 /raid1disk`

用户可以到 raid1disk 目录建几个文件。

④ 让系统重新启动后自动挂载,可以修改/etc/fstab 文件,添加一行:

| /dev/md1 | /raid1disk | ext4 | defaults | 0 0 |

⑤ 模拟磁盘分区/sdb2 故障:

```
[root@localhost ~]#   mdadm /dev/md1 -f /dev/sdb2
mdadm: set /dev/sdb2 faulty in /dev/md1
```

此时系统把 spare 状态的/dev/sdd2 替换为了故障的/dev/sdb2,状态变化如下:

```
[root@localhost ~]#   mdadm -D /dev/md1
/dev/md1:
            Version : 1.2
      Creation Time : Thu Mar 11 09:27:04 2021
         Raid Level : raid1
         Array Size : 101376 (99.00 MiB 103.81 MB)
      Used Dev Size : 101376 (99.00 MiB 103.81 MB)
       Raid Devices : 2
      Total Devices : 3
        Persistence : Superblock is persistent

        Update Time : Thu Mar 11 09:30:05 2021
              State : clean
     Active Devices : 2
    Working Devices : 2
     Failed Devices : 1
      Spare Devices : 0

 Consistency Policy : resync

               Name : localhost.localdomain:1   (local to host localhost.localdomain)
               UUID : 9768b576:9ca720f0:4282c082:7946d721
             Events : 36

    Number   Major   Minor   RaidDevice State
       0       8        2        0        active sync   /dev/sda2
       2       8       34        1        active sync   /dev/sdc2

       1       8       18        -        faulty   /dev/sdb2
```

/dev/sdb2 转为“faulty”状态,/dev/sdc2 转为“active”状态,到/raid1disk 目录看看之前建立的文件是否丢失。

结论:任何一个驱动器错误,都不会有数据丢失,RAID 1 级别提供最好的数据安全。

4. RAID 5 的实现

① 创建 RAID 5 阵列:

```
[root@localhost ~]# mdadm -Cv /dev/md5 -l5 -n3 -x1 /dev/sda3 /dev/sdb3 /dev/
sdc3 /dev/sdd3
```

② 查看 RAID 5 阵列情况：

```
[root@localhost ~]#  mdadm -D /dev/md5
/dev/md5:
            Version : 1.2
      Creation Time : Thu Mar 11 09:17:17 2021
         Raid Level : raid5
         Array Size : 200704 (196.00 MiB 205.52 MB)
      Used Dev Size : 100352 (98.00 MiB 102.76 MB)
       Raid Devices : 3
      Total Devices : 4
        Persistence : Superblock is persistent

        Update Time : Thu Mar 11 09:17:18 2021
              State : clean
     Active Devices : 3
    Working Devices : 4
     Failed Devices : 0
      Spare Devices : 1

             Layout : left-symmetric
         Chunk Size : 512K

 Consistency Policy : resync

               Name : localhost.localdomain:5   (local to host localhost.localdomain)
               UUID : ff10f209:f9903fac:512824a2:58446b91
             Events : 18

    Number   Major   Minor   RaidDevice State
       0       8        3        0      active sync   /dev/sda3
       1       8       19        1      active sync   /dev/sdb3
       4       8       35        2      active sync   /dev/sdc3

       3       8       51        -      spare   /dev/sdd3
```

③ 格式化 md5 分区，建立/raid5disk 目录，把/md5 挂载到/raid5disk：

```
[root@localhost ~]# mkfs.ext4 /dev/md5
[root@localhost ~]# mkdir /raid5disk
[root@localhost ~]# mount /dev/md5 /raid5disk
```

到 raid5disk 目录建几个文件。

④ 让系统重新启动后自动挂载,可以修改/etc/fstab 文件,添加一行:

| /dev/md5 | /raid5disk | ext4 | defaults | 0 0 |

⑤ 模拟磁盘故障:

[root@localhost ~]# mdadm /dev/md5 -f /dev/sdb3

mdadm: set /dev/sdb3 faulty in /dev/md5

查看当前状态,此时系统把 spare 状态的/dev/sdc3 替换为了故障的/dev/sdb3,状态变化如下:

```
[root@localhost ~]# mdadm -D /dev/md5
/dev/md5:
          Version : 1.2
    Creation Time : Tue Jan  9 16:00:23 2021
       Raid Level : raid5
       Array Size : 202752 (198.03 MiB 207.62 MB)
    Used Dev Size : 101376 (99.02 MiB 103.81 MB)
     Raid Devices : 3
    Total Devices : 4
      Persistence : Superblock is persistent


      Update Time : Tue Jan  9 16:04:39 2021
            State : clean
   Active Devices : 3
  Working Devices : 3
   Failed Devices : 1
    Spare Devices : 0


           Layout : left-symmetric
       Chunk Size : 512K


             Name : localhost.localdomain:5  (local to host localhost.localdomain)
             UUID : 7176a376:452fd852:1bdd2c66:50248f10
           Events : 40

    Number   Major   Minor   RaidDevice State
       3       8       67        0      active sync   /dev/sde3
       1       8       35        1      active sync   /dev/sdc3
       4       8       51        2      active sync   /dev/sdd3
       0       8       19        -      faulty   /dev/sdb3
```

dev/sdb3 转为"faulty"状态,/dev/sde3 转为"active"状态。到/raid5disk 目录看看之前建立的文件是否丢失。

结论:具有校验功能,将奇偶校验信息分布到多个驱动器中,提高磁盘写速度。

⑥ 替换坏的磁盘。修改驱动器/dev/md5，从组中删除/dev/sdb3 设备，然后将正常的 /dev/sdd4 添加到/dev/md5。

```
[root@localhost ~]# mdadm /dev/md5 -r /dev/sdb3
mdadm: hot removed /dev/sdb3 from /dev/md5

[root@localhost ~]# mdadm -D /dev/md5
/dev/md5:
           Version : 1.2
     Creation Time : Thu Mar 11 09:17:17 2021
        Raid Level : raid5
        Array Size : 200704 (196.00 MiB 205.52 MB)
     Used Dev Size : 100352 (98.00 MiB 102.76 MB)
      Raid Devices : 3
     Total Devices : 3
       Persistence : Superblock is persistent

       Update Time : Thu Mar 11 09:36:10 2021
             State : clean
    Active Devices : 3
   Working Devices : 3
    Failed Devices : 0
     Spare Devices : 0

            Layout : left-symmetric
        Chunk Size : 512K

Consistency Policy : resync

              Name : localhost.localdomain:5   (local to host localhost.localdomain)
              UUID : ff10f209:f9903fac:512824a2:58446b91
            Events : 38

    Number   Major   Minor   RaidDevice State
       0       8       3        0      active sync   /dev/sda3
       3       8      51        1      active sync   /dev/sdd3
       4       8      35        2      active sync   /dev/sdc3
[root@localhost ~]# mdadm /dev/md5 -a /dev/sdd4
mdadm: added /dev/sdd4
[root@localhost ~]# mdadm -D /dev/md5
```

```
/dev/md5:
                 Version : 1.2
           Creation Time : Thu Mar 11 09:17:17 2021
              Raid Level : raid5
              Array Size : 200704 (196.00 MiB 205.52 MB)
           Used Dev Size : 100352 (98.00 MiB 102.76 MB)
            Raid Devices : 3
           Total Devices : 4
             Persistence : Superblock is persistent

             Update Time : Thu Mar 11 09:47:04 2021
                   State : clean
          Active Devices : 3
         Working Devices : 4
          Failed Devices : 0
           Spare Devices : 1

                  Layout : left-symmetric
              Chunk Size : 512K

      Consistency Policy : resync

                    Name : localhost.localdomain:5  (local to host localhost.localdomain)
                    UUID : ff10f209:f9903fac:512824a2:58446b91
                  Events : 39

    Number   Major   Minor   RaidDevice State
       0       8       3        0       active sync   /dev/sda3
       3       8       51       1       active sync   /dev/sdd3
       4       8       35       2       active sync   /dev/sdc3

       5       8       52       -       spare   /dev/sdd4
```

⑦ 停止 RAID 5：

```
[root@localhost ~]# umount /dev/md5
[root@localhost ~]# mdadm -S /dev/md5
[root@localhost ~]# mdadm -D /dev/md5
mdadm: cannot open /dev/md5: No such file or directory
```

　　至此任务中 RAID 0、RAID 1 和 RAID 5 的实操讲解已经结束，可以按照此方法进行其他级别的 RAID 学习。

14.5　任务扩展练习

在系统中添加 5 块 2 GB 的 SCSI 硬盘做 RAID 实验，磁盘分别为/dev/sdb、/dev/sdc、/dev/sdd、/dev/sde、/dev/sdf，每个磁盘都创建 4 个 200 MB 分区。

1. 使用/dev/sdb1、/dev/sdc1、/dev/sdd1 创建 RAID 0，设备名为/dev/md0。

2. 使用/dev/sdb2、/dev/sdc2、/dev/sdd2 来创建 RAID 1，其中/dev/sdd2 为热备份，设备名为/dev/md1。

3. 使用/dev/sdb3、/dev/sdc3、/dev/sdd3、/dev/sde3、/dev/sdf1 来创建 RAID 5，/dev/sde3/ 为热备份，以后分区被破坏时，/dev/sdf1 替换坏的分区，做热备用，设备名为/dev/md5。

4. 使用/dev/sdb4、/dev/sdc4、/dev/sdd4、/dev/sde4、/dev/sdf2、/dev/sdf3 来创建 RAID 10，其中/dev/sdf2 为热备份，以后分区被破坏时，/dev/sdf3 替换坏的分区，做热备用，设备名为/dev/md10。

情景三　配置网络服务

任务 15　配置网络环境

　　网络配置是否正确是服务器是否可以联通网络的前提，在 Linux 系统中，一切都是文件，因此配置网络服务的工作其实就是在编辑网卡相关配置文件，Linux 是一个网络操作系统，它提供了很多网络服务。网络服务器往往放在数据中心，我们配置服务器通常通过远程管理来实现，远程管理是在网络上由一台计算机终端远距离去管理另一台计算机终端的技术。本次任务的目的是使读者能够配置服务器的网络，并使用终端软件远程连接管理系统。

15.1　任 务 描 述

子任务 1　给服务器配置网络

1. 给服务器配置 IP 地址、子网掩码、默认网关、DNS。
2. 关闭、打开服务器的防火墙。
3. 设置 SELinux 的工作模式为 enforcing，系统重启后依然生效。

子任务 2　使用 Xshell 软件远程管理服务器

15.2　引 导 知 识

网络配置介绍

15.2.1　网络基本配置

　　服务器连接网络必须要进行网络配置，配置好网络，客户机才能够连接服务器，在 Red Hat Enterprise Linux 8 中，网卡配置文件的前缀应为 ifcfg，加上网卡名称共同组成了网卡配置文件的名字，比如 ifcfg-ens160。网络相关的脚本在/etc/sysconfig/network-scripts 目录下，第一个文件就是网卡的基本配置文件。

```
［root@localhost ~］# ls /etc/sysconfig/network-scripts
ifcfg-ens160
```

我们可以通过 ifconfig 命令来查看网络接口状态：

```
［root@localhost ~］# ifconfig
ens160：flags = 4163 < UP,BROADCAST,RUNNING,MULTICAST >  mtu 1500
        inet 192.168.239.128  netmask 255.255.255.0  broadcast 192.168.239.255
        inet6 fe80::e072:15e4:ebab:7b08  prefixlen 64  scopeid 0x20 < link >
        ether 00:0c:29:98:64:e6  txqueuelen 1000  （Ethernet）
        RX packets 460  bytes 48292（47.1 KiB）
```

```
              RX errors 0   dropped 0   overruns 0   frame 0
              TX packets 427   bytes 38969 (38.0 KiB)
              TX errors 0   dropped 0 overruns 0   carrier 0   collisions 0

lo: flags = 73 < UP,LOOPBACK,RUNNING >   mtu 65536
              inet 127.0.0.1   netmask 255.0.0.0
              inet6 ::1   prefixlen 128   scopeid 0x10 < host >
              loop   txqueuelen 1000   (Local Loopback)
              RX packets 16   bytes 1360 (1.3 KiB)
              RX errors 0   dropped 0   overruns 0   frame 0
              TX packets 16   bytes 1360 (1.3 KiB)
              TX errors 0   dropped 0 overruns 0   carrier 0   collisions 0

virbr0: flags = 4099 < UP,BROADCAST,MULTICAST >   mtu 1500
              inet 192.168.122.1   netmask 255.255.255.0   broadcast 192.168.122.255
              ether 52:54:00:34:74:a3   txqueuelen 1000   (Ethernet)
              RX packets 0   bytes 0 (0.0 B)
              RX errors 0   dropped 0   overruns 0   frame 0
              TX packets 0   bytes 0 (0.0 B)
              TX errors 0   dropped 0 overruns 0   carrier 0   collisions 0
```

说明:

> ens160 表示第一块网卡,其中 ether 表示网卡的物理地址,我们可以看到这个网卡的 IP 地址为 192.168.239.128,子网掩码为 255.255.255.0,物理地址(MAC 地址)是 00:0c:29:98:64:e6。

> lo 表示主机的回环地址,这个一般用来测试一个网络程序,但又不想让局域网或外网的用户能够查看,只能在此台主机上运行和查看所用的网络接口。比如,我们把 HTTPD 服务器指定到回环地址,在浏览器输入 127.0.0.1 就能看到 Web 网站了。

> virbr0 是一个虚拟的网络连接端口。

默认网卡配置文件如下:

```
[root@localhost ~]# cat /etc/sysconfig/network-scripts/ifcfg-ens160
TYPE = "Ethernet"                          # 网卡类型为以太网
PROXY_METHOD = "none"                       # 代理方式关闭状态
BROWSER_ONLY = "no"                         # 不只是浏览器
BOOTPROTO = "dhcp"                          # 使用动态 IP
DEFROUTE = "yes"                            # 采用默认路由
IPV4_FAILURE_FATAL = "no"                   # 不开启 IPv4 致命错误检测
IPV6INIT = "yes"                            # 启用 IPv6 自动初始化
IPV6_AUTOCONF = "yes"                       # IPv6 自动配置该连接
```

```
IPV6_DEFROUTE = "yes"                              # 采用默认路由
IPV6_FAILURE_FATAL = "no"                          # 不开启 IPv6 致命错误检测
IPV6_ADDR_GEN_MODE = "stable-privacy"              # IPv6 地址生成模型:stable-privacy
NAME = "ens160"                                    # 网卡名称
UUID = "34fc845e-bbcb-46d2-bdfd-453033523245"      # 全局唯一标识符
DEVICE = "ens160"                                  # 设备名称
ONBOOT = "no"                                       # 系统启动时是否自动启用此网络接口
```

① 配置网卡自动获取 IP 地址。系统默认配置就是自动获取 IP 地址,只不过没有启动网卡,我们把最后一项"ONBOOT＝no"改为"ONBOOT＝yes",重启网络服务后就可以看到已经自动获取到 IP 地址了。

```
[root@localhost ～]# vim /etc/sysconfig/network-scripts/ifcfg-ens160
# 把最后一行改为
ONBOOT = yes
[root@localhost ～]# systemctl restart network      # 重启网卡
[root@localhost ～]# nmcli c reload
[root@localhost ～]# nmcli c up ens160
[root@localhost ～]# ip addr                         # 查询 IP
1: lo: < LOOPBACK, UP, LOWER_UP > mtu 65536 qdisc noqueue state UNKNOWN group
default qlen 1000
        link/loopback 00:00:00:00:00:00 brd 00:00:00:00:00:00
        inet 127.0.0.1/8 scope host lo
           valid_lft forever preferred_lft forever
        inet6 ::1/128 scope host
valid_lft forever preferred_lft forever
2: ens160: < BROADCAST, MULTICAST, UP, LOWER_UP > mtu 1500 qdisc fq_codel state UP
group default qlen 1000
        link/ether 00:0c:29:98:64:e6 brd ff:ff:ff:ff:ff:ff
        inet 192.168.239.128/24 brd 192.168.239.255 scope global dynamic noprefixroute ens160
           valid_lft 1720sec preferred_lft 1720sec
......
```

② 修改主机名,设置完后,重新打开终端即可生效。

```
[root@localhost ～]# hostnamectl set-hostname Linux-server
[root@localhost ～]# hostname
Linux-server
[root@localhost ～]# exit
# 重新打开终端后显示
[root@Linux-server ～]#
```

③ 查看、配置网关。

```
[root@localhost ~]# route -n
Kernel IP routing table
Destination      Gateway         Genmask         Flags Metric Ref    Use Iface
0.0.0.0          192.168.239.2   0.0.0.0         UG    100    0        0 ens160
192.168.122.0    0.0.0.0         255.255.255.0   U     0      0        0 virbr0
192.168.239.0    0.0.0.0         255.255.255.0   U     100    0        0 ens160
[root@localhost ~]# route add default gw 192.168.239.1
[root@localhost ~]# route add default gw 192.168.201.1
[root@localhost ~]# route -n
Kernel IP routing table
Destination      Gateway         Genmask         Flags Metric Ref    Use Iface
0.0.0.0          192.168.239.1   0.0.0.0         UG    0      0        0 ens160
0.0.0.0          192.168.239.2   0.0.0.0         UG    100    0        0 ens160
192.168.122.0    0.0.0.0         255.255.255.0   U     0      0        0 virbr0
192.168.239.0    0.0.0.0         255.255.255.0   U     100    0        0 ens160
```

④ 设置 DNS 服务器,修改/etc/resolv.conf 配置文件即可。

```
[root@localhost ~]# cat /etc/resolv.conf
# Generated by NetworkManager
search localdomain
nameserver 192.168.239.2
```

⑤ 重新从 DHCP 服务器获取 IP 地址。

```
[root@localhost ~]# dhclient
```

15.2.2　使用 nmcli 来管理网络

RHEL 和 CentOS 系统默认使用 NetworkManager 来提供网络服务,这是一种动态管理网络配置的守护进程,能够让网络设备保持连接状态。可以使用 nmcli 命令来管理 NetworkManager 服务,nmcli 是 NetworkManager 的前端,是一款基于命令行的网络配置工具,功能丰富,参数众多,它可以轻松地查看网络信息或网络状态。nmcli 命令是 RHEL 7/CentOS 7 之后的命令,该命令可以完成网卡上所有的配置工作,并且可以写入配置文件,永久生效。

1. NetworkManager 自带图形网络接口配置工具

```
[root@localhost ~]# nm-connection-editor
[root@localhost ~]# nmtui
```

2. nmcli 命令的使用

(1)查看网络连接

```
[root@localhost ~]# nmcli connection
NAME      UUID                                    TYPE      DEVICE
ens160    34fc845e-bbcb-46d2-bdfd-453033523245    ethernet  ens160
virbr0    06c87536-1408-4d2d-bbef-41e7de6d821d    bridge    virbr0
```

```
[root@localhost ~]# nmcli c                              #命令可以缩写
NAME      UUID                                    TYPE        DEVICE
ens160    34fc845e-bbcb-46d2-bdfd-453033523245    ethernet    ens160
virbr0    06c87536-1408-4d2d-bbef-41e7de6d821d    bridge      virbr0
```

（2）查看网卡配置

```
[root@localhost ~]# nmcli device show ens160
GENERAL.DEVICE:              ens160
GENERAL.TYPE:                ethernet
GENERAL.HWADDR:              00:0C:29:98:64:E6
GENERAL.MTU:                 1500
GENERAL.STATE:               100（已连接）
GENERAL.CONNECTION:          ens160
GENERAL.CON-PATH:            /org/freedesktop/NetworkManager/ActiveConnection/1
WIRED-PROPERTIES.CARRIER:    开
IP4.ADDRESS[1]:              192.168.239.128/24
IP4.GATEWAY:                 192.168.239.2
IP4.ROUTE[1]:                dst = 192.168.239.0/24, nh = 0.0.0.0, mt = 100
IP4.ROUTE[2]:                dst = 0.0.0.0/0, nh = 192.168.239.2, mt = 100
IP6.ADDRESS[1]:              fe80::e072:15e4:ebab:7b08/64
IP6.GATEWAY:                 --
IP6.ROUTE[1]:                dst = fe80::/64, nh = ::, mt = 100
IP6.ROUTE[2]:                dst = ff00::/8, nh = ::, mt = 256, table = 255
```

（3）设置自动获取 IP

```
[root@localhost ~]# nmcli connection add type ethernet con-name ens160 ifname
ens160 ipv4.method auto
连接 "ens160"（e8e2d14e-6738-4f31-a5ee-62c60fbc9e55）已成功添加。
[root@localhost ~]# nmcli c up ens160                              # 激活连接
连接已成功激活(D-Bus 活动路径:/org/freedesktop/NetworkManager/ActiveConnection/9)
[root@localhost ~]# nmcli con down ens160                          #停止连接
成功停用连接 " ens160 "（D-Bus 活动路径:/org/freedesktop/NetworkManager/
ActiveConnection/6)
```

（4）删除连接

```
[root@localhost ~]# nmcli connection delete ens160
成功删除连接 "ens160"（a751501d-828f-4a21-8e64-00ca3c7928d1）。
[root@localhost ~]# nmcli con show ens160                          #显示连接
错误:ens160 - 没有这样的连接配置集。
```

（5）添加静态 IP 地址、子网掩码、网关、DNS

```
[root@localhost ~]# nmcli c add type ethernet con-name ens160 ifname ens160
ipv4.addr 192.168.1.100/24 ipv4.gateway 192.168.1.1 ipv4.dns 192.168.1.254 ipv4.
method manual
```

（6）修改网络接口 ens160 的 IP 地址、子网掩码、网关、DNS

```
[root@localhost ~]# nmcli connection modify ens160 ipv4.addresses 172.16.1.100/16
[root@localhost ~]# nmcli connection modify ens160 ipv4.gateway 172.16.1.1
[root@localhost ~]# nmcli connection modify ens160 ipv4.dns 114.114.114.114
```

（7）查看结果

```
[root@localhost ~]# nmcli device show ens160              # 查看网卡信息
GENERAL.DEVICE：           ens160
GENERAL.TYPE：             ethernet
GENERAL.HWADDR：           00:0C:29:98:64:E6
GENERAL.MTU：              1500
GENERAL.STATE：            100（已连接）
GENERAL.CONNECTION：       ens160
GENERAL.CON-PATH：         /org/freedesktop/NetworkManager/ActiveConnection/4
WIRED-PROPERTIES.CARRIER： 开
IP4.ADDRESS[1]：           172.16.1.100/16
IP4.GATEWAY：              172.16.1.1
IP4.ROUTE[1]：             dst = 172.16.0.0/16, nh = 0.0.0.0, mt = 100
IP4.ROUTE[2]：             dst = 0.0.0.0/0, nh = 172.16.1.1, mt = 100
IP4.DNS[1]：               114.114.114.114
IP6.ADDRESS[1]：           fe80::e072:15e4:ebab:7b08/64
IP6.GATEWAY：              --
IP6.ROUTE[1]：             dst = fe80::/64, nh = ::, mt = 100
IP6.ROUTE[2]：             dst = ff00::/8, nh = ::, mt = 256, table = 255
```

（8）查看 DNS

```
[root@localhost ~]# nmcli connection show ens160|grep dns
connection.mdns：          -1(default)
ipv4.dns：                 114.114.114.114
ipv4.dns-search：          --
ipv4.dns-options：         ""
ipv4.dns-priority：        0
ipv4.ignore-auto-dns：     否
ipv6.dns：                 --
ipv6.dns-search：          --
ipv6.dns-options：         ""
ipv6.dns-priority：        0
ipv6.ignore-auto-dns：     否
```

（9）查看并修改主机名

```
[root@localhost ~]# nmcli general hostname
localhost
[root@localhost ~]# nmcli general hostname Linux-server
[root@localhost ~]# nmcli general hostname
Linux-server
```

15.2.3　SELinux

SELinux（Security Enhanced Linux，安全强化 Linux）是 MAC（Mandatory Access Control，强制访问控制系统）的一个实现，目的在于明确地指明某个进程可以访问哪些资源（文件、网络端口等）。强制访问控制系统的用途在于增强系统抵御 0-Day 的攻击能力。所以它不是网络防火墙或 ACL 的替代品，在用途上也不重复。

举例来说，系统上的 Apache 被发现存在一个漏洞，使得某远程用户可以访问系统上的敏感文件（比如/etc/passwd），来获得系统已存在用户的信任，此时修复该安全漏洞的 Apache 更新补丁尚未发布。SELinux 可以起到弥补该漏洞的作用。因为/etc/passwd 不具有 Apache 的访问标签，所以 Apache 对于/etc/passwd 的访问会被 SELinux 阻止。

相比其他强制性访问控制系统，SELinux 有如下优势。

➢ 控制策略是可查询而非程序不可见的。

➢ 可以热更改策略而无须重启或者停止服务。

➢ 可以从进程初始化、继承和程序执行 3 个方面通过策略进行控制。

➢ 控制范围覆盖文件系统、目录、文件、文件启动描述符、端口、消息接口和网络接口。

1. 获取当前 SELinux 运行状态

通过命令 getenforce 实现，可能返回的结果有 3 种：Disabled、Permissive 和 Enforcing。Disabled 代表 SELinux 被禁用，Permissive 代表仅记录安全警告，但不阻止可疑行为，Enforcing 代表记录警告且阻止可疑行为。目前常见的发行版中，RHEL 和 Fedora 默认设置为 Enforcing，其余的如 openSUSE 等为 Permissive。

2. 改变 SELinux 运行状态

通过命令 setenforce［Enforcing | Permissive | 1 | 0］实现，命令可以立刻改变 SELinux 运行状态，在 Enforcing 和 Permissive 之间切换，结果保持至关机。一个典型的用途是看看到底是不是 SELinux 导致某个服务或者程序无法运行。若是在 setenforce 0 之后服务或者程序依然无法运行，那么就可以肯定不是 SELinux 导致的。

若是想要永久变更系统 SELinux 运行环境，可以通过更改配置文件/etc/sysconfig/selinux 实现。注意当从 Disabled 切换到 Permissive 或者 Enforcing 模式后，需要重启计算机并为整个文件系统重新创建安全标签（touch /. autorelabel && reboot）。

3. SELinux 运行策略

配置文件/etc/sysconfig/selinux 还包含 SELinux 运行策略的信息，通过改变变量 SELINUXTYPE 的值实现，该值有两种可能：targeted 代表仅针对预制的几种网络服务和访问请求使用 SELinux 保护；strict 代表所有网络服务和访问请求都要经过 SELinux。

RHEL 和 Fedora 默认设置为 targeted，包含对几乎所有常见网络服务的 SELinux 策略配置,已经默认安装并且可以无须修改直接使用。

15.3　任　务　准　备

1. 在虚拟机上安装好 Red Hat Enterprise Linux 8 系统。
2. 准备好 Red Hat Enterprise Linux 8 系统 DVD 盘。
3. 虚拟机的网络配置成 NAT 的方式,如图 15-1 所示。

图 15-1　虚拟机的网络配置成 NAT 的方式

15.4　任　务　解　决

网络配置实战

子任务 1　给系统配置网络

① 给服务器配置静态 IP 地址、子网掩码、默认网关、DNS。编辑网卡配置文件,主要生效的配置有如下几行,其他项可以保留,也可以删除。

```
[root@localhost ~]# vim /etc/sysconfig/network-scripts/ifcfg-ens160
TYPE = Ethernet
BOOTPROTO = "static"              # 配置静态 IP
NAME = "ens160"
ONBOOT = yes
IPADDR = 192.168.239.125          # 配置 IP 地址
NETMASK = 255.255.255.0           # 配置子网掩码
GATEWAY = 192.168.239.2           # 配置默认网关
DNS1 = 192.168.239.2              # 配置 DNS
[root@localhost ~]#  nmcli c up ens160
```

连接已成功激活(D-Bus 活动路径:/org/freedesktop/NetworkManager/ActiveConnection/6)

```
[root@localhost ~]# ip a
1: lo: < LOOPBACK, UP, LOWER_UP > mtu 65536 qdisc noqueue state UNKNOWN group
default qlen 1000
        link/loopback 00:00:00:00:00:00 brd 00:00:00:00:00:00
        inet 127.0.0.1/8 scope host lo
            valid_lft forever preferred_lft forever
        inet6 ::1/128 scope host
            valid_lft forever preferred_lft forever
2: ens160: < BROADCAST,MULTICAST,UP,LOWER_UP > mtu 1500 qdisc fq_codel state UP
group default qlen 1000
        link/ether 00:0c:29:98:64:e6 brd ff:ff:ff:ff:ff:ff
        inet 192.168.239.128/24 brd 192.168.239.255 scope global dynamic noprefixroute ens160
            valid_lft 1794sec preferred_lft 1794sec
        inet6 fe80::e072:15e4:ebab:7b08/64 scope link noprefixroute
            valid_lft forever preferred_lft forever
3: virbr0: < NO-CARRIER,BROADCAST,MULTICAST,UP > mtu 1500 qdisc noqueue state DOWN
group default qlen 1000
        link/ether 52:54:00:34:74:a3 brd ff:ff:ff:ff:ff:ff
        inet 192.168.122.1/24 brd 192.168.122.255 scope global virbr0
            valid_lft forever preferred_lft forever
4: virbr0-nic: < BROADCAST,MULTICAST > mtu 1500 qdisc fq_codel master virbr0 state
DOWN group default qlen 1000
        link/ether 52:54:00:34:74:a3 brd ff:ff:ff:ff:ff:ff
[root@localhost ~]# route -n
Kernel IP routing table
```

Destination	Gateway	Genmask	Flags	Metric	Ref	Use	Iface
0.0.0.0	192.168.239.2	0.0.0.0	UG	100	0	0	ens160
192.168.122.0	0.0.0.0	255.255.255.0	U	0	0	0	virbr0
192.168.239.0	0.0.0.0	255.255.255.0	U	100	0	0	ens160

② 开启、关闭服务器的防火墙:

```
[root@localhost ~]# systemctl status firewalld          #查看防火墙的状态
[root@localhost ~]# systemctl start firewalld           #开启防火墙
[root@localhost ~]# systemctl stop firewalld            #关闭防火墙
```

③ 查看并设置 SELinux 为 Enforcing 模式:

```
[root@localhost ~]# getenforce
Enforcing
[root@localhost ~]# vim /etc/selinux/config
修改并确认 SELINUX = enforcing
[root@localhost ~]#    setenforce 0
```

```
[root@localhost ~]# getenforce
Permissive
[root@localhost ~]#   setenforce 1
[root@localhost ~]# getenforce
Enforcing
```

子任务 2   使用 Xshell6 远程管理系统

① 安装 Xshell6,然后打开运行。单击"新建"按钮,如图 15-2 所示。

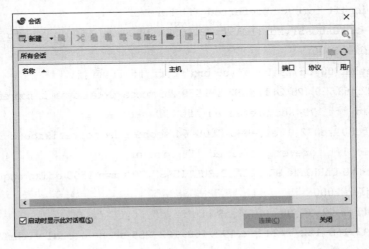

图 15-2   打开 Xshell6 界面

② 输入主机地址,即服务器的 IP 地址,名称可以按照自己的命名习惯填写,在"端口号"中输入主机的 SSH 设置端口,默认值为 22,这里没有改动,如图 15-3 所示。

图 15-3   输入主机地址

③ 建立好会话连接后，选中要连接的主机，单击下面的"连接"按钮，如图 15-4 所示。

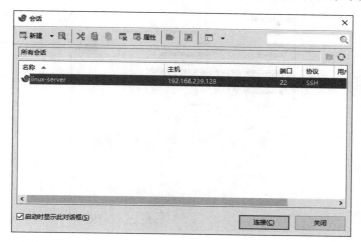

图 15-4　选中会话连接主机

④ 在"SSH 安全警告"中，选择"接受并保存"，如图 15-5 所示。

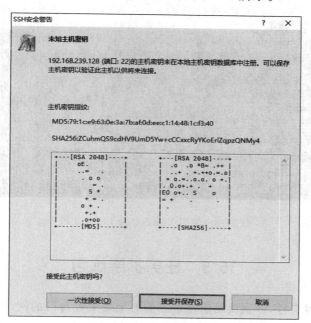

图 15-5　SSH 安全警告

⑤ 输入登录主机的用户名和密码，可以选择一次性有效，也可以选择保存用户名和密码，如图 15-6、图 15-7 所示。

⑥ 连接主机并登录，即可远程访问管理服务器了，如图 15-8 所示。

用 Xshell 登录服务器后，在 Windows 主机上就可以随意控制 Linux 主机了，使用起来非常方便，目

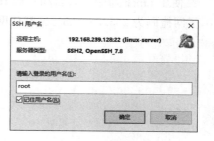

图 15-6　输入 SSH 用户名

前很多系统管理员都是使用此类远程终端软件来远程管理服务器的。

图 15-7　输入 SSH 用户密码

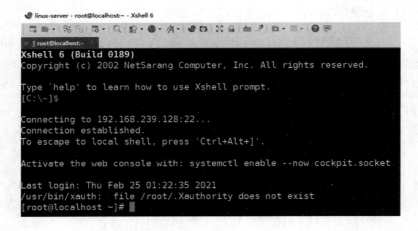

图 15-8　使用 Xshell 登录 Linux 主机

15.5　任务扩展练习

1. 修改网卡配置文件,分别用动态地址和静态地址配置自己的网络,在 Windows 环境下和虚拟机安装的 Linux 环境下都能够互相访问并访问互联网。

2. 使用 nmcli 命令设置自动获取 IP 地址,修改自动获取为静态 IP,IP 地址为 192.168.××.100,子网掩码为 255.255.255.0,默认网关为 192.168.××.1,DNS 为 92.168.××.254。

任务16 使用虚拟化系统

KVM(Kernel-based Virtual Machine)是一个开源的系统虚拟化模块,集成在 Linux 的各个主要发行版本中。其使用 Linux 自身的调度器进行管理,所以相对于 Xen,其核心源码很少。KVM 已成为主流的虚拟化管理平台之一。能够管理 KVM 的工具有很多。首先是单个资源的基础虚拟化管理,有开源的虚拟化工具集 libvirt,通过命令行接口提供安全的远程管理,可管理单个系统。管理运行 KVM 的多个服务器,可以采用 Red Hat Enterprise Virtualization-Management。本次任务就是使用 KVM 图形化界面和命令行,来进行 RedHat Linux 系统下虚拟机的创建、启动、停止、删除等运维管理。

16.1 任 务 描 述

在 RedHat Linux 系统下安装 KVM 虚拟化软件包,启动 libvirtd 虚拟机管理服务,并检验 libvirt 是否安装成功。使用 virt-manager 图形化工具创建虚拟机,使用 libvirt 命令行工具管理虚拟机的启动、停止等操作。

16.2 引 导 知 识

虚拟化系统介绍

16.2.1 了解虚拟化系统

虚拟化技术将一台计算机虚拟为多台逻辑计算机,使用软件的方法重新定义并划分 IT 资源。如图 16-1 所示,虚拟化技术可以实现 IT 资源的动态分配、灵活调度、跨域共享,提高 IT 资源利用率,使 IT 资源能够成为社会基础设施,服务于各行各业中灵活多变的应用需求。

虚拟化系统与传统服务器系统比较,具有以下典型优势特性。

① 高效性。将原本一台服务器的资源分配给了数台虚拟化的服务器,有效地利用了闲置资源,确保企业应用程序发挥出最高的可用性和性能。

② 隔离性。虽然虚拟机可以共享一台计算机的物理资源,但它们彼此之间仍然是完全隔离的,就像它们是不同的物理计算机一样。因此,在可用性和安全性方面,虚拟环境中运行的应用程序远优于在传统的非虚拟化系统中运行的应用程序,隔离就是一个重要的原因。

③ 可靠性。虚拟服务器是独立于硬件进行工作的,通过改进灾难、恢复解决方案提高了业务连续性,当一台服务器出现故障时,可在最短时间内恢复且不影响整个集群的运作,在整个数据中心实现高可用性。

④ 成本低。降低了部署成本,只需要更少的服务器就可以实现需要更多服务器才能做到的事情,也间接地降低了安全等其他方面的成本。

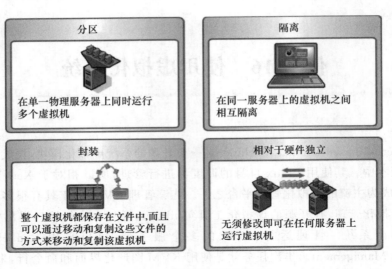

图 16-1　虚拟化系统的特点

⑤ 兼容性。所有的虚拟服务器都与正常的 X86 系统相兼容,它改进了桌面管理的方式,可部署多套不同的系统,将因兼容性造成问题的可能性降至最低。

⑥ 便于管理。提高了服务器与管理员比率,一个管理员可以轻松地管理比以前更多的服务器,而不会造成更大的负担。

16.2.2　利用 KVM 创建并使用虚拟机

KVM 是由一个以色列的创业公司 Qumranet 开发的。为了简化开发,KVM 的开发人员并没有选择从底层开始新写一个 Hypervisor,而是选择了基于 Linux Kernel,通过加载新的模块从而使 Linux Kernel 本身变成一个 Hypervisor。2006 年 10 月,在完成了基本功能、动态迁移以及主要的性能优化之后,Qumranet 正式对外宣布了 KVM 的诞生。同年 10 月,KVM 模块的源代码被正式接纳进入 Linux Kernel。

KVM 是基于虚拟化扩展(Intel VT 或 AMD-V)的 X86 硬件,是 Linux 完全原生的全虚拟化解决方案。部分的准虚拟化支持主要是通过准虚拟网络驱动程序的形式用于 Linux 和 Windows 客户机系统的。KVM 目前设计为通过可加载的内核模块,支持广泛的客户机操作系统,比如 Linux、BSD、Solaris、Windows、Haiku、ReactOS 和 AROS Research Operating System 等。在 KVM 架构中,虚拟机实现为常规的 Linux 进程,由标准 Linux 调度程序进行调度。事实上,每个虚拟 CPU 都显示为一个常规的 Linux 线程,这使 KVM 能够享受 Linux 内核的所有功能。需要注意的是,KVM 本身不执行任何模拟,需要用户空间程序通过/dev/kvm 接口设置一个客户机虚拟服务器的地址空间,向它提供模拟的 I/O,并将它的视频显示映射回宿主的显示屏,这个应用程序就是所谓的 QEMU〔QEMU 是一套由法布里斯·贝拉(Fabrice Bellard)所编写的以 GPL 许可证分发源码的模拟处理器程序〕。KVM 基本架构如图 16-2 所示。

目前,随着 libvirt、virt-manager 等工具和 OpenStack 等云计算平台的逐渐完善,KVM 管理工具在易用性方面的劣势已经逐渐被克服。KVM 在虚拟网络的支持、虚拟存储支持、增强的安全性、高可用性、容错性、电源管理、HPC/实时支持、虚拟 CPU 可伸缩性、跨供应商兼容性、科技可移植性等方面有着广泛的应用前景。

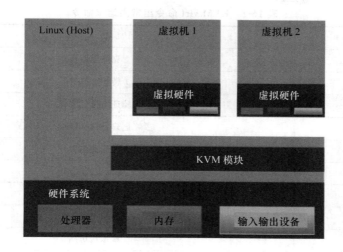

图 16-2　KVM 基本架构

KVM 具有以下功能特性。

1. 内存管理

KVM 从 Linux 继承了强大的内存管理功能。一个虚拟机的内存与任何其他 Linux 进程的内存一样进行存储,可以大页面的形式进行交换,来实现更高的性能,也可以磁盘文件的形式进行共享,NUMA 支持(非统一内存访问,针对多处理器的内存设计)并允许虚拟机有效地访问大量内存。

2. 存储管理

KVM 能够使用 Linux 支持的任何存储来存储虚拟机镜像,包括具有 IDE、SCSI 和 SATA 的本地磁盘,网络附加存储(NAS,包括 NFS 和 SAMBA/CIFS),或者支持 iSCSI 和光纤通道的 SAN,多路径 I/O 可用于改进存储吞吐量和提供冗余。

KVM 还支持全局文件系统(GFS2)等共享文件系统上的虚拟机镜像,允许虚拟机镜像在多个宿主之间共享或使用逻辑卷共享。磁盘镜像支持按需分配,仅在虚拟机需要时分配存储空间,而不是提前分配整个存储空间,可以有效地提高存储利用率。KVM 的原生磁盘格式为 QCOW2,它支持快照,允许多级快照、压缩和加密。

3. 设备驱动程序

KVM 支持混合虚拟化,其中准虚拟化的驱动程序安装在客户机操作系统中,允许虚拟机使用优化的 I/O 接口,而不使用模拟的设备,从而为网络和块设备提供高性能的 I/O。KVM 准虚拟化的驱动程序使用 IBM 和 RedHat 联合 Linux 社区开发的 VirtIO 标准,它是一个与虚拟机管理程序独立的、构建设备驱动程序的接口,允许多个虚拟机管理程序使用一组相同的设备驱动程序,能够实现更出色的虚拟机交互性。

4. 性能和可伸缩性

KVM 继承了 Linux 的性能和可伸缩性,KVM 虚拟化性能在很多方面(如计算能力、网络带宽等)已经可以达到非虚拟化原生环境的 95% 以上。KVM 的扩展性也非常良好,客户机和宿主机都可以支持非常多的 CPU 数量和非常大量的内存。

KVM virt 命令组常用运维命令如表 16-1 所示。

表 16-1　KVM virt 命令组常用运维命令

命　令	功　能
virt-clone	克隆虚拟机
virt-convert	转换虚拟机
virt-host-validate	验证虚拟机主机
virt-image	创建虚拟机镜像
virt-install	创建虚拟机
virt-manager	虚拟机管理器
virt-pki-validate	虚拟机证书验证
virt-top	虚拟机监控
virt-viewer	虚拟机访问
virt-what	探测程序是否运行在虚拟机中,是何种虚拟化
virt-xml-validate	虚拟机 XML 配置文件验证

KVM virsh 命令组常用运维命令如表 16-2 所示。

表 16-2　KVM virsh 命令组常用运维命令

命　令	功　能
Domain Management	域管理
Domain Monitoring	域监控
Host and Hypervisor	主机和虚拟层
Interface	接口管理
Network Filter	网络过滤管理
Networking	网络管理
Node Device	节点设备管理
Secret	安全管理
Snapshot	快照管理
Storage Pool	存储池管理
Storage Volume	存储卷管理
Virsh itself	自身管理功能

KVM qemu 命令组常用运维命令如表 16-3 所示。

表 16-3　KVM qemu 命令组常用运维命令

命　令	功　能
qemu-kvm	虚拟机管理
qemu-img	镜像管理
qemu-io	接口管理

典型的 KVM 运维命令格式和应用如下。

① 使用 virt-install 安装虚拟机：

```
[root@localhost ~]# virt-install --name centos6 --ram 1024 --vcpus 2 --disk
path = /tmp/centos6. img, size = 10, bus = virtio - -accelerate - -cdrom /dev/cdrom - -
graphics vnc, listen = 0. 0. 0. 0, port = 5910 --network bridge:br0, model = virtio --os-
variant rhel6
```

② 使用 virsh 命令管理虚拟机，列出正在运行的虚拟机：

```
[root@localhost ~]#virsh list
Id    名称                          状态
-----------------------------------------------

4     centos6                     running
```

列出所有的虚拟机：

```
[root@localhost ~]#virsh list --all
Id    名称                          状态
-----------------------------------------------

4     centos6                     running
-     ServerTest                  关闭
```

③ 显示虚拟机的域信息：

```
[root@localhost ~]#virsh dominfo ServerTest
Id：            -
名称：          ServerTest
UUID：          0c8cbf2b-0bc5-b29e-e80b-39b5b720a92f
OS 类型：       hvm
状态：          关闭
CPU：           2
最大内存：1048576 KiB
使用的内存：1048576 KiB
Persistent：    yes
自动启动：禁用
Managed save：  no
安全性模式：none
安全性 DOI：0
```

④ 显示服务器计算节点的资源信息：

```
[root@localhost ~]#virsh nodeinfo
CPU 型号：       x86_64
CPU：            2
CPU 频率：       2594 MHz
CPU socket：     2
```

每个 socket 的内核数： 1

每个内核的线程数： 1

NUMA 单元： 1

内存大小： 4040896 KiB

⑤ 虚拟机启动、挂起、恢复、重启、关闭操作：

启动 ServerTest 虚拟机：

[root@localhost ~]#virsh start ServerTest

域 ServerTest 已开始

挂起 ServerTest 虚拟机：

[root@localhost ~]#virsh suspend ServerTest

域 ServerTest 被挂起

恢复 ServerTest 虚拟机：

[root@localhost ~]#virsh resume ServerTest

域 ServerTest 被重新恢复

重新启动 ServerTest 虚拟机：

[root@localhost ~]#virsh reboot ServerTest

域 ServerTest 正在被重新启动

关闭 centos6 的虚拟机：

[root@localhost ~]#virsh shutdown centos6

域 centos6 被关闭

强制关闭 centos6 的虚拟机：

[root@localhost ~]#virsh destroy centos6

域 centos6 被删除

从系统中删除 centos6 的虚拟机,但不删除虚拟硬盘,虚拟硬盘需要手动删除：

[root@localhost ~]#virsh undefine centos6

⑥ 使用 virt-clone 克隆虚拟机,使用以下命令克隆虚拟机：

[root@localhost ~]# virt-clone --connect qemu:///system --original=ServerTest --name=ServerTest2 --file=/var/lib/libvirt/images/ServerTest2.img

克隆成功后生成了如下的虚拟机文件：

[root@localhost ~]#ls /etc/libvirt/qemu

ServerTest.xml ServerTest2.xml

[root@localhost ~]#ls /var/lib/libvirt/images/

ServerTest.img ServerTest2.img

⑦ 使用 qemu-img 命令管理磁盘文件：

qemu-img create [-f fmt] [-o options] filename [size]

创建一个格式为 fmt,大小为 size,文件名为 filename 的镜像文件,例如：

[root@localhost ~] qemu-img create -f vmdk /tmp/centos6.vmdk 10G

Formatting '/tmp/centos6.vmdk', fmt=vmdk size=10737418240 compat6=off zeroed_grain=off

qemu-img convert［-c］［-f fmt］［-O output_fmt］［-o options］filename output
_filename

将 fmt 格式的 filename 镜像文件根据 options 选项转换为格式为 output_fmt 的名为
output_filename 的镜像文件。例如：

［root@localhost ～］qemu-img convert -f vmdk -O qcow2 /tmp/centos6.vmdk /tmp/
centos6.img

⑧ 使用 qemu-kvm 命令创建虚拟机：

［root@localhost ～］/usr/libexec/qemu-kvm -m 1024 -localtime -M pc -smp 1 -drive
file = /tmp/centos6.img,cache = writeback,boot = on -net nic,macaddr = 00:0c:29:11:11:
11 -cdrom /dev/cdrom -boot d -name kvm-centos6,process = kvm-centos6 -vnc :2 -usb -
usbdevice tablet &

创建成功后,使用如下命令访问：

［root@localhost ～］vncviewer :2

⑨ 关闭虚拟机：

［root@localhost ～］# ps -aux | grep qemu-kvm

Warning: bad syntax, perhaps a bogus '-'? See /usr/share/doc/procps-3.2.8/FAQ

root　　　12467　12.2　7.2 1335084 292432 pts/0　Sl　07:35　0:16 /usr/libexec/
qemu-kvm -m 1024 -localtime -M pc -smp 1 -drive file = /tmp/centos6.img, cache =
writeback,boot = on -net nic,macaddr = 00:0c:29:11:11:11 -cdrom /dev/cdrom -boot d -
name kvm-centos6,process = kvm-centos6 -vnc :2 -usb -usbdevice tablet

root　　　12631　0.0　0.0 103256　　852 pts/2　　　S +　　07:38　0:00 grep
qemu-kvm

［root@localhost ～］kill 15 12467

16.3　任务准备

1. 在虚拟机上启动 Red Hat Enterprise Linux 8 系统,并打开终端。
2. 以 root 身份登录系统。

16.4　任务解决

1. 安装 KVM 软件

配置步骤如下。

① 在 VMware WorkStation 虚拟机设置中,勾选"虚拟化 Intel VT-x/EPT 或 AMD-V/
RVI(V)",开启 CPU 硬件虚拟化功能,如图 16-3 所示。

② 启动虚拟机,以 root 身份登录。

③ 用命令"cat /proc/cpuinfo | grep vmx"查看 CPU 信息,显示支持 vmx 功能。下面的
命令结果显示 2 核 CPU 都支持 vmx 功能。如果查询不到,则确认步骤①中是否已开启 CPU

虚拟化系统实战

硬件虚拟化功能。

图 16-3 虚拟机设置开启 CPU 硬件虚拟化

```
[root@localhost ~]# cat /proc/cpuinfo | grep vmx
    flags：fpu vme de pse tsc msr pae mce cx8 apic sep mtrr pge mca cmov pat pse36
clflush mmx fxsr sse sse2 ss ht syscall nx pdpe1gb rdtscp lm constant_tsc arch_perfmon
rep_good nopl xtopology tsc_reliable nonstop_tsc cpuid pni pclmulqdq vmx ssse3 fma
cx16 pcid sse4_1 sse4_2 x2apic movbe popcnt tsc_deadline_timer aes xsave avx f16c
rdrand hypervisor lahf_lm abm 3dnowprefetch cpuid_fault invpcid_single ssbd ibrs ibpb
stibp ibrs_enhanced tpr_shadow vnmi ept vpid ept_ad fsgsbase tsc_adjust bmi1 avx2 smep
bmi2 erms invpcid avx512f avx512dq rdseed adx smap avx512ifma clflushopt avx512cd sha
_ni avx512bw avx512vl xsaveopt xsavec xgetbv1 xsaves arat avx512vbmi umip pku ospke
avx512_vbmi2 gfni vaes vpclmulqdq avx512_vnni avx512_bitalg avx512_vpopcntdq rdpid
md_clear flush_l1d arch_capabilities
```

flags：fpu vme de pse tsc msr pae mce cx8 apic sep mtrr pge mca cmov pat pse36 clflush mmx fxsr sse sse2 ss ht syscall nx pdpe1gb rdtscp lm constant_tsc arch_perfmon rep_good nopl xtopology tsc_reliable nonstop_tsc cpuid pni pclmulqdq vmx ssse3 fma cx16 pcid sse4_1 sse4_2 x2apic movbe popcnt tsc_deadline_timer aes xsave avx f16c rdrand hypervisor lahf_lm abm 3dnowprefetch cpuid_fault invpcid_single ssbd ibrs ibpb stibp ibrs_enhanced tpr_shadow vnmi ept vpid ept_ad fsgsbase tsc_adjust bmi1 avx2 smep bmi2 erms invpcid avx512f avx512dq rdseed adx smap avx512ifma clflushopt avx512cd sha_ni avx512bw avx512vl xsaveopt xsavec xgetbv1 xsaves arat avx512vbmi umip pku ospke avx512_vbmi2 gfni vaes vpclmulqdq avx512_vnni avx512_bitalg avx512_vpopcntdq rdpid md_clear flush_l1d arch_capabilities

④ 配置 yum 源。配置阿里 yum 源，用于安装 KVM 虚拟化工具。

［root@localhost yum.repos.d］# cd /etc/yum.repos.d/

［root@localhost yum.repos.d］# curl -o /etc/yum.repos.d/CentOS-Base.repo https://mirrors.aliyun.com/repo/Centos-8.repo

% Total	% Received % Xferd	Average Dload	Speed Upload	Time Total	Time Spent	Time Left	Current Speed
100　2595	100　2595　　0	0	10421	0	--:--:--	--:--:-- --:--:--	10421

［root@localhost yum.repos.d］# mv redhat.repo redhat.repo_bak

［root@localhost yum.repos.d］# yum clean all

Updating Subscription Management repositories.

Unable to read consumer identity

This system is not registered to Red Hat Subscription Management. You can use subscription-manager to register.

0 文件已删除

［root@localhost yum.repos.d］# yum makecache

Updating Subscription Management repositories.

Unable to read consumer identity

This system is not registered to Red Hat Subscription Management. You can use subscription-manager to register.

CentOS-8 - Base - mirrors.aliyun.com	4.8 MB/s｜2.3 MB	00:00
CentOS-8 - Extras - mirrors.aliyun.com	35 kB/s｜9.2 kB	00:00
CentOS-8 - AppStream - mirrors.aliyun.com	8.2 MB/s｜6.3 MB	00:00

元数据缓存已建立。

⑤ KVM 虚拟化工具安装。需要安装 3 个虚拟化工具软件：Virtualization Client（虚拟化客户端）、Virtualization Tools（虚拟化工具）、Virtualization Hypervisor（虚拟化核心套件）。使用软件组命令一次将 3 个工具软件都安装好。

```
[root@localhost yum.repos.d]# yum -y group install "Virtualization Client" "Virtualization Hypervisor" "Virtualization Tools"
```

安装完成后，在 RedHat 图形界面中可以看到"虚拟系统管理器"图标，如图 16-4 所示。

图 16-4　虚拟机管理系统工具

使用"virsh list --all"命令查看虚拟机，可以看到 virsh list 命令可以使用，但目前没有已经创建的虚拟机。

```
[root@localhost yum.repos.d]# virsh list --all
 Id    名称    状态
--------------------
```

2. 使用 KVM virt-manager 创建虚拟机

使用 KVM 在 RedHat Linux 8 系统下创建一个 CentOS 6 系统的虚拟机，配置步骤如下。

① 使用 SecureFX 等 FTP 工具，将 CentOS 6 系统镜像光盘 CentOS-6. 6-x86＿64-minimal. iso 文件上传到 RedHat 系统新建的/iso 目录下，如图 16-5 所示。

```
[root@localhost ~]# cd /
[root@localhost /]# mkdir iso
[root@localhost ~]# cd /iso/
[root@localhost iso]# ll
总用量 392192
-rw-r--r--. 1 root root 401604608 8 月    21 2017 CentOS-6.6-x86_64-minimal.iso
```

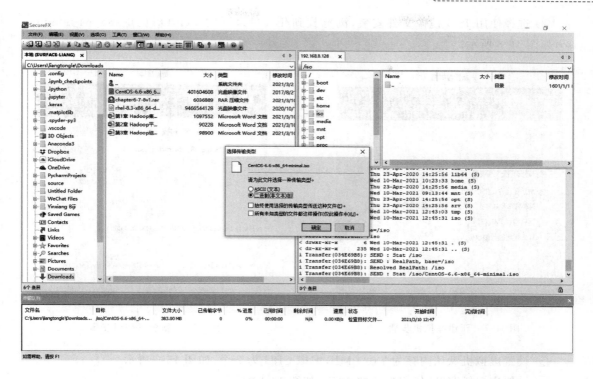

图 16-5　使用 SecureFX 上传镜像文件

② 在 RedHat 图形界面打开"活动"→"显示应用程序"→"虚拟系统管理器",如图 16-6 所示。

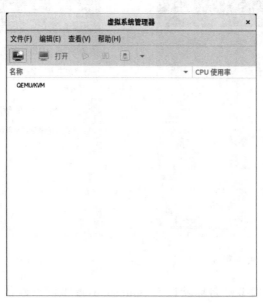

图 16-6　虚拟系统管理器

③ 在虚拟系统管理器中单击第一个图标,开始创建新的虚拟机。选择安装来源为"本地安装介质",如图 16-7 所示。

④ 选择使用 ISO 镜像文件安装,浏览找到/iso 目录下的 CentOS-6.6-x86_64-minimal.iso,如图 16-8 所示。

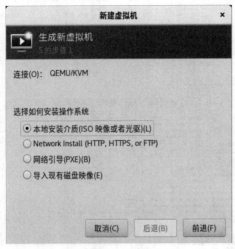

图 16-7　新建虚拟机步骤 1

图 16-8　新建虚拟机步骤 2

⑤ 设置虚拟机默认内存为 1 024 MB,虚拟 CPU 为 2 个,如图 16-9 所示。

⑥ 设置虚拟机存储,使用默认的 9 GB,如图 16-10 所示。

图 16-9　新建虚拟机步骤 3

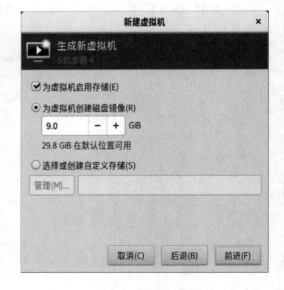

图 16-10　新建虚拟机步骤 4

⑦ 完成虚拟机创建,虚拟机名称默认为 centos6.6,虚拟网络默认为 NAT 类型,如图 16-11 所示。

⑧ 单击"完成",虚拟机会自动启动,进入光盘引导界面。

⑨ 在 KVM 虚拟机中安装 CentOS 6 的过程与真实机器相同,网卡配置为 DHCP 自动获取 IP 地址即可。CentOS 6 虚拟机安装系统如图 16-12 所示。

图 16-11　新建虚拟机步骤 5

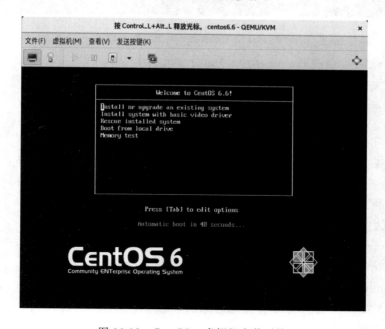

图 16-12　CentOS 6 虚拟机安装系统

⑩ 安装完成后,使用 root 用户登录 CentOS 6.6 虚拟机。查看 CentOS 的 IP 地址,为192.168.122.253,如图 16-13 所示。若 CentOS 网卡未启动,可以使用 ifup 命令启动网卡并自动分配 IP 地址。

⑪ 在 RedHat 宿主机上 ping CentOS 客户机的 IP 地址,可以连通。客户机只能从宿主机访问,从本机(也就是外部网络)是访问不到的。若要从外部网络访问 KVM 创建的虚拟机,需要配置桥接网络。

图 16-13　CentOS 6.6 虚拟机界面

```
[root@localhost iso]# ping 192.168.122.253
PING 192.168.122.253 (192.168.122.253) 56(84) bytes of data.
64 bytes from 192.168.122.253：icmp_seq = 1 ttl = 64 time = 2.33 ms
64 bytes from 192.168.122.253：icmp_seq = 2 ttl = 64 time = 0.578 ms
64 bytes from 192.168.122.253：icmp_seq = 3 ttl = 64 time = 3.28 ms
64 bytes from 192.168.122.253：icmp_seq = 4 ttl = 64 time = 1.08 ms
64 bytes from 192.168.122.253：icmp_seq = 5 ttl = 64 time = 0.727 ms
^C
--- 192.168.122.253 ping statistics ---
5 packets transmitted, 5 received, 0 % packet loss, time 20ms
rtt min/avg/max/mdev = 0.578/1.598/3.283/1.044 ms
```

⑫ 输入"shutdown -h now"正常关闭 CentOS 客户机。

3. 使用 KVM virsh 基本命令行管理虚拟机

① 查看虚拟机。

```
[root@localhost ~]#  virsh list --all
Id   名称        状态
------------------------
-    centos6.6   关闭
```

② 启动虚拟机。

```
[root@localhost ~]# virsh start centos6.6
域 centos6.6 已开始
```

③ 查看虚拟机运行状态。virsh list 只能查看到运行状态的虚拟机，virsh list-all 可以查

看所有状态的虚拟机。

```
[root@localhost ~]# virsh list
Id    名称           状态
--------------------------
3     centos6.6      running
```

④ 强制关闭虚拟机。

```
[root@localhost ~]# virsh destroy centos6.6
域 centos6.6 被删除

[root@localhost ~]#   virsh list --all
Id    名称           状态
------------------------
-     centos6.6    关闭
```

⑤ 取消定义客户机,该命令会删除客户机,需谨慎使用。

```
[root@localhost ~]# virsh undefine centos6.6
```

16.5　任务扩展练习

实现虚拟机通过桥接网卡连接到外部网络。

1. 参考网络配置相关任务,配置 RedHat Linux 8 桥接网卡。

2. 将客户机关机,编辑客户机设置,在 NIC 处将网络源修改为桥接网卡。

3. 将客户机开机,此时客户机 CentOS 不再获取 192.168.122.0/24 网段中的 IP 地址,而是获取宿主机所在网络中的 IP 地址。

4. 检查从本机(Windows 物理机)是否可以 ping 通 CentOS 客户机。

5. 本机可以通过 SSH 连接到 CentOS 客户机。

6. 检查客户机获取到的默认网关和 DNS 服务器地址。

7. 如果本机能够访问 Internet,那么客户机也可以访问 Internet。

任务 17　配置 SSH 服务

SSH(Secure Shell)是一个建立在应用层上的安全远程管理协议。SSH 是目前较为可靠的传输协议,专为远程登录会话和其他网络服务提供安全性。利用 SSH 协议可以有效地防止远程管理过程中的信息泄露问题。SSH 可用于大多数 UNIX 和类 UNIX 操作系统中,能够实现字符界面的远程登录管理,它默认使用 22 端口,采用密文的形式在网络中传输数据,相对于通过明文传输的 Telnet 协议,具有更高的安全性。本次任务就是在服务器上配置一个 SSH 服务,以提供安全的远程访问。

17.1　任 务 描 述

1. 用基本的基于口令的方式配置 SSH 服务器,禁止 root 用户访问,访问的端口为 2222。
2. 通过设置安全密钥的方式,配置 SSH 服务器。

17.2　引 导 知 识

SSH 服务介绍

17.2.1　SSH 服务介绍

使用 SSH 协议来远程管理 Linux 系统,需要部署并配置 sshd 服务程序。sshd 是基于 SSH 协议开发的一款远程管理服务程序,不仅使用起来方便快捷,而且能够提供两种安全验证的方法。

➤ 基于口令的验证:用账户和密码来验证登录。

➤ 基于密钥的验证:需要在本地生成密钥对,然后把密钥对中的公钥上传至服务器,并与服务器中的公钥进行比较,该方式相对来说更安全。

SSH 加密技术就是将人类可以看得懂的数据,通过一些特殊的加密程序算法,变成乱码信息,然后通过网络进行传输,而当到了目的地后,再通过对应的解密算法,把传过来的加密数据信息解密成加密前的可读正常数据。因此,当数据在互联网上传输时,即使被黑客监听或窃取了,黑客也很难获取到真正需要的数据。

当前,网络上的数据包加密技术一般是通过所谓的一对公钥与私钥(public key and private key)组合成的密钥对进行加密与解密操作的。如图 17-1 所示,Client 要获得 Server 上的数据,首先会在本地生成密钥对,然后把公钥传给服务器,服务器中就会保留用户的公钥数据库文件,当 Server 给 Client 传数据时,通过公钥加密后再发送到网络上进行传输,加密的数据到达 Client 端后,再经由 Client 本地的私钥将加密的数据解密出来。由于在 Internet 上传输的数据是加密过的,所以传输的数据内容一般来说是比较安全的。

第一步：客户端root创建密钥对
私钥文件：id_rsa
公钥文件：id_rsa.pub

第三步：导入服务器端root的公钥
数据库文件：~/.ssh/authorized_keys

第二步：上传公钥文件id_rsa.pub

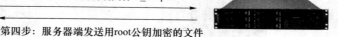

第四步：服务器端发送用root公钥加密的文件

第五步：客户端root用自己本地的
私钥来解密收到的文件

图 17-1　基于密钥访问

17.2.2　SSH 配置

SSH 服务的配置信息保存在/etc/ssh/sshd_config 文件中，SSH 服务配置文件中包含的重要参数及其作用如表 17-1 所示。

表 17-1　SSH 服务配置文件中包含的参数及其作用

参　数	作　用
Port 22	默认的 sshd 服务端口
ListenAddress 0.0.0.0	设定 sshd 服务器监听的 IP 地址
Protocol 2	SSH 协议的版本号
HostKey /etc/ssh/ssh_host_key	SSH 协议版本为 1 时，DES 私钥存放的位置
HostKey /etc/ssh/ssh_host_rsa_key	SSH 协议版本为 2 时，RSA 私钥存放的位置
HostKey /etc/ssh/ssh_host_dsa_key	SSH 协议版本为 2 时，DSA 私钥存放的位置
PermitRootLogin yes	设定是否允许 root 管理员直接登录
StrictModes yes	当远程用户的私钥改变时直接拒绝连接
MaxAuthTries 6	最大密码尝试次数
MaxSessions 10	最大终端数
PasswordAuthentication yes	是否允许密码验证
PermitEmptyPasswords no	是否允许空密码登录(很不安全)

17.3　任务准备

① 在两台虚拟机上安装好 Red Hat Enterprise Linux 8 系统，可以把原有的虚拟机进行克隆，一台作为服务器，命名为 Server，另一台作为客户机，命名为 Client。虚拟机的克隆要在关机状态下进行。选择"虚拟机"→"管理"→"克隆"，如图 17-2 所示，进入"克隆虚拟机向导"页面，如图 17-3 所示，选择克隆虚拟机当前状态，如图 17-4 所示，选择"创建链接克隆"，如图 17-5 所示，填写虚拟机名称，并选择克隆虚拟机保存位置，如图 17-6 所示，单击"完成"即可。

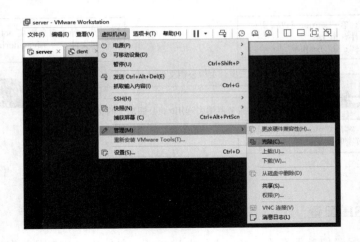

图 17-2　克隆虚拟机

图 17-3　克隆虚拟机

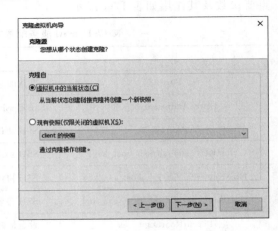

图 17-4　克隆虚拟机当前状态

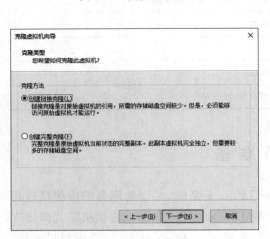

图 17-5　创建链接克隆

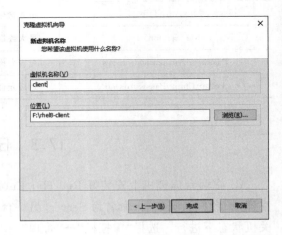

图 17-6　填写虚拟机名称并选择虚拟机保存位置

② 保证网络连通。

③ 准备好 Red Hat Enterprise Linux 8 系统 DVD 盘。

17.4　任务解决

SSH 服务实战

1. 基于口令基本配置

准备好两台主机，一台作为 Server，另一台作为 Client，修改好主机名，配置好网络并能够互通，接下来的操作在两台机器上进行，请留意主机名的区别，并根据主机名确定操作的主机。

```
[root@Server ~]# ip a|grep ens160                #查看服务器的 IP 地址
2：ens160：<BROADCAST,MULTICAST,UP,LOWER_UP> mtu 1500 qdisc fq_codel state UP
group default qlen 1000
     inet 192.168.239.131/24 brd 192.168.239.255 scope global dynamic ens160
[root@Client ~]# ip a|grep ens160                #查看客户机的 IP 地址
2：ens160：<BROADCAST,MULTICAST,UP,LOWER_UP> mtu 1500 qdisc fq_codel state UP
group default qlen 1000
     inet 192.168.239.130/24 brd 192.168.239.255 scope global dynamic ens160
[root@Client ~]# ping 192.168.239.131 -c 4       #测试网络的连通性
PING 192.168.239.131 (192.168.239.131) 56(84) bytes of data.
64 bytes from 192.168.239.131：icmp_seq = 1 ttl = 64 time = 1.46 ms
64 bytes from 192.168.239.131：icmp_seq = 2 ttl = 64 time = 0.233 ms
64 bytes from 192.168.239.131：icmp_seq = 3 ttl = 64 time = 0.311 ms
64 bytes from 192.168.239.131：icmp_seq = 4 ttl = 64 time = 0.412 ms
--- 192.168.239.131 ping statistics ---
4 packets transmitted, 4 received, 0 % packet loss, time 31ms
rtt min/avg/max/mdev = 0.233/0.604/1.462/0.499 ms
```

（1）默认 ssh 连接配置完成

在 Red Hat Enterprise Linux 8 系统中，已经默认安装并启用了 sshd 服务程序。可以通过 netstat 命令查看网络状态，查看 ssh 服务的默认 22 号网络端口是否开启，接下来使用 ssh 命令进行远程连接，其格式为"ssh［参数］主机 IP 地址"，要退出登录则执行 exit 命令。

```
[root@Server ~]# netstat -antp|grep ：22              #查看 22 号端口是否在侦听
tcp      0      0 0.0.0.0:22         0.0.0.0:*       LISTEN      1066/sshd
tcp6     0      0 :::22              :::*            LISTEN      1066/sshd
[root@Client ~]# ping 192.168.239.131 -c 4
PING 192.168.239.131 (192.168.239.131) 56(84) bytes of data.
64 bytes from 192.168.239.131：icmp_seq = 1 ttl = 64 time = 1.46 ms
64 bytes from 192.168.239.131：icmp_seq = 2 ttl = 64 time = 0.233 ms
64 bytes from 192.168.239.131：icmp_seq = 3 ttl = 64 time = 0.311 ms
64 bytes from 192.168.239.131：icmp_seq = 4 ttl = 64 time = 0.412 ms
--- 192.168.239.131 ping statistics ---
```

```
4 packets transmitted, 4 received, 0% packet loss, time 31ms
rtt min/avg/max/mdev = 0.233/0.604/1.462/0.499 ms


[root@Client ~]# ssh 192.168.239.131                #在客户机 ssh 登录服务器
The authenticity of host '192.168.239.131 (192.168.239.131)' can't be
established.
ECDSA key fingerprint is SHA256:rhxgtOkL8itezXGeT16cicIO86eqfblcGgN/eQAxV20.
Are you sure you want to continue connecting (yes/no)? yes
Warning: Permanently added '192.168.239.131' (ECDSA) to the list of known hosts.
root@192.168.239.131's password:
Activate the web console with: systemctl enable --now cockpit.socket
Last login: Thu Mar  4 02:48:17 2021
[root@Server ~]#
```

（2）修改服务端口设置，改为 root 不能登录

可以通过修改第 17 行的"#Port 22"来修改登录的端口号，参数前的"#"去掉，改为需要的端口号；如果禁止以 root 管理员的身份远程登录服务器，则可以大大地降低被黑客暴力破解密码的概率。打开 sshd 服务的主配置文件，然后把第 46 行"#PermitRootLogin yes"参数前的井号（#）去掉，并把参数值 yes 改成 no，这样就不再允许 root 管理员远程登录了。

```
……
16 #
17 Port 2222
18 #AddressFamily any
19 #ListenAddress 0.0.0.0
20 #ListenAddress ::
21
……
45 #LoginGraceTime 2m
46 PermitRootLogin no
47 #StrictModes yes
48 #MaxAuthTries 6
49 #MaxSessions 10
……
```

通常服务程序并不会在配置文件修改之后立即获得最新的参数，如果想让新配置文件生效，则需要重启相应的服务程序，最好也将这个服务程序加入开机启动项中，这样系统在下一次启动时，该服务程序便会自动运行，继续为用户提供服务，这里要特别注意，要把 selinux 关闭以后才能重启服务，同时需要关闭防火墙。

```
[root@Server ~]# getenforce                              #查看 selinux 状态
Enforcing
[root@Server ~]# setenforce 0                            #关闭 selinux 状态
[root@Server ~]# getenforce
Permissive
[root@Server ~]# systemctl stop firewalld                #关闭 selinux 状态
[root@Server ~]# systemctl restart sshd                  #重启 sshd 服务
[root@Server ~]# systemctl enable sshd                   #开机自动加载 sshd 服务
```

在 Windows 主机上使用远程登录软件 Xshell 进行测试,如图 17-7 所示。登录后就可以访问 Linux 服务器了。

图 17-7 远程登录测试

Linux 客户机测试结果如下:

```
[root@Client ~]# ssh 192.168.239.131 -p 2222   #用 root 用户访问 2222 端口被拒绝
root@192.168.239.131's password:
Permission denied, please try again.
[root@Client ~]# ssh 192.168.239.131 -l user -p 2222  #用 user 用户访问 2222 端口
user@192.168.239.131's password:
Activate the web console with: systemctl enable --now cockpit.socket
Last login: Thu Mar  4 03:44:12 2021 from 192.168.239.129
[user@Server ~]$
```

2. 安全密钥验证

加密是对信息进行编码和解码的技术,它通过一定的算法(密钥)将原本可以直接阅读的明文信息转换成密文形式。密钥即密文的钥匙,有私钥和公钥之分。在传输数据时,如果担心被他人监听或截获,就可以在传输前先使用公钥对数据进行加密处理,然后再传送。这样只有掌握私钥的用户才能解密这段数据,除此之外的其他人即便截获了数据,一般也很难将其破译为明文信息。

在生产环境中使用密码进行口令验证终归存在着被暴力破解或嗅探截获的风险,如果正确配置了密钥验证方式,那么 sshd 服务程序将更加安全。具体的配置步骤如下。

① 在客户端主机中生成"密钥对",配置文件改为原来的默认值:

```
[root@Client ~]# ssh-keygen
Generating public/private rsa key pair.
Enter file in which to save the key (/root/.ssh/id_rsa):
Enter passphrase (empty for no passphrase):
Enter same passphrase again:
Your identification has been saved in /root/.ssh/id_rsa.
Your public key has been saved in /root/.ssh/id_rsa.pub.
The key fingerprint is:
SHA256:ts3as2kz8VTgY3ty3jh17hED + dmm1bEUQMAKsJineS8 root@Client
The key's randomart image is:
 +----[RSA 2048]----+
|   ..    ..oo..    |
|  o ..  .. . .     |
| o o  ... + o      |
| +  .  + = *       |
| o . S  . + * =    |
|... +. + o+ =      |
|  E.. o+  =.*.     |
| .  o =.. + +      |
|    .. + =  o.     |
 +----[SHA256]-----+
```

查看密钥文件:

```
[root@Client ~]# ls /root/.ssh
id_rsa   id_rsa.pub   known_hosts
```

② 把客户端主机中生成的公钥文件传送至远程主机:

```
[root@Client ~]# ssh-copy-id 192.168.239.131
/usr/bin/ssh-copy-id: INFO: attempting to log in with the new key(s), to filter out
any that are already installed
/usr/bin/ssh-copy-id: INFO: 1 key(s) remain to be installed -- if you are prompted
now it is to install the new keys
root@192.168.239.131's password:            #此处输入远程服务器 root 密码

Number of key(s) added: 1

Now try logging into the machine, with:   "ssh'192.168.239.131'"
and check to make sure that only the key(s) you wanted were added.
[root@Client ~]#
```

③ 对服务器进行设置,使其只允许密钥验证,拒绝传统的口令验证方式:

```
……
69
70 # To disable tunneled clear text passwords, change to no here!
71 #PasswordAuthentication yes
72 PermitEmptyPasswords no
73 PasswordAuthentication yes
74
……
[root@localhost ~]# systemctl restart sshd
```

④ 在客户端尝试登录服务器,需要输入生成秘钥对的密码,如图 17-8 所示。

```
[root@Client ~]# ssh 192.168.239.131
Activate the web console with: systemctl enable --now cockpit.socket
Last failed login: Thu Mar   4 03:46:31 EST 2021 from 192.168.239.130 on ssh:notty
There were 3 failed login attempts since the last successful login.
Last login: Thu Mar   4 03:03:20 2021 from 192.168.239.130
[root@Server ~]#
```

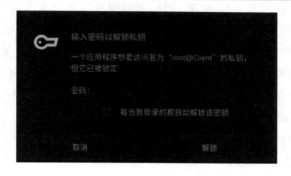

图 17-8　输入密码

⑤ 无须输入密码登录。ssh-agent 是一种控制用来保存公钥身份验证所使用的私钥的程序,其实 ssh-agent 就是一个密钥管理器,运行 ssh-agent 以后,使用 ssh-add 将私钥交给 ssh-agent 保管,其他程序需要身份验证的时候,可以将验证申请交给 ssh-agent 来完成整个认证过程。

eval 会对后面的命令行进行两遍扫描,如果在第一遍扫描后 cmdLine 是一个普通命令,则执行此命令;如果命令行中含有变量的间接引用,则保证间接引用的语义:

```
[root@Client ~]# eval 'ssh-agent'
Agent pid 5277
[root@Client ~]# ssh-add
Enter passphrase for /root/.ssh/id_rsa:
Identity added: /root/.ssh/id_rsa (root@Client)
[root@Client ~]# ssh 192.168.239.131
Activate the web console with: systemctl enable --now cockpit.socket
Last login: Thu Mar   4 05:23:53 2021 from 192.168.239.130
[root@Server ~]#
```

⑥ 远程传输命令。scp(secure copy)是一个基于 SSH 协议在网络之间进行安全传输的命令,其格式为"scp［参数］本地文件 远程账户@远程 IP 地址:远程目录"。

cp 命令只能在本地硬盘中进行文件复制,与 cp 命令不同,scp 不仅能够通过网络传送数据,而且所有的数据都将进行加密处理。如果想把一些文件通过网络从一台主机传递到另一台主机,这两台主机又恰巧是 Linux 系统,这时使用 scp 命令就可以轻松完成文件的传递了。scp 命令中可用的参数及其作用如表 17-2 所示。

表 17-2　scp 命令中可用的参数及其作用

参　数	作　用
-v	显示详细的连接进度
-P	指定远程主机的 sshd 端口号
-r	用于传送文件夹
-6	使用 IPv6 协议

在使用 scp 命令把文件从本地复制到远程主机时,首先需要以绝对路径的形式写清本地文件的存放位置。如果要传送整个文件夹内的所有数据,还需要额外添加参数-r 进行递归操作。然后写上要传送到的远程主机的 IP 地址,远程服务器便会要求进行身份验证了。当前用户名称为 root,而密码则为远程服务器的密码。如果想使用指定用户的身份进行验证,可使用"用户名@主机地址的参数"格式。最后需要在远程主机的 IP 地址后面添加冒号,并在后面写上要传送到远程主机的哪个文件夹中。只要参数正确并且成功验证了用户身份,即可开始传送工作。由于 scp 命令是基于 SSH 协议进行文件传送的,如果设置好了密钥验证,则在传输文件时,并不需要账户和密码。

以下操作实现客户机和服务器的互相访问。

① 在服务器端创建一个文件:

```
[root@server ~]# echo "Welcome to server" > readme.txt
[root@server ~]#
```

② 在客户机上无密码复制下载:

```
[root@Client ~]# scp 192.168.239.131:/root/readme.txt /home
readme.txt                              100%    18      3.2KB/s    00:00
[root@Client ~]# ls /home
readme.txt   user
```

③ 在客户端创建一个文件并无密码上传到服务器:

```
[root@Client ~]# echo "Welcome to client" > test.txt
[root@Client ~]# scp /root/test.txt 192.168.239.131:/home
test.txt
100%    18    12.4KB/s   00:00
[root@Server ~]# cat /home/test.txt                    #在服务器上查看结果
Welcome to client
```

17.5　任务扩展练习

查找资料,实现在企业服务器中配置 SSH 服务,并完成以下要求:

① 默认连接端口为 5200;

② 禁止 root 用户远程登录;

③ 禁止空密码登录;

④ 不能使用 DNS 域名解析。

任务 18　配置 NFS 共享服务

NFS(Network File System,网络文件系统)最大的功能就是可以通过网络,让不同的机器、不同的操作系统可以彼此分享文件。可以将网络远程的 NFS 服务器分享的目录,挂载到本地 Linux 终端中,在本地端的机器看起来,使用那个远程主机的目录就好像是使用自己的一个磁盘分区一样,非常方便。本次任务就是搭建 NFS 服务器并分享目录让客户端的用户来使用。

18.1　任 务 描 述

请按照以下要求给 NSF 服务器中的/nfsfile 目录设置共享。

① 让服务器子网内的所有主机访问。
② 所有用户有读写权限。
③ 将数据写入 NFS 服务器的硬盘中后才会结束操作,最大限度地保证数据不丢失。
④ 把客户端 root 管理员映射为本地的匿名用户。

18.2　引 导 知 识

NFS 服务介绍

18.2.1　NFS 服务介绍

NFS 服务可以将远程 Linux 系统上的文件共享资源挂载到本地主机的目录上,从而使得本地主机(Linux 客户端)基于 TCP/IP 协议,像使用本地主机上的资源那样读写远程 Linux 系统上的共享文件。

当在 NFS 服务器中设置好一个共享目录/home/public 后,其他有权访问 NFS 服务器的 NFS 客户端就可以将这个目录挂载到自己文件系统的某个挂载点,这个挂载点可以自己定义,如图 18-1 所示,客户端 1 与客户端 2 挂载的目录不相同,并且挂载后在本地能够看到服务端/home/public 的所有数据。如果服务器端配置的客户端只读,那么客户端就只能够只读。如果配置读写,客户端就能够进行读写。

NFS 是通过网络来进行服务器端和客户端之间的数据传输的,两者之间要传输数据就要有对应的网络端口,这需要通过远程过程调用(Remote Procedure Call,RPC)协议来实现。因为 NFS 支持的功能很多,不同的功能会使用不同的程序来启动,每启动一个功能就会启用一些端口来传输数据,因此 NFS 的功能对应的端口并不固定,RPC 就是用来统一管理 NFS 端口服务的,统一对外的端口是 111,RPC 记录 NFS 端口的信息,就能够通过 RPC 实现服务端和客户端沟通端口信息。RPC 最主要的功能就是指定每个 NFS 功能所对应的端口号并且通知

NFS客户端,让客户端可以连接到正常端口上去。RPC像一个提供端口服务的中介一样,因此在启动NFS服务之前,首先要启动RPC服务(即rpcbind服务),另外,如果RPC服务重新启动,原来已经注册好的NFS端口数据就会全部丢失,此时RPC服务管理的NFS程序也要重新启动,以重新向RPC注册。

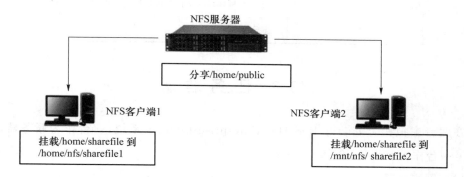

图18-1　客户端使用NFS服务器的共享目录

18.2.2　NFS服务配置

要部署NFS服务,必须安装两个软件包:nfs-utils(NFS主程序)、rpcbind(PRC主程序)。NFS服务器端和客户端都需要安装这两个软件。

NFS服务程序的配置文件为/etc/exports,默认情况下里面没有任何内容。我们可以按照"共享目录的路径　允许访问的NFS客户端(共享权限参数)"的格式,定义要共享的目录与相应的权限。NFS服务程序配置文件参数如表18-1所示。

表 18-1　NFS服务程序配置文件参数

参　数	作　用
ro	只读访问
rw	读写访问
root_squash	客户端root用户的所有请求映射成如anonymous用户一样的权限(默认)
no_root_squash	当NFS客户端以root管理员访问时,映射为NFS服务器的root用户
all_squash	无论NFS客户端使用什么账户访问,均映射为NFS服务器的匿名用户
sync	所有数据在请求时写入共享
async	将数据先保存在内存缓冲区中,必要时才写入磁盘
secure	NFS通过1024以下的安全TCP/IP端口发送
insecure	NFS通过1024以上的端口发送
Hide	在NFS共享目录中不共享其子目录
no_hide	共享NFS目录的子目录

NFS客户端的配置步骤十分简单。先使用showmount命令查询NFS服务器的远程共享信息,其输出格式为"共享的目录名称　允许使用客户端地址",然后再挂载目录就可以了。showmount命令中可用的参数及其作用如表18-2所示。

表 18-2　showmount 命令中可用的参数及其作用

参　数	作　用
-e	显示 NFS 服务器的共享列表
-a	显示本机挂载的文件资源情况
-v	显示版本号

18.3　任务准备

1. 在两台虚拟机上安装好 Red Hat Enterprise Linux 8 系统,一台作为服务器,命名为 Server,另一台作为客户机,命名为 Client。

2. 保证网络连通。

3. 准备好 Red Hat Enterprise Linux 8 系统 DVD 盘。

18.4　任务解决

NFS 服务实战

1. 准备两台 Linux 主机

为了检验 NFS 服务配置的效果,我们需要使用两台 Linux 主机(一台作为 NFS 服务器,另一台作为 NFS 客户端),另外要关闭防火墙。

[root@Server ～]# systemctl stop firewalld　　　　#关闭防火墙

2. 安装 NFS 软件包

[root@Server ～]# yum install nfs-utils -y　　　　#系统会安装 5 个软件包

Updating Subscription Management repositories.

Unable to read consumer identity

This system is not registered to Red Hat Subscription Management. You can use subscription-manager to register.

上次元数据过期检查:2:54:04 前,执行于 2021 年 03 月 06 日 星期六 21 时 10 分 32 秒。

依赖关系解决。

已安装:

　　nfs-utils-1:2.3.3-14.el8.x86_64　　　　gssproxy-0.8.0-5.el8.x86_64　　　　keyutils-1.5.10-6.el8.x86_64　　　　libverto-libevent-0.3.0-5.el8.x86_64

　　rpcbind-1.2.5-3.el8.x86_64

完毕!

nfs-utils 软件安装完成后,它需要的 RPC 服务软件包 rpcbind 也会打包安装好,并且启动,可以查看 RPC 状态。

```
[root@Server ~]# systemctl status rpcbind
rpcbind.service - RPC Bind
    Loaded: loaded (/usr/lib/systemd/system/rpcbind.service; enabled; vendor
preset: enabled)
    Active: active (running) since Sun 2021-03-07 00:05:48 EST; 13min ago
      Docs: man:rpcbind(8)
  Main PID: 16219 (rpcbind)
     Tasks: 1 (limit: 11366)
    Memory: 1.6M
    CGroup: /system.slice/rpcbind.service
            └─16219 /usr/bin/rpcbind -w -f
3 月 07 00:05:48 Server systemd[1]: Starting RPC Bind...
3 月 07 00:05:48 Server systemd[1]: Started RPC Bind.
```

3. 建立共享目录

在 NFS 服务器上建立用于 NFS 文件共享的目录,并设置足够的权限确保其他人有写入权限,在目录下建立一个文件用于测试。

```
[root@Server ~]# mkdir /nfsfile
[root@Server ~]# chmod -Rf 777 /nfsfile
[root@Server ~]# echo "welcome to nfsserver" > /nfsfile/nfstest
```

4. 编辑配置文件

注意:NFS 客户端地址与权限之间没有空格。

```
[root@Server ~]# vim /etc/exports
/nfsfile 192.168.239.*(rw,sync,root_squash)
#  共享目录给本网络所有主机    可读写    写入硬盘    root 用户映射为匿名用户
```

5. 启动和启用 NFS 服务程序,并在本地查看

```
[root@Server ~]# systemctl start nfs-server          #启动服务
[root@Server ~]# systemctl enable nfs-server         #设置开机启动
Created symlink /etc/systemd/system/multi-user.target.wants/nfs-server.service
→ /usr/lib/systemd/system/nfs-server.service.
[root@Server ~]# lsof -i :111                        #查看 111 端口的状态
COMMAND PID USER    FD    TYPE DEVICE SIZE/OFF NODE NAME
systemd   1 root   207u   IPv4  22170      0t0  TCP *:sunrpc (LISTEN)
systemd   1 root   208u   IPv4  22171      0t0  UDP *:sunrpc
systemd   1 root   209u   IPv6  22172      0t0  TCP *:sunrpc (LISTEN)
systemd   1 root   210u   IPv6  22173      0t0  UDP *:sunrpc

[root@Server ~]# showmount -e          #在服务器查看本机 nfs 共享情况
Export list for Server:
/nfsfile 192.168.239.*
```

注意:一般修改 NFS 配置文档后,是不需要重启 NFS 的,直接执行命令 exportfs -a 即可

使修改的/etc/exports 生效。

6. 在 NFS 客户端使用

先在客户端使用 showmount 命令查看服务器共享的情况,命令要指明服务器的 IP 地址。

```
[root@Client ~]# showmount -e 192.168.239.131    #在客户端查看服务器的 nfs 共享情况
Export list for 192.168.239.131:
/nfsfile 192.168.239.*
```

使用 mount 命令并结合-t 参数,指定要挂载文件系统的类型,并在命令后面写上服务器的 IP 地址、服务器上的共享目录以及要挂载到本地系统(即客户端)的目录。挂载成功后就可以看到在执行前面的操作时写入的文件内容了。

```
[root@Client ~]# mkdir /nfsclient
[root@Client ~]# mount -t nfs 192.168.239.131:/nfsfile /nfsclient
[root@Client ~]# ls /nfsclient/
nfstest
```

如果希望 NFS 文件共享服务能一直有效,则需要将其写入 fstab 文件中:

```
[root@Client ~]# echo "192.168.239.131:/nfsfile /nfsclient nfs 0 0">>/etc/fstab
```

至此,NFS 服务器的配置和使用完成。

18.5　任务扩展练习

查找资料,对 NFS 服务器的/opt/tmp 目录共享进行以下配置:

① 对于一般用户,客户端只可以读服务器共享目录的软件;

② 对于用户名为 oracle,uid 为 1200,gid 为 1005 的用户,可以写文件到 NFS 服务器端;

③ 写入文件的权限要与客户端一致。

任务 19　配置 Samba 文件共享

Samba 是在 Linux 和 UNIX 系统上实现 SMB 协议的一个免费软件,由服务器及客户端程序构成。SMB(Server Messages Block,信息服务块)是一种在局域网上共享文件和打印机的通信协议,它为局域网内的不同计算机之间提供文件及打印机等资源的共享服务。SMB 协议是客户机/服务器型协议,客户机通过该协议可以访问服务器上的共享文件系统、打印机及其他资源。本次任务就是配置 Samba 服务器,共享文件,让终端用户能够访问共享文件。

19.1　任务描述

1. 搭建 Samba 服务器,实现 Windows 下 smbuser 用户可以通过密码登录服务器,并对 /sharedir 目录有读写权限。

2. 在 Windows 客户端和 Linux 客户端都能够访问。

19.2　引导知识

19.2.1　Samba 服务介绍

Samba 服务介绍

早期,UNIX 和 UNIX 之间进行文件共享的是 nfs,在客户端可以将 nfs 服务提供的共享目录 mount 到本地,并且就像本地目录那样使用,但是它只能在 UNIX 和 UNIX 之间共享文件。后来,微软在 DOS 中,加入了允许 NetBIOS 管理磁盘 I/O 的新特性,这样就使得可以在网络上将硬盘中的资源都共享出来。Windows 和 Windows 之间进行文件共享使用 CIFS。在 NetBIOS 出现之后,Microsoft 就使用 NetBIOS 实现了一个网络文件和打印服务系统,这个系统基于 NetBIOS 设定了一套文件共享协议,Microsoft 称为 SMB(Server Message Block)协议。此协议被 Microsoft 用于它们的 Lan Manager 和 Windows NT 服务器系统中,而 Windows 系统均包括这个协议的客户软件,因而这个协议在局域网系统中影响很大。

Samba 是在 1991 年由一个叫作 Andrew Tridgwell 的澳大利亚大学生编写的,目的是能在 UNIX 和 DOS 上方便地进行文件共享,Andrew Tridgwell 最初把自己编写的这段程序命名为 SMB,而 Samba 既包含 SMB,又是热情奔放的桑巴舞的名称,Andrew Tridgwell 就选择它来命名自己的程序,也就有了现在使用很广泛的"Samba"这个网络服务的名称,它的标志如图 19-1 所示。

Samba 组织用这样一段话定义 Samba——Samba is an Open Source/Free Software suite that provides

图 19-1　Samba 的标志

seamless file and print services to SMB/CIFS clients。这个定义强调了 Samba 是开源的,并且是为 SMB 客户端和 CIFS 客户端提供文件服务和打印服务的套件。

Samba 经历了几个大版本的升级,目前我们使用的版本是 samba-4.9.1-8,可以通过它的官方主页了解新版本信息。

19.2.2　Samba 的配置

当安装完 Samba 软件后,打开 Samba 服务程序的主配置文件,会看到默认的配置文件并不长,以 # 开头的行是注释信息。Samba 服务程序的主配置文件包括全局配置参数和区域配置参数。全局配置参数用于设置整体的资源共享环境,对里面每一个独立的共享资源都有效。区域配置参数则用于设置单独的共享资源,且仅对该资源有效。下面是默认配置文件的内容,有些具体参数的含义可以参考表 19-1。

```
[root@Server ~]# cat /etc/samba/smb.conf
# See smb.conf.example for a more detailed config file or
# read the smb.conf manpage.
# Run 'testparm' to verify the config is correct after
# you modified it.


[global]        # 全局配置
    workgroup = SAMBA                  # 工作组名称
    security = user                    # 安全验证的方式
    passdb backend = tdbsam            # 用户后台的类型
    printing = cups                    # 共享打印机的类型为 cups 服务
    printcap name = cups               # 共享打印机的配置文件
    load printers = yes                # 是否共享打印机设备
    cups options = raw                 # 打印机的选项


[homes]         # 共享参数
    comment = Home Directories         # 描述信息
    valid users = %S, %D%w%S           # 允许的用户列表
    browseable = No                    # 指定共享信息是否局域网可见
    read only = No                     # 允许写
    inherit acls = Yes                 # 支持 acl 权限


[printers]      # 打印机共享参数
    comment = All Printers             # 打印共享描述
    path = /var/tmp                    # 打印路径
    printable = Yes                    # 是否可打印
    create mask = 0600                 # 创建时文件权限设置
    browseable = No                    # 是否可以被浏览
```

```
［print＄］         ＃打印机驱动
    comment ＝ Printer Drivers          ＃打印驱动描述
    path ＝ /var/lib/samba/drivers       ＃打印驱动路径
    write list ＝ @printadmin root        ＃可写用户列表
    force group ＝ @printadmin            ＃指定组列表
    create mask ＝ 0664                   ＃创建时文件权限设置
    directory mask ＝ 0775                ＃目录权限设置
```

表 19-1　Samba 服务程序中的参数及其作用

参　数		作　用
全局参数〔global〕	workgroup ＝ SAMBA	工作组名称
	security ＝ user	安全验证的方式总共有 4 种： ① share,来访主机无须验证口令,比较方便,但安全性很差 ② user,需验证来访主机提供的口令后才可以访问,提升了安全性 ③ server,使用独立的远程主机验证来访主机提供的口令(集中管理账户) ④ domain,使用域控制器进行身份验证
	passdb backend ＝ tdbsam	定义用户后台的类型,共有 3 种： ① smbpasswd,使用 smbpasswd 命令为系统用户设置 Samba 服务程序的密码 ② tdbsam,创建数据库文件并使用 pdbedit 命令建立 Samba 服务程序的用户 ③ ldapsam,基于 LDAP 服务进行账户验证
	printing＝cups	设置 Samba 共享打印机的类型。目前支持的打印系统有 bsd、sysv、plp、lprng、aix、hpux、qnx 等
	printcap name＝cups	设置共享打印机的配置文件
	load printers ＝ yes	设置在 Samba 服务启动时是否共享打印机设备
	cups options ＝ raw	打印机的选项
共享参数〔homes〕	comment＝Home Directories	描述信息
	valid users＝%S, %D%w%S	允许的用户列表
	browseable ＝ no	指定共享信息是否局域网可见
	read only ＝ No	允许读和写,read only ＝ yes 表示只读
	inherit acls ＝ Yes	继承 acl 权限
〔printers〕		打印机共享参数
〔print＄〕		打印机驱动
〔database〕(共享名称为 database,用户自己配置的共享数据)	comment ＝ Do not arbitrarily modify the database file	警告用户不要随意修改数据库
	path ＝ /home/database	共享目录为/home/database
	public ＝ no	关闭"所有人可见"
	writable ＝ yes	允许写入操作

19.3　任　务　准　备

1. 在两台虚拟机上安装好 Red Hat Enterprise Linux 8 系统,一台作为服务器,命名为 Server,另一台作为客户机,命名为 Client。

2. 保证网络连通。

3. 准备好 Red Hat Enterprise Linux 8 系统 DVD 盘。

19.4　任　务　解　决

Samba 服务实战

1. 通过 yum 安装 Samba 服务程序

```
root@Server ~]# yum install samba -y
Updating Subscription Management repositories.
Unable to read consumer identity
This system is not registered to Red Hat Subscription Management. You can use
subscription-manager to register.
```

上次元数据过期检查:0:10:10 前,执行于 2021 年 03 月 06 日 星期六 06 时 19 分 30 秒。

依赖关系解决。

```
===============================================================
软件包              架构      版本              仓库          大小
===============================================================
Installing:
samba              x86_64   4.9.1-8.el8        BaseOS        708 k
安装依赖关系:
samba-common-tools x86_64   4.9.1-8.el8        BaseOS        461 k
samba-libs         x86_64   4.9.1-8.el8        BaseOS        177 k
事务概要
===============================================================
安装   3 软件包
......
已安装:
  samba-4.9.1-8.el8.x86_64              samba-common-tools-4.9.1-8.el8.x86_64
  samba-libs-4.9.1-8.el8.x86_64
完毕!
```

2. 设置用户共享目录

(1) 添加用户

```
[root@Server ~]# useradd -s /sbin/nologin smbuser
```

（2）为用户设置 Samba 密码

```
[root@Server ~]# smbpasswd -a smbuser
New SMB password：
Retype new SMB password：
Added user smbuser.
```

（3）新建共享目录和文件

```
[root@Server ~]# mkdir /sharedir
[root@Server ~]# echo "Welcome to samba server!" >/sharedir/sharefile
```

（4）设置所属用户

```
[root@Server ~]# chown smbuser：smbuser /sharedir
```

（5）修改主配置文件

在配置文件中写入共享信息，在原始的配置文件中，[homes]参数为来访用户的家目录共享信息，[printers]参数为共享的打印机设备，[print $]参数为打印机驱动。这 3 项如果在今后的工作中不需要，可以手动删除，以下是最终保留的配置文件内容。

```
[root@ Server ~~]# vim /etc/samba/smb.conf
[global]
        workgroup = SAMBA
        security = user
        passdb backend = tdbsam
        printing = cups
        printcap name = cups
        load printers = yes
        cups options = raw
[share]    #共享的目录，客户端可以见到的目录名
        comment = sharedata              #注释信息
        path = /sharedir                 #共享路径
        public = no                      #是否可以匿名访问
        writable = yes                   #可写设置
```

（6）重启 smb 服务

```
[root@Server ~]#   systemctl restart smb              #重启服务
[root@Server ~]# testparm                             #查看共享的目录
Load smb config files from /etc/samba/smb.conf
rlimit_max：increasing rlimit_max (1024) to minimum Windows limit (16384)
Processing section "[share]"
Loaded services file OK.
Server role：ROLE_STANDALONE


Press enter to see a dump of your service definitions     #按回车键看详细信息


# Global parameters
```

```
[global]
    printcap name = cups
    security = USER
    workgroup = SAMBA
    idmap config * : backend = tdb
    cups options = raw
[share]
    comment = sharedata
    path = /sharedir
    read only = No
```

3. Windows 访问文件共享服务

无论 Samba 共享服务部署在 Windows 系统上，还是部署在 Linux 系统上，通过 Windows 系统进行访问时，其步骤和方法都是一样的。下面通过 Windows 系统来访问 Samba 服务。

要在 Windows 系统中访问共享资源，只需在 Windows 的"运行"（Windows 下打开"运行"的快捷方式是"win+r"两个键的组合）命令框中输入两个反斜杠，然后再加服务器的 IP 地址即可，如图 19-2 所示。弹出图 19-3 所示的页面后，输入 Samba 用户名和密码，即可访问 Linux 中的共享资源。打开文件夹，测试是否可以进行读写，如图 19-4 所示。

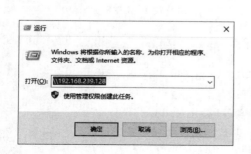

图 19-2　访问 Linux 主机

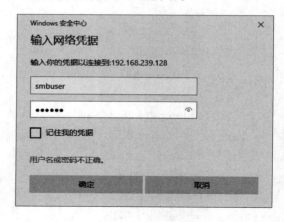

图 19-3　输入用户名和密码

图 19-4　成功访问 Samba 共享服务

4. Linux 访问文件共享服务

Samba 服务程序不仅可以解决 Linux 系统和 Windows 系统的资源共享问题，还可以实现

Linux 系统之间的文件共享。这需要在客户端安装支持文件共享服务的软件包(cifs-utils)。

```
[root@Client ~]# yum install cifs-utils -y
Updating Subscription Management repositories.
Unable to read consumer identity
This system is not registered to Red Hat Subscription Management. You can use
subscription-manager to register.
```

上次元数据过期检查:1 day,5:46:15 前,执行于 2021 年 03 月 05 日 星期五 03 时 44 分 19 秒。

依赖关系解决。

```
========================================================================
软件包         架构          版本           仓库            大小
========================================================================
Installing:
cifs-utils    x86_64       6.8-2.el8      BaseOS          93 k


事务概要
========================================================================
安装  1 软件包
……
已安装:
  cifs-utils-6.8-2.el8.x86_64
完毕!
```

在 Linux 客户端,按照 Samba 服务的用户名、密码、共享域的顺序将相关信息写入一个认证文件中。为了保证不被其他人随意看到,最后把这个认证文件的权限修改为仅 smbuser 才能够读写,同时设置密码和域,修改认证文件的权限。

```
[root@Client ~]#   vim auth.smb
username = smbuser
password = 654321
domain = SAMBA
[root@Client ~]# chmod 600 auth.smb
```

现在在 Linux 客户端上创建一个用于挂载 Samba 服务共享资源的目录,并把挂载信息写入/etc/fstab 文件最后一行,以确保共享挂载信息在服务器重启后依然生效。

```
[root@Client ~]# mkdir /smbclient
[root@Client /]# echo "//192.168.239.128/share /smbclient cifs credentials = /
root/auth.smb,defaults  0 0" >>/etc/fstab
[root@Client /]# mount -a
```

Linux 客户端成功地挂载了 Samba 服务的共享资源。进入挂载目录/smbclient 后就可以看到共享文件了,当然也可以对该文件进行写操作并保存。

```
[root@Client /]# cd /smbclient
[root@Client smbclient]# ls
sharefile
```

注意：如果访问不了，要关闭防火墙和 SELinux。

```
[root@Server ~]# systemctl stop firewalld
[root@Server ~]# setenforce 0
```

至此 Samba 的配置和使用过程全部结束。

19.5　任务扩展练习

查找资料，完成以下配置，某公司有 system、develop、design 和 test 等 4 个小组，个人办公计算机操作系统为 Windows 7/10，少数开发人员采用 Linux 操作系统，服务器操作系统为 RHEL 8，需要设计一套建立在 RHEL 8 之上的安全文件共享方案。

① 每个用户都有自己的网络磁盘。

② develop 组和 test 组有共用的网络硬盘。

③ 所有用户（包括匿名用户）都有一个只读共享资料库。

④ 所有用户（包括匿名用户）都要有一个存放临时文件的文件夹。

任务 20 配置 DHCP 服务

如果一个网络管理员要管理很多台机器,有可能成百上千,手动配置每台主机的网络参数会相当麻烦,后续维护起来也更加繁琐。当主机数量进一步增加时,手动配置以及维护工作的工作量更大。利用 DHCP,不仅可以为主机自动分配网络参数,还可以确保主机使用的 IP 地址是唯一的,能为特定主机分配固定的 IP 地址,能设置使用的时间,这提高了网络管理的效率。本次任务就是搭建 DHCP 服务器来动态地管理主机的网络参数。

20.1 任 务 描 述

1. 给服务器配置静态的 IP 地址 192.168.1.10/24,并配置 DHCP 服务,实现在此子网络的主机配置动态获取 IP 地址,能获取到的 IP 地址范围为 192.168.1.50～192.168.1.100,同时获得的默认网关地址为 192.168.1.1,DNS 服务器的地址为 192.168.1.254。

2. 查看客户端主机的 MAC 地址,修改服务器配置,把 192.168.1.80 的 IP 地址分配给此客户机,验证结果。

20.2 引 导 知 识

DHCP 服务介绍

20.2.1 DHCP 服务介绍

DHCP(Dynamic Host Configuration Protocol ,动态主机配置协议)通常被用在大型的局域网络中,主要作用是集中管理,分配 IP 地址,使网络环境中的主机动态地获得 IP 地址、Gateway 地址、DNS 服务器地址等信息,并能够提升地址的使用率。

DHCP 服务端口是 UDP67 和 UDP68,这两个端口是正常的 DHCP 服务端口,可以理解为一个发送、一个接收。首先客户端向 68 端口(bootps)广播请求配置,服务器向 67 端口(bootpc)广播回应请求。DHCP 就是让局域网中的主机自动获得网络参数的服务。在图 20-1所示的拓扑图中存在多台主机,由在 192.168.10.0 网段的一台服务器给在此局域网的提出请求分配 IP 的每台主机都分配了一个此网段内的 IP 地址。

DHCP 常见术语如下。

➢ name 作用域:一个完整的 IP 地址段,DHCP 根据作用域来管理网络的分布、分配 IP地址及其他配置参数。

➢ 超级作用域:用于管理处于同一个物理网络中的多个逻辑子网段。超级作用域中包含可以统一管理的作用域列表。

➢ 排除范围:把作用域中的某些 IP 地址排除,确保这些 IP 地址不会分配给 DHCP 客户端。

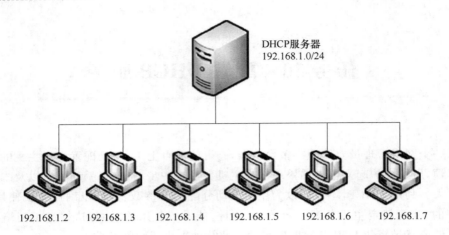

192.168.1.2   192.168.1.3   192.168.1.4   192.168.1.5   192.168.1.6   192.168.1.7

图 20-1   DHCP 的拓扑示意图

> 地址池：在定义了 DHCP 的作用域并应用了排除范围后，剩余的用来动态分配给 DHCP 客户端的 IP 地址范围。
> 租约：DHCP 客户端能够使用动态分配 IP 地址的时间。

20.2.2   DHCP 服务配置

DHCP 服务程序的配置文件组成架构如下：

```
[root@localhost ~ ] vim /etc/dhcp/dhcpd.conf
ddns-update-style interim;                    ＃全局配置参数
innore client-updates;
subnet192.168.1.0 netmask 255.255.255.0{      ＃子网网段声明
……
    option routers         192.168.1.1        ＃子网内选项
    option subnet-mask     255.255.255.0
……
default-lease-time 21600                       ＃子网内的配置参数
max-lease-time 43200
……
```

配置文件通常包括三部分：parameters(参数)、declarations (声明)和 option(选项)。

> DHCP 配置文件中的 parameters(参数)：表明如何执行任务，是否要执行任务，或将哪些网络配置选项发送给客户。
> DHCP 配置文件中的 declarations (声明)：用来描述网络布局、提供给客户的 IP 地址等。
> DHCP 配置文件中的 option(选项)：用来配置 DHCP 可选参数，全部用 option 关键字作为开始。

一个标准的配置文件应该包括配置参数、子网网段声明、子网地址参数。配置参数又分为全局配置参数和其他个性化的配置参数，全局配置参数用于定义 dhcpd 服务程序的整体运行参数。子网网段声明用于配置整个子网段的地址属性。dhcpd 服务程序配置信息如表 20-1 所示。

表 20-1　dhcpd 服务程序配置信息

参　数	功　能
ddns-update-style[类型]	DNS 服务动态更新的类型,包括 none(不支持动态更新)、interim(互动更新模式)、ad-hoc(特殊更新模式)
[allow ︱ ignore] client-updates	允许或忽略客户端更新 DNS 记录
default-lease-time [21600]	默认超时时间
max-lease-time [43200]	最大超时时间
option domain-name-servers　[服务器]	DNS 服务器地址
option domain-name["域名"]	DNS 域名
range [开始 IP 地址~结束 IP 地址]	用于分配的 IP 地址段
option subnet-mask　[掩码]	客户端的子网掩码
option routers [IP 地址]	客户端的网关地址
broadcase-address[广播地址]	客户端的广播地址
ntp-server[IP 地址]	客户端的网络时间服务器(NTP)
nis-servers[IP 地址]	客户端 NIS 域服务器的地址
Hardware[网卡物理地址]	指定网卡接口的类型与 MAC 地址
server-name[主机名]	向 DHCP 客户端通知 DHCP 服务器的主机名
fixed-address[IP 地址]	将某个固定的 IP 地址分配给指定主机
time-offset[偏移误差]	指定客户端与世界时的偏移差

　　DHCP 的设计初衷是为了更高效地集中管理局域网内的 IP 地址资源。DHCP 服务器会自动把 IP 地址、子网掩码、网关、DNS 地址等网络信息分配给有需要的客户端,而且当客户端的租约时间到期后,还可以自动回收所分配的 IP 地址,以便交给新加入的客户端。表 20-2 所示为一个网络地址以及参数实例。

表 20-2　一个网络地址以及参数实例

参数名称	值
默认租约时间	21 600 s
最大租约时间	43 200 s
IP 地址范围	192.168.1.50~192.168.1.150
子网掩码	255.255.255.0
网关地址	192.168.1.1
DNS 服务器地址	192.168.1.254
搜索域	abc.com

20.3　任 务 准 备

　　1. 在两台虚拟机上安装好 Red Hat Enterprise Linux 8 系统,一台作为服务器,命名为 Server,另一台作为客户机,命名为 Client。

　　2. 保证网络连通。

3. 准备好 Red Hat Enterprise Linux 8 系统 DVD 盘。

20.4　任务解决

DHCP 服务实战

1. 搭建好网络环境

设置两台虚拟机为桥接模式，选择"虚拟机"→"网络适配器"→"桥接模式"，如图 20-2 所示，选择"编辑"→"虚拟网络编辑器"→"VMnet0 桥接模式 自动桥接"，如图 20-3 所示。

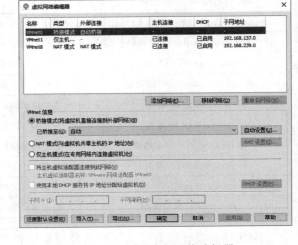

图 20-2　配置网络桥接模式　　　　　　　图 20-3　设置虚拟网络编辑器

2. 配置主机的 IP 地址

服务器的 IP 地址通常都是静态的，给服务器配置静态 IP 地址 192.168.1.10，子网掩码为 255.255.255.0，默认网关的地址为 192.168.1.1，DNS 服务器的地址为 192.168.1.254。这里我们用 nmcli 命令配置比较方便。

```
[root@Server ~]# nmcli connection delete ens160        #删除网卡原来的连接
成功删除连接 "ens160"（854194cd-a5c1-45a7-a554-67e9be6549e7）。
[root@Server ~]# nmcli c add type ethernet con-name ens160 ifname ens160 ipv4.
addr 192.168.1.10/24 ipv4.gateway 192.168.1.1 ipv4.dns 192.168.1.254 ipv4.method
manual                                    #配置静态 IP 地址、子网掩码、网关、DNS
连接 "ens160"（1135f149-fd55-48eb-afb2-77e2134c9bd3）已成功添加。
[root@Server ~]# nmcli c up ens160                     #激活网络连接
连接已成功激活(D-Bus 活动路径:/org/freedesktop/NetworkManager/ActiveConnection/12)
[root@Server ~]# ip a                                  #查看 IP 地址
1: lo: < LOOPBACK, UP, LOWER _ UP > mtu 65536 qdisc noqueue state UNKNOWN group
default qlen 1000
        link/loopback 00:00:00:00:00:00 brd 00:00:00:00:00:00
        inet 127.0.0.1/8 scope host lo
          valid_lft forever preferred_lft forever
```

```
inet6 ::1/128 scope host
    valid_lft forever preferred_lft forever
2: ens160: <BROADCAST,MULTICAST,UP,LOWER_UP> mtu 1500 qdisc fq_codel state UP
group default qlen 1000
    link/ether 00:0c:29:98:64:e6 brd ff:ff:ff:ff:ff:ff
    inet 192.168.1.10/24 brd 192.168.1.255 scope global noprefixroute ens160
        valid_lft forever preferred_lft forever
    inet6 fe80::302a:d213:68a1:ebf9/64 scope link noprefixroute
        valid_lft forever preferred_lft forever
……
```

3. 安装 DHCP 服务相关软件包

在 Red Hat Enterprise Linux 8 中,与 DHCP 相关的 rpm 软件包在 DVD 光盘 BaseOS 仓库的 Packages 目录中,我们可以查看并安装 dhcp-server 软件。

```
[root@Server ~]# ls /iso/BaseOS/Packages|grep dhcp        #查看 DHCP 相关软件
dhcp-client-4.3.6-30.el8.x86_64.rpm
dhcp-common-4.3.6-30.el8.noarch.rpm
dhcp-libs-4.3.6-30.el8.i686.rpm
dhcp-libs-4.3.6-30.el8.x86_64.rpm
dhcp-relay-4.3.6-30.el8.x86_64.rpm
dhcp-server-4.3.6-30.el8.x86_64.rpm

[root@Server Packages]# dnf install dhcp-server -y     #用 dnf 安装软件包
……
依赖关系解决。
================================================================================
软件包          架构         版本             仓库           大小
================================================================================
Installing:
dhcp-server    x86_64      12:4.3.6-30.el8    BaseOS        529 k

……
已安装:
  dhcp-server-12:4.3.6-30.el8.x86_64

完毕!
```

4. 编辑 DHCP 服务器配置文件

默认的 dhcpd 服务程序配置文件的内容只是几行说明信息,让用户参照共享文档的模板来配置。

```
[root@Server ~]# cat /etc/dhcp/dhcpd.conf
#
# DHCP Server Configuration file.
#   see /usr/share/doc/dhcp-server/dhcpd.conf.example
#   see dhcpd.conf(5) man page
#
```

可以利用系统自带模板第 46～55 行的内容修改配置文件,也可以直接自己输入配置内容。

```
[root@Server ~ ~]# cp /usr/share/doc/dhcp-server/dhcpd.conf.example /etc/
dhcp/dhcpd.conf
[root@Server ~]# vim /etc/dhcp/dhcpd.conf
ddns-update-style none;                          #服务不动态更新
ignore client-updates;                           #忽略客户端更新记录
subnet 192.168.1.0 netmask 255.255.255.0 {       #地址作用域网段
range 192.168.1.50 192.168.1.100;                #地址池范围
option subnet-mask 255.255.255.0;                #定义默认子网掩码
option routers 192.168.1.1;                      #定义默认网关
option domain-name "abc.com";                    #定义默认搜索域
option domain-name-servers 192.168.1.254;        #定义域名服务器
default-lease-time 3600;                         #定义默认租约时间
max-lease-time 7200;                             #定义最大租约时间
}
```

5. 重启服务和开机自动启动

配置文件修改完成后重启服务,在生产环境中,需要把配置过的 dhcpd 服务加入开机启动项中,以确保当服务器下次开机后 dhcpd 服务依然能自动启动,并顺利地为客户端分配 IP 地址等信息。

```
[root@Server ~]# systemctl start dhcpd
[root@Server ~] systemctl enable dhcpd
```

6. 客户机进行测试

```
[root@Client ~]# nmcli connection delete ens160        #删除原有的网络连接
成功删除连接 "ens160" (ab2a84cc-e39c-4ea3-95de-0fe1d415d0f0)。
[root@Client ~]#  nmcli connection add type ethernet con-name ens160 ifname
ens160 ipv4.method auto                                #配置动态获取 IP 地址
连接 "ens160" (d7e18554-0159-4d86-b4df-e393e09d7d16)
[root@Client ~]# nmcli c up ens160                     #激活网络连接
连接已成功激活(D-Bus 活动路径:/org/freedesktop/NetworkManager/ActiveConnection/7)
[root@Client ~]# ip a                                  #获取到的 IP 地址
……
2: ens160: <BROADCAST,MULTICAST,UP,LOWER_UP> mtu 1500 qdisc fq_codel state UP
group default qlen 1000
```

```
    link/ether 00:0c:29:db:45:09 brd ff:ff:ff:ff:ff:ff
    inet 192.168.1.52/24 brd 192.168.1.255 scope global dynamic noprefixroute ens160
       valid_lft 587sec preferred_lft 587sec
    inet6 fe80::8819:ba93:6522:fba6/64 scope link noprefixroute
       valid_lft forever preferred_lft forever
......

[root@Client ~]# ip route                     ＃获取到的默认网关地址
default via 192.168.1.1 dev ens160 proto dhcp metric 100
192.168.1.0/24 dev ens160 proto kernel scope link src 192.168.1.52 metric 100
192.168.122.0/24 dev virbr0 proto kernel scope link src 192.168.122.1 linkdown

[root@Client ~]# cat /etc/resolv.conf          ＃获取到的 DNS 服务器地址
# Generated by NetworkManager
search abc.com
nameserver 192.168.1.254
```

7. 分配固定 IP 地址

在 DHCP 中可以设置局域网中特定的设备总是获取到固定的 IP 地址,dhcpd 服务程序会把某个 IP 地址私用于相匹配的特定设备。

要想把某个 IP 地址与某台主机进行绑定,就需要用到这台主机的 MAC 地址。MAC 地址是网卡上面一串独立的标识符,即网卡地址,它具备唯一性,因此不会存在冲突的情况。

下面我们给 MAC 地址为 00:0c:29:db:45:09 的客户机绑定一个固定的 IP 地址(192.168.239.80),修改原来的配置文件,后面加上绑定网卡的几行。

```
[root@Server ~]# vim /etc/dhcp/dhcpd.conf
ddns-update-style none;
ignore client-updates;
subnet 192.168.1.0 netmask 255.255.255.0 {
range 192.168.1.50 192.168.1.100;
option subnet-mask 255.255.255.0;
option routers 192.168.1.1;
option domain-name "abc.com";
option domain-name-servers 192.168.1.254;
default-lease-time 3600;
max-lease-time 7200;

host client{                           ＃主机的名字
hardware ethernet 00:0c:29:db:45:09;    ＃网卡地址
fixed-address 192.168.1.80;            ＃绑定的 IP 地址
 }
}
```

确认参数填写正确后,就可以保存并退出配置文件了,然后就可以重启 dhcpd 服务程序了。重启客户端的网络服务,查看绑定效果。

```
[root@Client ~]# nmcli c down ens160          #断开网络连接
成功停用连接"ens160"(D-Bus 活动路径:/org/freedesktop/NetworkManager/
ActiveConnection/7)


[root@Client ~]# nmcli c up ens160          #激活网络连接
连接已成功激活(D-Bus 活动路径:/org/freedesktop/NetworkManager/ActiveConnection/9)


[root@Client ~]# ip a          #查看获取到的绑定 IP 地址
……
2:ens160:<BROADCAST,MULTICAST,UP,LOWER_UP> mtu 1500 qdisc fq_codel state UP
group default qlen 1000
    link/ether 00:0c:29:db:45:09 brd ff:ff:ff:ff:ff:ff
    inet 192.168.1.80/24 brd 192.168.1.255 scope global dynamic noprefixroute ens160
        valid_lft 585sec preferred_lft 585sec
    inet6 fe80::8819:ba93:6522:fba6/64 scope link noprefixroute
        valid_lft forever preferred_lft forever
……
```

至此 DHCP 服务程序配置完成,可以开启客户端来检验 IP 分配效果,也可以开启 Windows 系统的客户端进行 Windows 主机动态 IP 地址设置,如图 20-4 所示。

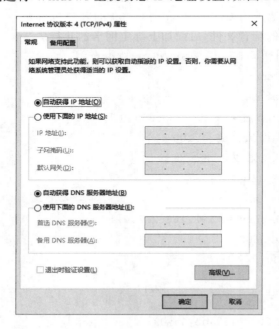

图 20-4 Windows 客户端自动获取 IP 地址设置

20.5　任务扩展练习

查找资料并完成配置:现有一公司,有两个部门,即技术部和市场部,总共有 500 台主机,要求这些主机的 IP 地址都是 C 类地址并且都是自动获得的,DHCP 服务器是 Red Hat Enterprise Linux 8,提供两个 C 类 IP 地址 192.168.2.0 和 192.168.3.0,网关分别是 192.168.2.254 和 192.168.3.254,DNS 指向 1.1.1.1 和 2.2.2.2。

任务 21 配置 DNS 域名解析服务

DNS(Domain Name System,域名系统)是一种组织成域层次结构的计算机和网络服务命名系统,使用的是 UDP 的 53 号端口,它用于 TCP/IP 网络,提供的服务将域名转换为 IP 地址。如今企业都有自己的门户网站、邮件系统、OA 系统,以及各种业务系统,在企业内部使用这些系统的时候也是需要解析地址的,所以就有了企业 DNS 服务器。本次任务就是搭建基本的 DNS 服务器,完成域名服务的正反项解析。

21.1 任 务 描 述

1. 在 192.168.1.0 网络中,域名为 abc.com,DNS 服务器的 IP 地址为 192.168.1.10, www 服务器的 IP 地址为 192.168.1.20,ftp 服务器的 IP 地址为 192.168.1.30,配置 DNS 服务器为本网络中的服务器,并进行域名解析。

2. 对第 1 题的 DNS 服务器配置的域名进行反向解析。

21.2 引 导 知 识

21.2.1 DNS 域名解析服务

DNS 是一项用于管理和解析域名与 IP 地址对应关系的技术,简单来说,就是能够接收用户输入的域名或 IP 地址,然后自动查找与之匹配(或者说具有映射关系)的 IP 地址或域名,即将域名解析为 IP 地址(正向解析),或将 IP 地址解

DNS 服务介绍

析为域名(反向解析)。只需要在浏览器中输入域名就能打开网站了,DNS 域名解析技术的正向解析也是常使用的一种工作模式。

当今世界的信息化程度越来越高,大数据、云计算、物联网、人工智能等新技术不断涌现。这些因素导致互联网中的域名数量进一步激增,被访问的频率也进一步加大。DNS 技术作为互联网基础设施中重要的一环,为网民提供不间断、稳定且快速的域名查询服务,保证互联网的正常运转。鉴于互联网中的域名和 IP 地址对应关系数据库太过庞大,DNS 域名解析服务采用了类似目录树的层次结构来记录域名与 IP 地址之间的对应关系,从而形成了一个分布式的数据库系统,如图 21-1 所示。

域名后缀一般分为国际域名和国内域名。原则上来讲,域名后缀都有严格的定义,但在实际使用时可以不必严格遵守。目前最常见的域名后缀有 com(商业组织)、org(非营利组织)、gov(政府部门)、net(网络服务商)、edu(教研机构)、pub(公共大众)、. cn(中国国家顶级域名)等。

域名服务器可以分为 3 类:主域名服务器、辅域名服务器和缓存域名服务器。

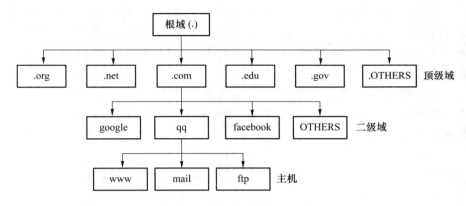

图 21-1　DNS 域名解析服务目录树层次结构

（1）主域名服务器

每个 DNS 域都必须有主域服务器。主域名服务器包含本域内所有的主机名及其对应的 IP 地址，以及一些关于区的信息。主域名服务器可以使用所在区的信息来回答客户机的问询。它通常也需要通过询问其他的域名服务器来获得所需的信息，主域名服务器的信息以资源记录的形式进行存储。

（2）辅域名服务器

为了信息的冗余性，每个域至少有一个辅域名服务器。每个辅域名服务器都含有区数据库的一个备份。辅域名服务器像主域名服务器一样提供区的信息。为了响应用户的请求，辅域名服务器通常需要询问其他服务器，以得到所要的信息。和主域名服务器差不多，辅域名服务器中也有一个 Cache，用于保存从其他服务器中得到的信息。

（3）缓存域名服务器

缓存域名服务器不提供任何关于区的权威信息，当用户向它发出询问时，仅转发给其他的域名服务器，直到得到结果，并把结果在自己的缓存中保存一段时间，如果客户发出同样的询问，它直接用缓存中的信息来回答，无须转发给其他的域名服务器。缓存域名服务器通常是为了减少 DNS 的传输量而建立的。

DNS 域名解析服务采用分布式的数据结构来存放海量的"区域数据"信息，在执行用户发起的域名查询请求时，具有递归查询和迭代查询两种方式，一般情况下，为了减少资源的消耗，网络中客户端与所属的本地 DNS 服务器查询方式通常为递归查询，本地 DNS 服务器与外部的公共 DNS 服务器间的查询方式为迭代查询。

1. 递归查询

下面以客户端向本地 DNS 服务器查询"example.abc.com"为例来描述 DNS 递归查询的过程，如图 21-2 所示。

① 客户端向本地 DNS 服务器发送解析"example.abc.com"的请求。

② 本地 DNS 服务器先查找缓存，查询不到，然后查找本地区域文件，还是找不到，则通过根提示文件向负责.com 顶级域的根名称 DNS 服务器查询。

③ 根 DNS 服务器收到请求后直接将下属的.com 权威 DNS 服务器 IP 地址返回给本地 DNS 服务器。

④ 本地 DNS 服务器收到根域名服务器发出的 DNS 信息后直接向.com 的权威 DNS 服务器查询。

⑤ .com 权威名称服务器收到客户端 DNS 查询请求后,发现无此域名的解析,就直接将二级权威名称服务器(abc.com 的权威名称服务器)DNS 的 IP 发给本地 DNS 服务器。

⑥ 本地 DNS 收到.com 发出的 abc.com 权威 DNS 服务器后,直接向 abc.com 权威 DNS 发出解析请求。

⑦ abc.com 权威 DNS 收到解析请求后,发现是自己负责的域名,并且存在该主机记录,然后将对应的 IP 信息发送给本地 DNS,本地 DNS 缓存该解析,并响应客户端查询,至此整个查询过程结束。

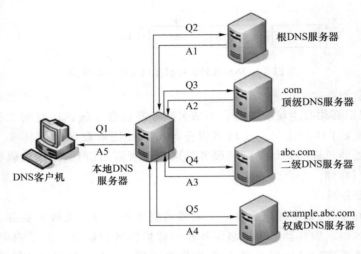

图 21-2　DNS 递归查询

递归查询是一种 DNS 服务器的查询模式,在该模式下 DNS 服务器接收客户机请求,必须使用一个准确的查询结果回复客户机。如果 DNS 服务器本地没有存储需要查询的 DNS 信息,那么该服务器会询问其他服务器,并将返回的查询结果提交给客户机。

2. 迭代查询

下面以客户端向本地 DNS 服务器查询"example.abc.com"为例,来描述 DNS 迭代查询的过程,如图 21-3 所示。

① 客户端向本地 DNS 服务器发送解析"example.abc.com"的请求。

② 本地 DNS 服务器先查找本地缓存,如果找不到,则直接将本地 DNS 的根 DNS 服务器(13 台根 DNS 服务器随机选择一台,其信息如表 21-1 所示)信息发送给客户端。

③ 客户端根据本地 DNS 服务器发出的 DNS 报文直接查询根域名服务器。

④ 根域名服务器查询自己的 DNS 区域文件,然后将负责.com 域名解析的权威 DNS 告诉客户端,客户端再次查询负责.com 解析的 DNS 服务器。

⑤ .com 权威名称服务器收到客户端 DNS 查询请求后,发现无此域名的解析,就直接将二级权威名称服务器 DNS 的 IP(这里指 microsoft.com 的权威名称服务器的 IP)发送给 DNS 客户端。

⑥ 客户端直接查询 microsoft.com 的权威名称 DNS,microsoft.com 权威名称服务器收到 DNS 查询后发现为自己负责的域名解析,并且存在该域名的 A 记录,直接反馈给 DNS 客户端,至此整个查询过程结束。

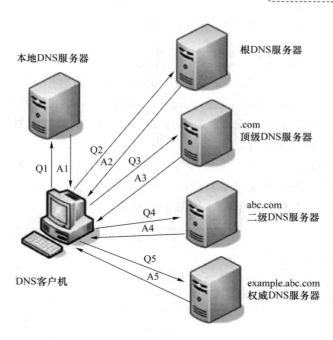

图 21-3 DNS 递归查询

表 21-1 13 台根 DNS 服务器的具体信息

名　称	IP 地址	运作单位	管理国家	软　件
A	198.41.0.4	Verisign	美国	BIND
B	192.228.79.201	南加州大学信息科学研究所	美国	BIND
C	192.33.4.12	Cogent Communications	美国	BIND
D	199.7.91.13	马里兰大学	美国	BIND
E	192.203.230.10	NASA	美国	BIND
F	192.5.5.241	互联网系统协会	美国	BIND9
G	192.112.36.4	美国国防部网络信息中心	美国	BIND
H	128.63.2.53	美国陆军研究所	美国	NSD
I	192.36.148.17	Netnod	瑞典	BIND
J	192.58.128.30	VeriSign	美国	BIND
K	193.0.14.129	RIPE NCC	英国	NSD
L	199.7.83.42	ICANN	美国	NSD[8]
M	202.12.27.33	WIDE	日本	BIND

21.2.2 BIND 配置文件

DNS 服务器的软件 BIND 服务安装完成后,需要修改 BIND 服务配置文件,以满足使用需求。BIND 全局配置文件为 named.conf,如果未使用 chroot 机制位于/etc 目录下,如果使用 chroot 机制位于/var/named/chroot/etc 目录下。通过 chroot 机制来更改某个进程所能看到的根目录,即将某进程限制在指定目录中,保证该进程只能对该目录及其子目录的文件有所动作,从而保证整个服务器的安全。不管有没有使用 chroot 机制,BIND 的配置方法都相同,在使用 chroot 机制时,只是配置文件的位置不一样。BIND 服务程序的配置 3 个比较关键的文件如下。

① 主配置文件(/etc/named.conf):只有 59 行,而且在去除注释信息和空行之后,实际有效的参数仅有 30 行左右,这些参数用来定义 BIND 服务程序的运行。

② 区域配置文件(/etc/named.rfc1912.zones):用来保存域名和 IP 地址对应关系的所在位置。类似于图书的目录,对应着每个域和相应 IP 地址所在的具体位置,当需要查看或修改时,可根据这个位置找到相关文件。

③ 数据配置文件目录(/var/named):该目录用来保存域名和 IP 地址真实对应关系的数据配置文件,正向解析数据配置文件中具体格式和字段的含义,如图 21-4 所示,反向解析具体格式和数据配置文件中具体字段的含义,如图 21-5 所示。

$ TTL 1D				＃生存周期为 1 天	
@	IN SOA	abc.com.	root.abc.com.	(	
	＃授权信息开始	＃DNS 区域的地址	＃域名管理员的邮箱(不需要@符号)		
				0;serial	＃更新序列号
				1D;refresh	＃更新时间
				1H;retry	＃重试延时
				1W;expire	＃失效时间
				0);minimum	＃无效解析记录的缓存时间
	NS		ns.abc.com.	＃域名服务器记录	
ns	IN A		192.168.100.10	＃地址记录(ns.abc.com.)	
www	IN A		192.168.100.20	＃地址记录(www.abc.com.)	
ftp	IN A		192.168.100.30	＃地址记录(ftp.abc.com.)	

图 21-4　DNS 正向数据配置文件

$ TTL 1D					
@	IN SOA	abc.com.	root.abc.com.		(
					0;serial
					1D;refresh
					1H;retry
					1W;expire
					0);minimum
	NS	ns.abc.com.			
	A	192.168.100.10			
10	PTR	ns.abc.com.	＃PTR 为指针记录,仅用于反向解析		
20	PTR	www.abc.com.			
30	PTR	ftp.abc.com.			

图 21-5　DNS 反向数据配置文件

21.3　任务准备

1. 在两台虚拟机上安装好 Red Hat Enterprise Linux 8 系统,一台作为服务器,命名为 Server,另一台作为客户机,命名为 Client。
2. 保证网络连通。
3. 准备好 Red Hat Enterprise Linux 8 系统 DVD 盘。

21.4　任务解决

DNS 服务实战

1. 配置正向解析

在 DNS 域名解析服务中,正向解析是指根据域名(主机名)查找到对应的 IP 地址。也就是说,当用户输入了一个域名后,BIND 服务程序会自动进行查找,并将匹配到的 IP 地址返给用户,这也是最常用的 DNS 工作模式。

(1) 安装 BIND 服务程序

BIND(Berkeley Internet Name Domain,伯克利因特网名称域)服务是全球范围内使用最广泛、最安全可靠且高效的域名解析服务程序。DNS 域名解析服务作为互联网基础设施服务,其责任之重可想而知,因此建议大家在生产环境中安装部署 BIND 服务程序时加上 chroot (俗称牢笼机制)扩展包,以便有效地限制 BIND 服务程序仅能对自身的配置文件进行操作,以确保整个服务器的安全。

```
[root@Server ~]# yum install bind-chroot -y
Updating Subscription Management repositories.
Unable to read consumer identity
This system is not registered to Red Hat Subscription Management. You can use
subscription-manager to register.
AppStream
                        3.1 MB/s│3.2 kB       00:00
BaseOS
                        2.7 MB/s│2.7 kB       00:00
依赖关系解决。
================================================================
软件包         架构         版本                  仓库            大小
================================================================
Installing:
bind-chroot   x86_64       32:9.11.4-16.P2.el8    AppStream       99 k
安装依赖关系:
bind          x86_64       32:9.11.4-16.P2.el8    AppStream       2.1 M

事务概要
================================================================
```

安装　2 软件包

……

已安装：
bind-chroot-32:9.11.4-16.P2.el8.x86_64
bind-32:9.11.4-16.P2.el8.x86_64

完毕！
[root@Server ~]#

（2）配置/etc/named.conf 文件

在 Linux 系统中，BIND 服务程序的名称为 named。首先需要在/etc 目录中找到该服务程序的主配置文件，然后把第 11 行和第 19 行的地址均修改为 any，表示服务器上的所有 IP 地址均可提供 DNS 域名解析服务，以及允许所有人对本服务器发送 DNS 查询请求。这两个地方一定要修改准确。

```
[root@Server ~]# vim /etc/named.conf
 ……
 9
10 options {
11        listen-on port 53 {any; };
12        listen-on-v6 port 53 { ::1; };
13        directory           "/var/named";
14        dump-file           "/var/named/data/cache_dump.db";
15        statistics-file     "/var/named/data/named_stats.txt";
16        memstatistics-file  "/var/named/data/named_mem_stats.txt";
17        secroots-file       "/var/named/data/named.secroots";
18        recursing-file      "/var/named/data/named.recursing";
19        allow-query         {any; };
20
 ……
```

BIND 服务程序的区域配置文件（/etc/named.rfc1912.zones）用来保存域名和 IP 地址对应关系的所在位置。在这个文件中，定义了域名与 IP 地址解析规则保存的文件位置以及服务类型等内容，而没有包含具体的域名、IP 地址对应关系等信息。服务类型有 3 种，分别为 hint（根区域）、master（主区域）、slave（辅助区域），其中常用的 master 和 slave 指的就是主服务器和从服务器。

下面分别修改 BIND 服务程序的主配置文件、区域配置文件与数据配置文件。如果在配置过程中遇到了 BIND 服务程序启动失败的情况，而用户认为这是由于参数写错而导致的，则可以执行 named-checkconf 命令和 named-checkzone 命令,分别检查主配置文件与数据配置文件中语法或参数的错误。

（3）编辑区域配置文件

默认文件已经有一些相关配置让用户参考。可以将下面的配置添加到区域配置文件的最下面,当然,也可以将该文件中的原有信息全部清空,而只保留自己的域名解析信息。

```
[root@Server ~]# vim /etc/named.rfc1912.zones
前面原文件的默认部分省略
zone "abc.com" IN {
type master;
file "abc.com.zone";
allow-update {none;};
};
```

（4）编辑数据配置文件

可以从/var/named 目录中复制一份正向解析的模板文件（named.localhost）,然后把域名和 IP 地址的对应数据填写在数据配置文件中并保存。在复制时记得加上"-a"参数,这样可以保留原始文件的所有者、所属组、权限属性等信息,以便让 BIND 服务程序顺利读取文件内容。

```
[root@Server ~]# cd /var/named/
[root@Server named]# ls -al named.localhost
-rw-r-----. 1 root named 152 6 月   21 2007 named.localhost
[root@Server named]# cp -a named.localhost abc.com.zone
```

编辑数据配置文件,具体参数的含义可参照表 21-1。在保存并退出文件后重启 named 服务程序,让新的解析数据生效。

```
[root@Server named]#   vim abc.com.zone
$ TTL 1D
@        IN SOA   abc.com. root.abc.com. (
                                        1       ; serial
                                        1D      ; refresh
                                        1H      ; retry
                                        1W      ; expire
                                        0 )     ; minimum
         NS        dns.abc.com.
dns      IN        A              192.168.1.10
www      IN        A              192.168.1.20
ftp      IN        A              192.168.1.30
[root@Server named]# systemctl restart named
```

（5）检验正向解析结果

为了检验解析结果,一定要先把 Linux 系统网卡中的 DNS 地址参数修改成本机 IP 地址,这样就可以使用由本机提供的 DNS 查询服务了。nslookup 命令用于检测能否从 DNS 服务器中查询到域名与 IP 地址的解析记录,进而更准确地检验 DNS 服务器是否已经能够为用户提供服务。

```
    [root@Server named]# ip a                              #查看服务器的IP
    1：lo：< LOOPBACK,UP,LOWER_UP > mtu 65536 qdisc noqueue state UNKNOWN group
default qlen 1000
        link/loopback 00:00:00:00:00:00 brd 00:00:00:00:00:00
        inet 127.0.0.1/8 scope host lo
            valid_lft forever preferred_lft forever
        inet6 ::1/128 scope host
            valid_lft forever preferred_lft forever
    2：ens160：< BROADCAST,MULTICAST,UP,LOWER_UP > mtu 1500 qdisc fq_codel state UP
group default qlen 1000
        link/ether 00:0c:29:98:64:e6 brd ff:ff:ff:ff:ff:ff
        inet 192.168.1.10/24 brd 192.168.1.255 scope global noprefixroute ens160
            valid_lft forever preferred_lft forever
        inet 192.168.1.50/24 brd 192.168.1.255 scope global secondary dynamic ens160
……

    [root@Server named]# nslookup www.abc.com        #在服务器本地测试
    Server：       192.168.1.10
    Address：      192.168.1.10#53


    Name：         www.abc.com
    Address：      192.168.1.20

    [root@Client ~]# nslookup www.abc.com            #在客户机测试
    Server：       192.168.1.10
    Address：      192.168.1.10#53


    Name：         www.abc.com
    Address：      192.168.1.20
```

2. 配置反向解析

在 DNS 域名解析服务中，反向解析的作用是将用户提交的 IP 地址解析为对应的域名信息，它一般用于对某个 IP 地址上绑定的所有域名进行整体屏蔽，屏蔽由某些域名发送的垃圾邮件。它也可以针对某个 IP 地址进行反向解析，大致判断出有多少个网站运行在上面。当购买虚拟主机时，可以使用这一功能验证虚拟主机提供商是否有严重的超售问题。

（1）编辑区域配置文件

在编辑该文件时，要记住定义的数据配置文件名称，后续要在/var/named 目录中建立与其对应的同名文件。反向解析就是把 IP 地址解析成域名格式，因此在定义 zone（区域）时应该把 IP 地址反写，比如原来是 192.168.1.0，反写后应该就是 1.168.192，而且只需写出 IP 地址的网络位即可。把下列参数添加至正向解析参数的后面。

```
[root@Server ~]# vim /etc/named.rfc1912.zones        #正向解析参数
zone "abc.com" IN {
type master;
file "abc.com.zone";
allow-update {none;};
};
zone "1.168.192.in-addr.arpa" IN {                   #反向解析参数
type master;
file "192.168.1.arpa";
};
```

（2）编辑反向数据配置文件

首先从/var/named目录中复制一份反向解析的模板文件（named.loopback），然后把下面的参数填写到文件中，具体参数的含义可对照图21-5。

注意：IP地址仅需要写主机位。

```
[root@Server named]# cp -a named.loopback 192.168.1.arpa
[root@Server named]#   vim 192.168.1.arpa
$ TTL 86400
@        IN        SOA        abc.com. root.abc.com. (
                                        1        ; serial
                                        1D       ; refresh
                                        1H       ; retry
                                        1W       ; expire
                                        0 )      ; minimum
         NS        abc.com.
         A         192.168.1.10
10       IN        PTR        dns.abc.com.
20       IN        PTR        www.abc.com.
30       IN        PTR        ftp.abc.com.
[root@abcserver named]# systemctl restart named        #重启服务
```

（3）检验反向解析结果

在前面的正向解析实验中，已经把系统网卡中的DNS地址参数修改成了本机IP地址，因此可以直接使用nslookup命令来检验解析结果，仅需输入IP地址即可查询到对应的域名信息。也可以配置Windows主机客户端的DNS，让Linux服务器来解析IP地址。

```
在客户端要确认一下配置的DNS服务器地址：
[root@Client ~]# cat /etc/resolv.conf
erated by /usr/sbin/dhclient-script
search abc.com
nameserver 192.168.1.10

[root@Client ~]# nslookup www.abc.com        #客户端正向解析测试
```

```
Server:         192.168.1.10
Address:        192.168.1.10#53


Name:           www.abc.com
Address:        192.168.1.20

[root@Client ~]# nslookup 192.168.1.30              #客户端反向解析测试
30.1.168.192.in-addr.arpaname = ftp.abc.com.
```

21.5 任务扩展练习

查找相关资料,在 abc.com 域的局域网搭建两台 DNS 服务器,主域名服务器为 ns1.abc.com,IP 地址为 192.168.**.5,从域名服务器为 ns2.abc.com,IP 地址为 192.168.**.100。实现在网络中的域名解析。

任务 22　配置 FTP 服务

FTP(File Transfer Protocol,文件传输协议)是 TCP/IP 协议组中的协议之一,是 Internet 文件传送的基础,它由一系列规格说明文档组成,目标是提高文件的共享性,提供非直接使用远程计算机服务,使存储介质对用户透明和可靠高效地传送数据。文件传输是一种非常重要的获取资料方式。今天的互联网是由大量个人计算机、工作站、服务器、小型机、大型机、巨型机等不同型号、不同架构的物理设备共同组成的,即便是个人计算机,也可能会装有 Windows、Linux、UNIX、Mac 等不同的操作系统。FTP 可以解决复杂多样的设备之间文件传输的问题,本次任务就是配置 FTP 基本的文件上传、下载服务。

22.1　任务描述

1. 建立 FTP 服务,允许匿名下载。
2. 建立本地用户 ftpuser,在自己的目录下实现 FTP 上传和下载功能。

22.2　引导知识

FTP 服务介绍

22.2.1　FTP 服务介绍

FTP 是一种在互联网中进行文件传输的协议,基于客户端/服务器模式,默认使用端口 20、端口 21,其中端口 20(数据端口)用于进行数据传输,端口 21(命令端口)用于接收客户端发出的相关 FTP 命令与参数。FTP 服务器普遍部署于内网中,具有容易搭建、方便管理的特点,而且有些 FTP 客户端工具还可以支持文件的多点下载以及断点续传技术。FTP 的传输拓扑如图 22-1 所示。

图 22-1　FTP 的传输拓扑

FTP 服务器是按照 FTP 在互联网上提供文件存储和访问服务的主机,FTP 客户端则是向服务器发送连接请求,以建立数据传输链路的主机。FTP 有下面两种工作模式。

➢ 主动模式:FTP 服务器主动向客户端发起连接请求。
➢ 被动模式:FTP 服务器等待客户端发起连接请求(FTP 的默认工作模式)。

22.2.2 VSFTPD 服务程序

VSFTPD(Very Secure FTP Daemon,非常安全的 FTP 守护进程)是一款运行在 Linux 操作系统上的 FTP 服务程序,不仅完全开源而且免费,此外,VSFTPD 还具有很高的安全性、传输速度,以及支持虚拟用户验证等其他 FTP 服务程序不具备的特点。

VSFTPD 服务程序作为更加安全的文件传输服务程序,允许用户以 3 种认证模式登录到 FTP 服务器上。

> 匿名开放模式:是一种最不安全的认证模式,任何人都可以无须密码验证而直接登录到 FTP 服务器。

> 本地用户模式:是通过 Linux 系统本地的账户密码信息进行认证的模式,相较于匿名开放模式更安全,而且配置起来也很简单。但是如果被黑客破解了账户的信息,其就可以畅通无阻地登录 FTP 服务器,从而完全控制整台服务器。

> 虚拟用户模式:是这 3 种模式中最安全的一种认证模式,它需要为 FTP 服务单独建立用户数据库文件,虚拟出用来进行口令验证的账户信息,而这些账户信息在服务器系统中实际上是不存在的,仅供 FTP 服务程序进行认证使用。这样即使黑客破解了账户信息也无法登录服务器,从而有效地降低了破坏范围和影响。

VSFTPD 服务程序常用参数及功能如表 22-1 所示。

表 22-1 VSFTPD 服务程序常用参数及功能

参　　数	作　　用
listen=[YES|NO]	是否以独立运行的方式监听服务
listen_address=IP 地址	设置要监听的 IP 地址
listen_port=21	设置 FTP 服务的监听端口
download_enable=[YES|NO]	是否允许下载文件
userlist_enable=[YES|NO]	设置用户列表为"允许"或"禁止"操作
userlist_deny=[YES|NO]	
max_clients=0	最大客户端连接数,0 为不限制
max_per_ip=0	同一 IP 地址的最大连接数,0 为不限制
anonymous_enable=[YES|NO]	是否允许匿名用户访问
anon_upload_enable=[YES|NO]	是否允许匿名用户上传文件
anon_umask=022	匿名用户上传文件的 umask 值
anon_root=/var/ftp	匿名用户的 FTP 根目录
anon_mkdir_write_enable=[YES|NO]	是否允许匿名用户创建目录
anon_other_write_enable=[YES|NO]	是否开放匿名用户的其他写入权限(包括重命名、删除等操作权限)
anon_max_rate=0	匿名用户的最大传输速率(字节/秒),0 为不限制
local_enable=[YES|NO]	是否允许本地用户登录 FTP
local_umask=022	本地用户上传文件的 umask 值
local_root=/var/ftp	本地用户的 FTP 根目录
chroot_local_user=[YES|NO]	是否将用户权限禁锢在 FTP 目录,以确保安全
local_max_rate=0	本地用户最大传输速率(字节/秒),0 为不限制

22.3　任务准备

1. 在虚拟机上安装好 Red Hat Enterprise Linux 8 系统。
2. 保证虚拟机和真实机之间能够网络连通。
3. 准备好 Red Hat Enterprise Linux 8 系统 DVD 盘。

22.4　任务解决

FTP 服务实战

1. 安装 VSFTPD 服务程序

使用本地的 yum 软件仓库安装 VSFTPD 服务程序。

```
[root@localhost ~]# yum clean all          ＃安装前先清除缓存
[root@localhost ~]# yum install vsftpd -y
Updating Subscription Management repositories.
Unable to read consumer identity
This system is not registered to Red Hat Subscription Management. You can use
subscription-manager to register.
  AppStream                               57 MB/s | 5.3 MB     00:00
  BaseOS                                  91 MB/s | 2.2 MB     00:00
依赖关系解决。
================================================================================
 软件包          架构              版本              仓库           大小
Installing:
 vsftpd          x86_64            3.0.3-28.el8      AppStream      180 k

事务概要
================================================================================
安装  1 软件包

总计:180 k
安装大小:356 k
下载软件包:
运行事务检查
事务检查成功。
运行事务测试
事务测试成功。
运行事务
  准备中       :                                                      1/1
  Installing   : vsftpd-3.0.3-28.el8.x86_64                           1/1
  运行脚本     : vsftpd-3.0.3-28.el8.x86_64                           1/1
```

```
    验证            : vsftpd-3.0.3-28.el8.x86_64
Installed products updated.
已安装：
  vsftpd-3.0.3-28.el8.x86_64
完毕！
```

2. VSFTPD 配置文件

VSFTPD 服务程序的主配置文件/etc/vsftpd/vsftpd.conf 内容总长度达到 123 行，其中大多数参数为注释信息，我们可以在 grep 命令后面添加"-v"参数，过滤并反选出没有以"♯"开头的行（即过滤掉所有的注释信息），把空行也过滤掉，将过滤后的参数行通过输出重定向保存到原始的主配置文件中。

注意：养成备份原始配置文件的习惯。

```
[root@localhost ~]# mv /etc/vsftpd/vsftpd.conf /etc/vsftpd/vsftpd.conf.bak
[root@localhost ~]# grep -v "^♯" /etc/vsftpd/vsftpd.conf.bak|grep -v "^$" >/
etc/vsftpd/vsftpd.conf
[root@localhost ~]# cat /etc/vsftpd/vsftpd.conf
anonymous_enable = NO
local_enable = YES
write_enable = YES
local_umask = 022
dirmessage_enable = YES
xferlog_enable = YES
connect_from_port_20 = YES
xferlog_std_format = YES
listen = NO
listen_ipv6 = YES
pam_service_name = vsftpd
userlist_enable = YES
listen_ipv6 = YES
pam_service_name = vsftpd
userlist_enable = YES
tcp_wrappers = YES
```

3. 安装 FTP 客户端

FTP 是 Linux 系统中以命令行界面的方式来管理 FTP 传输服务的客户端工具。我们首先手动安装这个 FTP 客户端工具，以便在后续实验中查看结果。

```
[root@localhost ~]# yum install ftp -y
Updating Subscription Management repositories.
Unable to read consumer identity
This system is not registered to Red Hat Subscription Management. You can use
subscription-manager to register.
上次元数据过期检查：0:12:41 前，执行于 2021 年 03 月 02 日 星期二 02 时 52 分 57 秒。
```

依赖关系解决。

......

运行事务

准备中	:	1/1
Installing	: ftp-0.17-78.el8.x86_64	1/1
运行脚本	: ftp-0.17-78.el8.x86_64	1/1
验证	: ftp-0.17-78.el8.x86_64	1/1

Installed products updated.

已安装:

ftp-0.17-78.el8.x86_64

完毕!

4. 匿名模式配置

在 VSFTPD 服务程序中,匿名开放模式是最不安全的一种认证模式。任何人都可以无须密码验证而直接登录到 FTP 服务器。这种模式一般用来访问不重要的公开文件(在生产环境中尽量不要存放重要文件),通常情况下是支持匿名下载的,由于安全问题不要进行匿名上传的设置。向匿名用户开放的权限参数及功能如表 22-2 所示。

表 22-2 向匿名用户开放的权限参数及功能

参　数	作　用
anonymous_enable＝YES	允许匿名访问模式
anon_umask＝022	匿名用户上传文件的 umask 值
anon_upload_enable＝YES	允许匿名用户上传文件
anon_mkdir_write_enable＝YES	允许匿名用户创建目录
anon_other_write_enable＝YES	允许匿名用户修改目录名称或删除目录

编辑配置文件,支持匿名下载。

```
[root@localhost ~]# cat /etc/vsftpd/vsftpd.conf
anonymous_enable = YES
local_enable = YES
write_enable = YES
local_umask = 022
dirmessage_enable = YES
xferlog_enable = YES
connect_from_port_20 = YES
xferlog_std_format = YES
listen = NO
listen_ipv6 = YES
pam_service_name = vsftpd
userlist_enable = YES
listen_ipv6 = YES   ·
pam_service_name = vsftpd
```

```
userlist_enable = YES
tcp_wrappers = YES
[root@localhost ~]# systemctl restart vsftpd
[root@localhost ~]# systemctl enable vsftpd
Created  symlink  from  /etc/systemd/system/multi-user. target. wants/vsftpd.
service to /usr/lib/systemd/system/vsftpd. service.
[root@localhost ~]#
```

现在就可以在客户端执行 ftp 命令连接到远程的 FTP 服务器了。在 VSFTPD 服务程序的匿名开放认证模式下,其账户统一为 anonymous,密码为空。而且在连接到 FTP 服务器后,默认访问的是/var/ftp 目录。我们在此目录中创建一个文件,然后匿名登录到 FTP 服务器,下载文件,看是否支持上传。

```
[root@localhost ~]# echo "This is FTP server!" >/var/ftp/ftptest
＃在默认访问目录下建立一个文件,用于测试
[root@localhost ~]# ftp 192.168.239.128
Connected to 192.168.239.128 (192.168.239.128).
220 (vsFTPd 3.0.3)
Name (192.168.239.128:root): anonymous
331 Please specify the password.
Password:
230 Login successful.
Remote system type is UNIX.
Using binary mode to transfer files.
ftp > ls
227 Entering Passive Mode (192,168,239,128,21,189).
150 Here comes the directory listing.
-rw-r--r--      1 0          0              20 Mar 02 08:11 ftptest
drwxr-xr-x      2 0          0               6 Aug 12   2018 pub
226 Directory send OK.
ftp > get ftptest
local: ftptest remote: ftptest
227 Entering Passive Mode (192,168,239,128,96,100).
150 Opening BINARY mode data connection for ftptest (20 bytes).
226 Transfer complete.
20 bytes received in 0.000297 secs (67.34 Kbytes/sec)
ftp > ! ls                          ＃"ftp>"命令前加"!",表示在本地执行命令
公共  模板  视频  图片文档  下载  音乐  桌面 anaconda-ks. cfg  echo
ftptest initial-setup-ks.cfg
ftp > bye
221 Goodbye.
[root@localhost ~]# ls              ＃可以看到文件下载到本地的当前目录下
```

公共 模板 视频 图片 文档 下载 音乐 桌面 anaconda-ks.cfg echoftptest
initial-setup-ks.cfg

[root@localhost ~]# cat ftptest

This is FTP server!

5. 本地用户模式

相较于匿名开放模式,本地用户模式要更安全,而且配置起来也很简单。如果之前用的是匿名开放模式,现在就可以将它关了,然后开启本地用户模式。本地用户模式使用的权限参数以及作用如表22-3所示。

表22-3 本地用户模式使用的权限参数以及作用

参　数	作　用
anonymous_enable＝NO	禁止匿名访问模式
local_enable＝YES	允许本地用户模式
write_enable＝YES	设置可写权限
local_umask＝022	以本地用户模式创建文件的 umask 值
userlist_enable＝YES	启用"禁止用户名单",名单文件为 user_list,与 userlist_deny 配合使用
userlist_deny＝YES	启用"允许用户名单",名单文件为 user_list

① 新建本地用户,并指明文件传输的目录为用户主目录。

[root@localhost ~]# useradd -d /ftpdir ftpuser
[root@localhost ~]# passwd ftpuser

Changing password for user ftpuser.

New password:

BAD PASSWORD: The password is shorter than 8 characters

Retype new password:

passwd: all authentication tokens updated successfully.

[root@localhost ~]# tail -1 /etc/passwd

ftpuser:x:1002:1002::/ftpdir:/bin/bash

② 编辑配置文件,不允许匿名用户登录,本地用户可以登录并且可读写。

[root@localhost ~]# vim /etc/vsftpd/vsftpd.conf

anonymous_enable = NO

local_enable = YES

write_enable = YES

local_umask = 022

dirmessage_enable = YES

xferlog_enable = YES

connect_from_port_20 = YES

xferlog_std_format = YES

listen = NO

listen_ipv6 = YES

```
   pam_service_name = vsftpd
   userlist_enable = YES
   tcp_wrappers = YES
```

③ 重启服务。

```
[root@localhost ~]# systemctl restart vsftpd
[root@localhost ~]# systemctl enable vsftpd
```

④ 用本地用户登录验证。

```
[root@localhost ~]# echo "local file!" > localfile
[root@localhost ~]# echo "FTP server file" >/ftpdir/ftpfile
[root@localhost ~]# ls
公共  模板  视频  图片  文档  下载  音乐  桌面  anaconda-ks.cfg  initial-
setup-ks.cfg  localfile
[root@localhost ~]# ls /ftpdir
ftpfile
#在本地建立 localfile,在 FTP 的目录下建立一个文件 ftpfile,用于测试


[root@localhost ~]# ftp 192.168.239.128
Connected to 192.168.239.128 (192.168.239.128).
220 (vsFTPd 3.0.3)
Name (192.168.239.128:root): ftpuser
331 Please specify the password.
Password:
230 Login successful.
Remote system type is UNIX.
Using binary mode to transfer files.
ftp> ls
227 Entering Passive Mode (192,168,239,128,69,192).
150 Here comes the directory listing.
-rw-r--r--    1 0        0                     16 Mar 02 09:14 ftpfile
226 Directory send OK.
ftp> get ftpfile                        #把服务器文件下载到本地默认目录下
local: ftpfile remote: ftpfile
227 Entering Passive Mode (192,168,239,128,197,38).
150 Opening BINARY mode data connection for ftpfile (16 bytes).
226 Transfer complete.
16 bytes received in 2.2e-05 secs (727.27 Kbytes/sec)
ftp> ! dir
公共  模板  视频  图片文档  下载  音乐  桌面 anaconda-ks.cfg  ftpfile
initial-setup-ks.cfglocalfile
#下载完成
```

```
ftp > put localfile                              ＃把本地文件上传到服务器
local: localfile remote: localfile
227 Entering Passive Mode (192,168,239,128,221,42).
150 Ok to send data.
226 Transfer complete.
12 bytes sent in 1.8e-05 secs (666.67 Kbytes/sec)
ftp > ls
227 Entering Passive Mode (192,168,239,128,138,31).
150 Here comes the directory listing.
-rw-r--r--       1 0            0                 16 Mar 02 09:14 ftpfile
-rw-r--r--       1 1003         1003              12 Mar 02 09:20 localfile
226 Directory send OK.
＃ 上传完成
```

注意：在/etc/vsftpd 服务程序所在的目录中默认存放着两个文件 ftpusers 和 user_list,里面的用户不允许登录到 FTP 服务器上。

请尝试用 Windows 客户端验证。

22.5　任务扩展练习

1. 在服务器中建立/data/share 目录,让匿名用户可以上传、下载。

2. 允许本地用户访问,但必须锁定在自己的主目录下,利用/etc/vsftpd/user_list 文件指定本地用户只有 user1 和 user2 能访问,其他用户不可以访问。

3. 使用前面任务中搭建的 DNS 服务器进行解析,用域名访问 FTP 服务器,可以在 Windows 系统中实现访问。

任务 23　用 Apache 部署静态网站

Apache Http Server 简称 Apache,是 Apache 软件基金会的一个开源网页服务器,它可以在大多数计算机操作系统中运行,由于其多平台和安全性等特点被广泛使用,是最流行的 Web 服务器端软件之一。从服务器端的编程语言到身份认证方案 Apache 都支持,通用的语言接口支持 PHP、Python、Perl、TCL 等。Apache 是当前使用排名第一的 Web 服务器软件,可以跨平台使用。在网站搭建的过程中,经常会使用 Apache 来代理转发,实现网站的高可用性和稳定性。本次任务我们来完成 Apache 静态服务器的基本配置。

23.1　任务描述

1. 安装 Apache 服务程序,修改默认主页内容为"欢迎光临网站!"。
2. 配置同一个 IP 的两个不同虚拟主机。

23.2　引导知识

23.2.1　Apache 服务介绍

Apache 服务介绍

Web 服务是 C/S 架构,我们可以把浏览器(如 IE、Firefox、Safari、Chrome 等)看作客户端,也可以将命令行(如 elinks、curl)当作一个客户端。服务器端可以使用 httpd、nginx、lighttpd、gws 等,还有一些应用程序服务器,如 IIS、Tomcat、jetty、resin 等。客户端和服务器之间的交互都是使用 http 的 request(请求报文)和 response(响应报文)来实现的。其实 http 非常简单,是由两种格式的报文组成的,即客户端请求报文(request)和服务端响应报文(response),其访问方式如图 23-1 所示。

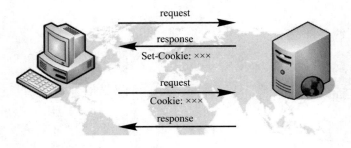

图 23-1　http 访问方式

httpd 俗称 Apache,是美国的一个官方组织研发的一款 Web 服务器,httpd 这个项目完成后,开发 httpd 的程序员就分散到了各个大公司,但是他们都很喜欢这个 httpd,不愿意看它没落下去,于是他们就通过互联网自发组织起来,来维护这个 Web 服务器,一旦发现它有漏洞就打补丁,如果需要新功能就开发新特性,这就是早期的社区模式。随着时间的推移,这些开发者对 httpd 进行各种打补丁,使其功能越来越强大。后来这些开发人员说这是一个打满补丁的服务器(a pachey server),因为美国的武装攻击直升机叫 Apache,他们就把 httpd 正式称为 Apache 服务器,其标志是一个羽毛,如图 23-2 所示。

图 23-2　Apache 的标志

Apache 通过 http 进行文本传输,默认使用 80 端口的明文传输方式。后来,为了保证数据的安全性和可靠性,又添加了 443 的加密传输方式。Apache 提供的服务器是一款高度模块化的软件,有着各类丰富的模块支持,想要给它添加相应的功能,只需添加相应的模块,让其Apache 主程序加载相应的模块,不需要的模块可以不用加载,这保证了 Apache 的简洁、轻便、高效性,当出现大量访问一个服务器的情况时,可以使用多种复用模式实现。

Apache 服务程序可以运行在 Linux 系统、UNIX 系统,甚至是 Windows 系统中,支持基于 IP、域名及端口号的虚拟主机功能,支持多种认证方式,集成了代理服务器模块、安全Socket 层(SSL),能够实时监视服务状态与定制日志消息。

23.2.2　Apache 服务配置

在 Linux 系统中配置服务,其实就是修改服务的配置文件及相关的参数,因此,还需要知道这些配置文件的所在位置以及用途,httpd 服务程序的主要配置文件及相关信息如表 23-1所示。

表 23-1　Apache 服务的基本配置

配置文件的名称	存放位置
主配置目录	/etc/httpd/conf
主配置文件	/etc/httpd/conf/httpd.conf
默认发布目录	/var/www/html
默认监听端口	80
程序开启默认用户	apache
访问日志	/var/log/httpd/access_log
错误日志	/var/log/httpd/error_log

默认 httpd 服务程序的主配置文件/etc/httpd/conf/httpd.conf 有 372 行,在这个配置文件中,所有以"#"开始的行都是注释行,其目的是对 httpd 服务程序的功能或某一行参数进行介绍。

在 httpd 服务程序的主配置文件中,存在 3 种类型的信息:注释行信息、全局配置信息、区域配置信息。

```
[root@gupt~]#vim/etc/httpd/conf/httpd.conf
#This is the main Apache server configuration file……    #注释信息
Serverroot "etc/httpd"                                      #以下为全局配置信息
Servername www.abc.com
……
<Directory/>                                                #区域配置信息
……
</Directory>
……
<Location /server-status >                                 #区域配置信息
……
</Location >
```

全局配置参数就是一种全局性的配置参数,对所有的子站点起作用,既可以保证子站点的正常访问,又有效地减少了频繁写入重复参数的工作量。区域配置参数则单独针对每个子站点进行设置。在 httpd 服务程序的主配置文件中,常用的参数如表 23-2 所示。

表 23-2 httpd 配置文件常用参数

参 数	用 途
ServerRoot	服务目录
ServerAdmin	管理员邮箱
User	运行服务的用户
Group	运行服务的用户组
ServerName	网站服务器的域名
DocumentRoot	网站数据目录
Directory	网站数据目录的权限
Listen	监听的 IP 地址与端口号
DirectoryIndex	默认的索引页面
ErrorLog	错误日志文件
CustomLog	访问日志文件
Timeout	网页超时时间

23.3 任务准备

(1) 在虚拟机上安装好 Red Hat Enterprise Linux 8 系统。

(2) 保证虚拟机和真实机之间网络连通。

(3) 准备好 Red Hat Enterprise Linux 8 系统 DVD 盘。

(4) 装入智能拼音中文输入法。

① 安装软件包

```
[root@localhost ~]# dnf install ibus-libpinyin.x86_64 -y
```

② 选择"显示应用程序"中的"设置"图标,选择"Region&Language"里的"输入源"下面的
"+",如图 23-3 所示。

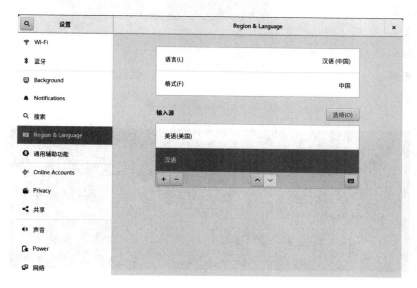

图 23-3 选择输入源

③ 单击"汉语(中国)"→"汉语(智能拼音)",然后单击"添加(A)",如图 23-4 和图 23-5
所示。

图 23-4 选择汉语

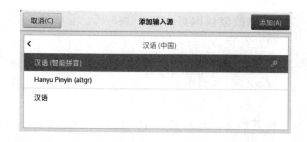

图 23-5 选择智能拼音

④ 添加成功后,下面的齿轮图标是输入法的设置项,如图 23-6 所示。

⑤ 输入法的切换默认是:"Shift+win+空格"键切换到上个输入源,"win+空格"键切换

到下个输入源。图 23-7 是中文输入测试。

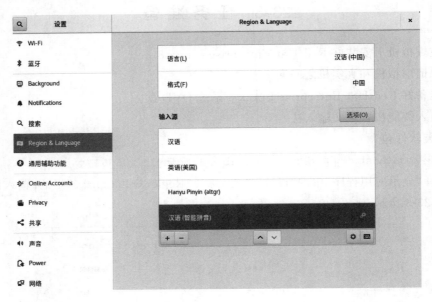

图 23-6 完成设置输入源

图 23-7 中文输入测试

23.4 任务解决

1. 修改默认网页内容

（1）安装 Apache 服务程序

注意：使用 yum 命令进行安装时，跟在命令后面的 Apache 服务的软件包名称为 httpd。

```
[root@localhost ~]# yum install httpd  -y
```

（2）启用 httpd 服务程序

将其加入开机启动项中，使其能够随系统开机而运行。

```
[root@localhost ~]# systemctl start httpd
[root@localhost ~]# systemctl enable httpd
Created symlink /etc/systemd/system/multi-user.target.wants/httpd.service →
/usr/lib/systemd/system/httpd.service.
```

Apache 服务实战

在浏览器（这里以 Firefox 浏览器为例）的地址栏中输入"http://127.0.0.1"并按回车键，就可以看到用于提供 Web 服务的 httpd 服务程序的默认页面了，如图 23-8 所示。

```
[root@localhost ~]# firefox
```

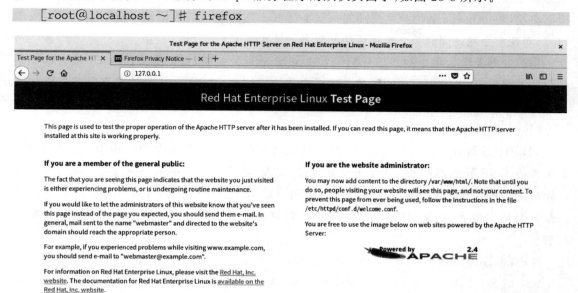

图 23-8　httpd 服务程序的默认页面

（3）修改默认主页内容

从表 23-2 中可知，DocumentRoot 参数用于定义网站数据的保存路径，其默认值是把网站数据存放到/var/www/html 目录中，目前网站普遍的首页面名称是 index.html，因此可以向/var/www/html 目录中写入一个文件，替换掉 httpd 服务程序的默认首页面，该操作会立即生效。

```
[root@localhost ~]# echo "欢迎光临网站！" > /var/www/html/index.html
```

（4）测试默认主页

在执行上述操作之后，再在 Firefox 浏览器中刷新 httpd 服务程序，可以看到该程序的首页面内容已经发生了改变，如图 23-9 所示。

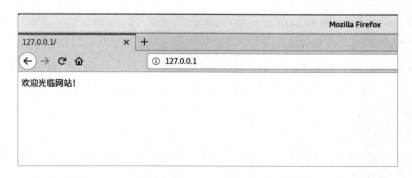

图 23-9　新主页内容页面

2. 配置基于主机域名的虚拟主机

如果每台 Linux 系统的服务器上只能运行一个网站，那么不仅企业费用高，也会造成硬件资源的浪费。在虚拟专用服务器（Virtual Private Server，VPS）与云计算技术诞生以前，IDC服务供应商为了能够更充分地利用服务器资源，同时也为了降低购买门槛，于是纷纷启用了虚拟主机功能。Apache 的虚拟主机功能是服务器基于用户请求的不同 IP 地址、主机域名或端口号，实现多个网站同时为外部提供访问服务的技术。

当服务器无法为每个网站都分配一个独立 IP 地址的时候，可以尝试让 Apache 自动识别用户请求的域名，从而根据不同的域名请求来传输不同的内容。在这种情况下的配置更加简单，只需要保证位于生产环境中的服务器上有一个可用的 IP 地址就可以了。

（1）配置域名解析

如果 DNS 服务器已经配置成功，就在域名解析配置记录中加上两个虚拟主机的解析，如果没有 DNS 服务器解析，可以手动定义 IP 地址与域名之间的对应关系。/etc/hosts 是 Linux 系统中用于强制把某个主机域名解析到指定 IP 地址的配置文件，可以在这个文件中添加两台虚拟机和 IP 地址的对应关系，建议最好还是能够使用之前配置的 DNS 服务器进行解析。

```
[root@localhost ~]#   vim /etc/hosts
127.0.0.1     localhost localhost.localdomain localhost4 localhost4.localdomain4
::1           localhost localhost.localdomain localhost6 localhost6.localdomain6
192.168.239.128   vhost1.abc.com   vhost2.abc.com
```

添加完成后，可以通过分别 ping 这些域名来验证域名是否已经成功解析为 IP 地址，如果已经解析，到后面就可以用域名访问服务器了。

```
[root@localhost ~]#  ping -c 4 vhost1.abc.com
PING vhost1.abc.com (192.168.239.128) 56(84) bytes of data.
64 bytes from vhost1.abc.com (192.168.239.128): icmp_seq = 1 ttl = 64 time = 0.079 ms
64 bytes from vhost1.abc.com (192.168.239.128): icmp_seq = 2 ttl = 64 time = 0.135 ms
64 bytes from vhost1.abc.com (192.168.239.128): icmp_seq = 3 ttl = 64 time = 0.132 ms
64 bytes from vhost1.abc.com (192.168.239.128): icmp_seq = 4 ttl = 64 time = 0.135 ms
--- vhost1.abc.com ping statistics ---
4 packets transmitted, 4 received, 0 % packet loss, time 110ms
```

（2）建立两个不同主机的网站

在/home/wwwroot 中创建用于保存不同网站数据的两个目录，并向其中分别写入网站的首页文件，每个首页文件中都要明确区分不同网站的内容，方便验证结果。

```
[root@localhost ~]#   mkdir -p /home/wwwroot/vhost1
[root@localhost ~]#   mkdir -p /home/wwwroot/vhost2
[root@localhost ~]#   echo "虚拟主机 1" > /home/web/vhost1/index.html
[root@localhost ~]#   echo "虚拟主机 2" > /home/web/vhost2/index.html
```

（3）修改配置文件

在 httpd 服务的配置文件中大约从第 83 行处开始，分别追加写入两个基于主机名的虚拟主机网站参数。

```
[root@localhost ~]# vim /etc/httpd/conf/httpd.conf
```
省略前面部分输出信息
```
 82 #
 83 < VirtualHost 192.168.239.128 >
 84 DocumentRoot "/home/web/vhost1"
 85 ServerName "vhost1.abc.com"
 86 < Directory "/home/web/vhost1">
 87 AllowOverride None
 88 Require all granted
 89 </directory >
 90 </VirtualHost >
 91
 92 < VirtualHost 192.168.239.128 >
 93 DocumentRoot "/home/web/vhost2"
 94 ServerName "vhost2.abc.com"
 95 < Directory "/home/web/vhost2">
 96 AllowOverride None
 97 Require all granted
 98 </directory >
 99 </VirtualHost >
100 #
```
省略后面部分输出信息

（4）重新启动服务
```
[root@localhost ~]# systemctl restart httpd
```
（5）关闭防火墙和 SELinux
```
[root@localhost ~]# systemctl stop firewalld
[root@localhost ~]# setenforce 0
```
（6）测试结果

打开 Firefox 浏览器，输入两台虚拟机的域名，如果可以看到两个不同网站的页面内容，说明配置成功，如图 23-10 和图 23-11 所示。
```
[root@localhost ~]# firefox
```

图 23-10　虚拟主机 1 主页显示

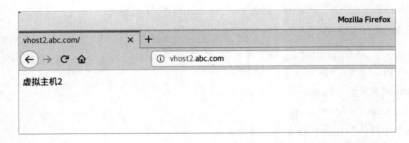

图 23-11　虚拟主机 2 主页显示

　　至此 Apache 静态服务器的配置已经完成,在下一个任务中,我们会在 Apache 安装完成的基础上进行数据库和动态网站的搭建。

23.5　任务扩展练习

搭建一个安全的 Apache 服务器,完成以下步骤:

① 在服务器中成功安装 Apache 服务文件;

② 正确建立 www.XXX＊＊.cn 站点;

③ 申请 CA 证书;

④ 访问 https 时应无浏览器安全警告信息,使用 http 访问时自动跳转到 https 安全连接。

任务 24　部署 LAMP 环境

LAMP 平台是协同工作的一整套系统和相关软件,能够提供动态站点服务以及应用开发环境,是目前最为成熟,也是比较传统的一种企业网站应用模式。其包括的组件有 Linux、Apache、MySQL、Perl/PHP/Python,它们本身都是各自独立的程序,但是因为常被放在一起使用,所以拥有了越来越高的兼容度,共同组成了一个强大的 Web 应用程序平台。本次任务就是搭建一个简单的 LAMP 平台。

24.1　任 务 描 述

在 Red Hat Enterprise Linux 8 系统下搭建 LAMP 平台,包括以下几部分:
① 安装 Apache 服务器;
② 安装 MySQL 服务器;
③ 搭建 PHP 环境。

24.2　引 导 知 识

LAMP 介绍

24.2.1　LAMP 构成组件

① Linux 系统:LAMP 架构的基础,提供用于支撑 Web 站点的操作系统。
② Apache 网站服务主要完成以下功能:
第一,处理 http 的请求,构建响应报文等自身服务;
第二,配置让 Apache 支持 PHP 程序的响应(通过 PHP 模块或 FPM);
第三,配置 Apache 具体处理 PHP 程序的方法,如通过反向代理将 PHP 程序交给 fcgi 处理。
③ MySQL 数据库服务:LAMP 架构的后端,存储各种账号信息、产品信息、客户资料、业务数据等,其他程序可以通过 SQL 语句进行查询、更改。
④ PHP/Perl/Python 编程语言:PHP 是通用服务器端脚本编程语言,主要用于 Web 开发,实现动态 Web 页面,也是最早实现将脚本嵌入 HTML 源码文档中的服务器端脚本语言之一。其功能主要有以下几方面:
第一,提供 Apache 的访问接口,即 CGI 或 Fast CGI(FPM);
第二,提供 PHP 程序的解释器;
第三,提供 MySQL 数据库连接函数的基本环境。
由此可知,要实现 LAMP 功能,就必须对每一个安装的服务进行正确的配置,当然 Apache、MySQL 和 PHP 服务都可配置为独立服务,安装在不同服务器之上。

24.2.2　LAMP 工作原理

LAMP 中 Web 服务器的资源分为两种,即静态资源和动态资源,静态资源就是指静态内容,客户端从服务器获得的资源表现形式与原文件相同。静态资源可以简单地理解为就是直接存储于文件系统中的资源。动态资源则通常是程序文件,需要在服务器执行之后,将执行的结果返回给客户端,那么 Web 服务器如何执行程序并将结果返回给客户端呢?

① 当客户端请求的是静态资源时,Web 服务器会直接把静态资源返回给客户端。

② 当客户端请求的是动态资源时,httpd 的 PHP 模块会进行相应的动态资源运算,如果此过程需要数据库的数据作为运算参数,PHP 会连接 MySQL 取得数据,然后进行运算,运算的结果转为静态资源,由服务器返回给客户端。

24.2.3　LAMP 工作流程

根据图 24-1 所示的 LAMP 构架可知,访问数据流处理一次动态页面请求,服务器主要经历以下步骤:

① 用户发送 http 请求到 httpd 服务器;

② httpd 解析 url 并获取需要的资源路径,通过内核空间读取硬盘资源,如果是静态资源,则构建响应报文,返回给用户;

③ 如果是动态资源,将资源地址发送给 PHP 解析器,解析 PHP 程序文件,解析完毕将内容返回给 httpd,httpd 构建响应报文,返回给用户;

④ 如果涉及数据库操作,则利用 php_mysql 驱动,获取数据库数据,返回给 PHP 解析器。

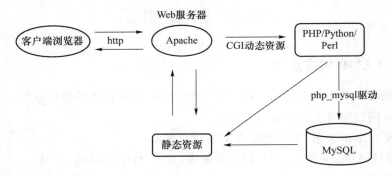

图 24-1　LAMP 构架

24.2.4　LAMP 工作机制

LAMP 中的 A、M、P 是怎么联动起来工作的呢?

1. Apache+PHP 的结合方式

第一种:如果 PHP 以模块形式与 Web 服务器联系,那么它们是通过内部共享内存的方式联系在一起的。

第二种:如果客户端请求是动态资源,Web 服务器会通过通用网关接口协议将请求发给 PHP。

第三种:如果 PHP 单独放置于一台服务器,那么它们是以套接字的方式进行通信的。

Apache 不会跟数据库打交道,它是个静态 Web 服务器,跟数据库打交道的是应用程序,它作为应用程序的源驱动能够基于某个 API 跟服务器之间建立会话,而后它会通过 MySQL

语句发送给数据库,数据库再将结果返回给应用程序。

2. PHP＋MySQL 的通信模式

PHP 跟 MySQL 怎么整合起来呢,PHP 又怎么被 httpd 所调用呢?

httpd 并不具备解析代码的能力,它要依赖于 PHP 的解析器,而 PHP 本身不依赖于 MySQL,它只是一个解析器,能执行代码。PHP 语言要想联系 MySQL,通常用到 PHP 的驱动安装包 php_mysql;PHP 跟 MySQL 之间没有关系,只有程序员在 PHP 中编写 MySQL 语句时,才连接 MySQL 来执行 SQL 语句。基于 php_mysql 去连接 MySQL 只使用一个函数 mysql_connect();而 mysql_connect()正是 php_mysql 提供的一个 API,只要指明要连接的服务器即可通信。

24.3　任务准备

1. 在虚拟机上启动 Red Hat Enterprise Linux 8 系统,并打开终端。
2. 以 root 身份登录系统。
3. 保证网络连接正常。
4. 保证 Red Hat Enterprise Linux 8 yum 源配置正确,能够在线下载软件。

24.4　任务解决

LAMP 部署实战

1. 准备工作

(1) 检查系统版本

```
[root@localhost ~]# cat /etc/redhat-release
Red Hat Enterprise Linux release 8.3 (Ootpa)
```

(2) 运行 systemctl status firewalld 命令查看当前防火墙的状态

```
[root@localhost ~]# systemctl status firewalld
  firewalld.service - firewalld - dynamic firewall daemon
  Loaded:loaded (/usr/lib/systemd/system/firewalld.service;>
  Active:active (running) since Sun 2021-03-07 10:40:55 CST>
    Docs:man:firewalld(1)
Main PID:37425 (firewalld)
   Tasks:2 (limit:11076)
  Memory:28.7M
  CGroup:/system.slice/firewalld.service
          └─37425 /usr/libexec/platform-python -s /usr/sbin/>

Mar 07 10:40:54 localhost.localdomain systemd[1]:Starting fi>
Mar 07 10:40:55 localhost.localdomain systemd[1]:Started fir>
Mar 07 10:40:55 localhost.localdomain firewalld[37425]:WARNI>
lines 1-13/13 (END)
```

如果防火墙的状态参数是 inactive，则防火墙为关闭状态。如果防火墙的状态参数是 active，则防火墙为开启状态。本示例中防火墙为开启状态，因此需要关闭防火墙。

如果想临时关闭防火墙，运行命令 systemctl stop firewalld。这只是暂时关闭防火墙，下次重启 Linux 后，防火墙还会开启。如果想永久关闭防火墙，请运行命令 systemctl disable firewalld，操作如下：

```
[root@localhost ~]# systemctl disable firewalld
```

（3）关闭 SELinux

运行 getenforce 命令，查看 SELinux 的当前状态：

```
[root@localhost ~]# getenforce
Enforcing
```

如果 SELinux 状态参数是 Disabled，则 SELinux 为关闭状态。如果 SELinux 状态参数是 Enforcing，则 SELinux 为开启状态。本示例中 SELinux 为开启状态，因此需要关闭 SELinux。关闭 SELinux 需要执行的命令为 setenforce 0。

```
[root@localhost ~]# setenforce 0
```

完成系统的准备工作之后，下面开始安装服务器，安装顺序为 Apache 服务器、MySQL 服务器、PHP 服务器。

2. 安装 Apache 服务器

Web 服务系统由 Web 服务器、客户端浏览器和通信协议三部分组成。Apache 服务器的安装在前面的任务中已经讲过了，这里我们检测一下是否安装了，如果没有，则需要安装。

Apache 网站服务是 LAMP 架构的前端，向用户提供网站服务，发送网页、图片等文件内容。

（1）检测服务器是否已经安装了 httpd 服务（防止端口冲突）

```
[root@localhost ~]# rpm -qa httpd
```

（2）安装 Apache 服务及其安装包

安装 Apache 服务有两种方式：第一种为下载压缩包安装；第二种为在线 yum 安装。在这里我们采用在线 yum 安装，网络设置和 yum 源的配置已在前面章节讲解过，这里省略。

```
[root@localhost ~]# yum install httpd * -y
```

（3）安装完成后检测系统版本

```
[root@localhost ~]# httpd -v
Server version：Apache/2.4.37（Red Hat Enterprise Linux）
Server built：    Jun 15 2020 11：51：05
```

（4）启动 httpd 服务

```
[root@localhost ~]# systemctl start httpd
```

（5）通过 ifconfig 查看公网 IP，测试安装结果

在本地机器的浏览器地址栏中，输入"http://实例公网 IP"并按 Enter 键。若返回的页面如图 24-2 所示，说明 Apache 服务启动成功。

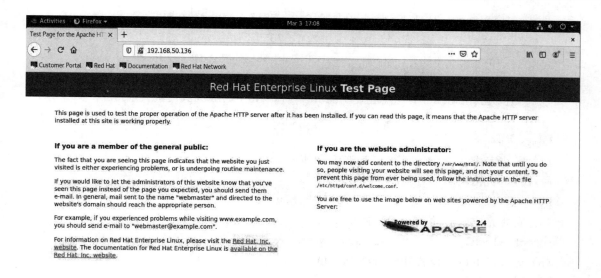

图 24-2　Apache 测试页面

3. MySQL 服务器的安装与配置

MySQL 是最流行的关系型数据库管理系统,在 Web 应用方面,MySQL 是最好的关系数据库管理系统应用软件之一。

(1) 运行命令检查系统中是否存在 MySQL

```
[root@localhost ~]# rpm -qa mysql
```

(2) 运行以下命令安装 MySQL

```
[root@localhost ~]# yum install mysql * -y
Updating Subscription Management repositories.
Unable to read consumer identity
Last metadata expiration check: 0:00:19 ago on Sun 07 Mar 2021 01:18:17 PM CST.
Dependencies resolved.
================================================================
Package          Arch    Version                              Repo         Size
================================================================
Installing:
mysql          x86_64 8.0.21-1.module+el8.2.0+7855+47abd494  AppStream   12 M
mysql-common   x86_64 8.0.21-1.module+el8.2.0+7855+47abd494  AppStream  148 k
mysql-devel    x86_64 8.0.21-1.module+el8.2.0+7855+47abd494  AppStream  152 k
mysql-errmsg   x86_64 8.0.21-1.module+el8.2.0+7855+47abd494  AppStream  581 k
mysql-libs     x86_64 8.0.21-1.module+el8.2.0+7855+47abd494  AppStream  1.4 M
mysql-server   x86_64 8.0.21-1.module+el8.2.0+7855+47abd494  AppStream   22 M
......
Installed:

  mysql-8.0.21-1.module+el8.2.0+7855+47abd494.x86_64
```

```
    mysql-common-8.0.21-1.module + el8.2.0 + 7855 + 47abd494.x86_64
    mysql-devel-8.0.21-1.module + el8.2.0 + 7855 + 47abd494.x86_64
    mysql-errmsg-8.0.21-1.module + el8.2.0 + 7855 + 47abd494.x86_64
    mysql-libs-8.0.21-1.module + el8.2.0 + 7855 + 47abd494.x86_64
    mysql-server-8.0.21-1.module + el8.2.0 + 7855 + 47abd494.x86_64
    ……
Complete!
```

（3）安装完成后，检查安装的 MySQL 版本

```
[root@localhost ~]# mysql -V
mysql  Ver 8.0.21 for Linux on x86_64 (Source distribution)
```

（4）安装完成后启动 MySQL 服务

```
[root@localhost ~]# systemctl start mysqld
```

（5）运行以下命令设置开机启动 MySQL

```
[root@localhost ~]# systemctl enable mysqld
Created symlink /etc/systemd/system/multi-user.target.wants/mysqld.service → /usr/lib/systemd/system/mysqld.service.
```

这种情况已经设置了开机自动启动。

（6）查看 MySQL 服务的原始密码

```
[root@localhost ~]# grep "password" /var/log/mysql/mysqld.log
2021-03-05T05:05:11.173966Z 6 [Warning] [MY-010453] [Server] root@localhost is created with anempty password！Please consider switching off the --initialize-insecure option.
```

经查询可知，MySQL 服务的原始密码为空。

（7）修改 MySQL 的 root 用户密码

初始化后 MySQL 为空密码，可直接登录，为了保证安全性，需要修改 MySQL 的 root 用户密码。

```
[root@localhost ~]# mysqladmin -u root password 密码（注意密码为自己要设置的密码）
mysqladmin：[Warning] Using a password on the command line interface can be insecure.
Warning：Since password will be sent to server in plain text, use ssl connection to ensure password safety.
```

（8）测试登录 MySQL 数据库

测试命令为"mysql -uroot -p 密码"，"♯-p"和"密码"之间无空格。

```
[root@localhost ~]# mysql -uroot -p 密码
mysql：[Warning] Using a password on the command line interface can be insecure.
Welcome to the MySQL monitor.   Commands end with ; or \g.
Your MySQL connection id is 16
Server version：8.0.21 Source distribution
```

Copyright (c) 2000，2020，Oracle and/or its affiliates. All rights reserved.

Oracle is a registered trademark of Oracle Corporation and/or its affiliates. Other names may be trademarks of their respective owners.

Type 'help;' or '\h' for help. Type '\c' to clear the current input statement.

mysql >

出现上面的情况说明 MySQL 服务器安装成功，在 MySQL 服务器当中输入 exit 退出服务器登录界面。

4. PHP 服务器的安装与配置

① 运行命令检查系统中是否存在 PHP：

[root@localhost ~]# rpm -qa php

② 运行命令安装 PHP：

[root@localhost ~]# yum install php * -y

Updating Subscription Management repositories.

Unable to read consumer identity

Last metadata expiration check：0：18：45 ago on Sun 07 Mar 2021 01：18：17 PM CST.

Dependencies resolved.

===

Package	Arch	Version	Repo	Size

===

Installing：

php	x86_64	7.2.24-1.module + el8.2.0 + 4601 + 7c76a223	AppStream	1.5 M
php-common	x86_64	7.2.24-1.module + el8.2.0 + 4601 + 7c76a223	AppStream	662 k
php-dba	x86_64	7.2.24-1.module + el8.2.0 + 4601 + 7c76a223	AppStream	78 k
php-dbg	x86_64	7.2.24-1.module + el8.2.0 + 4601 + 7c76a223	AppStream	1.6 M
php-devel	x86_64	7.2.24-1.module + el8.2.0 + 4601 + 7c76a223	AppStream	712 k

Enabling module streams：

nginx   1.14

php   7.2

Transaction Summary

===

Install   52 Packages

……

283

```
Installed:
    php-7.2.24-1.module + el8.2.0 + 4601 + 7c76a223.x86_64
    php-common-7.2.24-1.module + el8.2.0 + 4601 + 7c76a223.x86_64
    php-dba-7.2.24-1.module + el8.2.0 + 4601 + 7c76a223.x86_64
    php-dbg-7.2.24-1.module + el8.2.0 + 4601 + 7c76a223.x86_64
    php-devel-7.2.24-1.module + el8.2.0 + 4601 + 7c76a223.x86_64


Complete!
```

③ 安装完成后,检查安装的 PHP 版本:

```
[root@localhost ~]# php -v
PHP 7.2.24 (cli) (built: Oct 22 2019 08:28:36) ( NTS )
Copyright (c) 1997-2018 The PHP Group
Zend Engine v3.2.0, Copyright (c) 1998-2018 Zend Technologies
    with Zend OPcache v7.2.24, Copyright (c) 1999-2018, by Zend Technologies
```

④ 在 Apache 网站根目录创建测试文件,测试 PHP 服务的安装效果:

```
[root@localhost ~]# echo "<? php phpinfo(); ? >" > /var/www/html/phpinfo.php
```

⑤ 每一次修改都要重启 Apache:

```
[root@localhost ~]# systemctl restart httpd
```

⑥ 在本地机器的浏览器地址栏中,输入"http://实例公网 IP/phpinfo.php"并按 Enter 键,显示如图 24-3 所示,表示安装成功。

PHP Version 7.2.24	

System	Linux localhost.localdomain 4.18.0-240.el8.x86_64 #1 SMP Wed Sep 23 05:13:10 EDT 2020 x86_64
Build Date	Oct 22 2019 08:28:36
Server API	FPM/FastCGI
Virtual Directory Support	disabled
Configuration File (php.ini) Path	/etc
Loaded Configuration File	/etc/php.ini
Scan this dir for additional .ini files	/etc/php.d
Additional .ini files parsed	/etc/php.d/10-opcache.ini, /etc/php.d/20-bcmath.ini, /etc/php.d/20-bz2.ini, /etc/php.d/20-calendar.ini, /etc/php.d/20-ctype.ini, /etc/php.d/20-curl.ini, /etc/php.d/20-dba.ini, /etc/php.d/20-dom.ini, /etc/php.d/20-enchant.ini, /etc/php.d/20-exif.ini, /etc/php.d/20-fileinfo.ini, /etc/php.d/20-ftp.ini, /etc/php.d/20-gd.ini, /etc/php.d/20-gettext.ini, /etc/php.d/20-gmp.ini, /etc/php.d/20-iconv.ini, /etc/php.d/20-intl.ini, /etc/php.d/20-json.ini, /etc/php.d/20-ldap.ini, /etc/php.d/20-mbstring.ini, /etc/php.d/20-mysqlnd.ini, /etc/php.d/20-odbc.ini, /etc/php.d/20-pdo.ini, /etc/php.d/20-pgsql.ini, /etc/php.d/20-phar.ini, /etc/php.d/20-posix.ini, /etc/php.d/20-recode.ini, /etc/php.d/20-shmop.ini, /etc/php.d/20-simplexml.ini, /etc/php.d/20-snmp.ini, /etc/php.d/20-soap.ini, /etc/php.d/20-sockets.ini, /etc/php.d/20-sqlite3.ini, /etc/php.d/20-sysvmsg.ini, /etc/php.d/20-sysvsem.ini, /etc/php.d/20-sysvshm.ini, /etc/php.d/20-tokenizer.ini, /etc/php.d/20-xml.ini, /etc/php.d/20-xmlwriter.ini, /etc/php.d/20-xsl.ini, /etc/php.d/30-mysqli.ini, /etc/php.d/30-pdo_mysql.ini, /etc/php.d/30-pdo_odbc.ini, /etc/php.d/30-pdo_pgsql.ini, /etc/php.d/30-pdo_sqlite.ini, /etc/php.d/30-wddx.ini, /etc/php.d/30-xmlreader.ini, /etc/php.d/30-xmlrpc.ini, /etc/php.d/40-apcu.ini, /etc/php.d/40-zip.ini

图 24-3　PHP 应用测试页

至此 LAMP 环境就搭建好了。

5. 安装 phpMyAdmin

phpMyAdmin 是一个 MySQL 数据库管理工具,它可以通过 Web 接口方式管理数据库,使用 phpMyAdmin 可以很方便地执行 PHP 代码、运行相关的 HTML 界面、搭建网站平台。

① 建立文件夹,准备 phpMyAdmin 数据存放目录:

```
[root@localhost ~]# mkdir -p /var/www/html/phpmyadmin
```

② 在线 yum 安装 phpMyAdmin,出现以下状况说明不能在线安装,需要下载安装包安装:

```
[root@localhost phpmyadmin]# yum install phpmyadmin -y
Updating Subscription Management repositories.
Last metadata expiration check:2:41:22 ago on Fri 05 Mar 2021 12:16:47 PM CST.
No match for argument:phpmyadmin
Error:Unable to find a match:phpmyadmin
```

③ 下载 phpMyAdmin 压缩包到数据存放目录/var/www/html/phpmyadmin 中:

```
[root@localhost ~]# cd  /var/www/html/phpmyadmin
[root@localhost phpmyadmin]# wget https://files.phpmyadmin.net/phpMyAdmin/4.
0.10.20/phpMyAdmin-4.0.10.20-all-languages.zip
--2021-03-07 13:53:57--  https://files.phpmyadmin.net/phpMyAdmin/4.0.10.20/
phpMyAdmin-4.0.10.20-all-languages.zip
Resolving files.phpmyadmin.net(files.phpmyadmin.net)... 89.187.187.15, 2a02:
6ea0:c800::7
Connecting to files.phpmyadmin.net(files.phpmyadmin.net)|89.187.187.15|:
443... connected.
HTTP request sent, awaiting response... 200 OK
Length:7457007(7.1M)[application/zip]
Saving to:'phpMyAdmin-4.0.10.20-all-languages.zip'

phpMyAdmin-4.0.10.20 100%[=====================>]   7.11M   1.11MB/s
in 12s

2021-03-07 13:54:17(629 KB/s)-'phpMyAdmin-4.0.10.20-all-languages.zip' saved
[7457007/7457007]

[root@localhost phpmyadmin]# ls
phpMyAdmin-4.0.10.20-all-languages.zip
```

④ 解压 phpMyAdmin 压缩包:

```
[root@localhost phpmyadmin]# unzip phpMyAdmin-4.0.10.20-all-languages.zip
```

⑤ 解压完成后,删除 phpMyAdmin 压缩包:

```
[root@localhost phpmyadmin]# rm -rf phpMyAdmin-4.0.10.20-all-languages.zip
[root@localhost phpmyadmin]# ls
phpMyAdmin-4.0.10.20-all-languages
```

⑥ 在本地机器浏览器地址栏，输入"http://实例公网 IP/phpmyadmin"并按 Enter 键，出现如图 24-4 所示的 phpMyAdmin 测试页面。

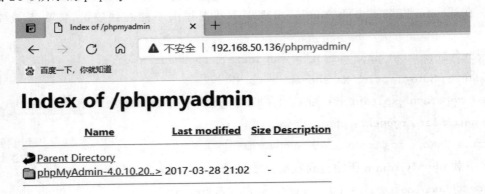

图 24-4　phpMyAdmin 测试页面

⑦ 单击图 24-4 所示的 phpMyAdmin 测试页面中的第二个链接文件"phpMyAdmin-4.0.10.20.."，若返回页面如图 24-5 所示，说明 phpMyAdmin 安装成功。

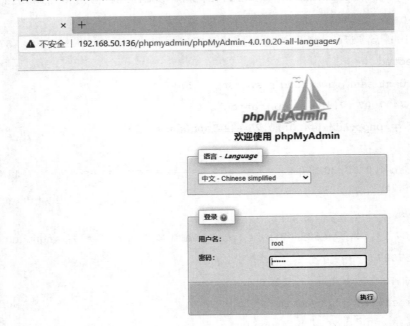

图 24-5　phpMyAdmin 登录界面

⑧ 安装完成后，要测试 PHP 和 MySQL 之间的联系，需要通过 phpMyAdmin 登录界面实现。输入前面安装的 MySQL 服务器的用户名和密码，单击"执行"，可以看到如图 24-6 所示的界面，说明 MySQL 连接成功。

至此，LAMP 服务器的安装与测试已完成。

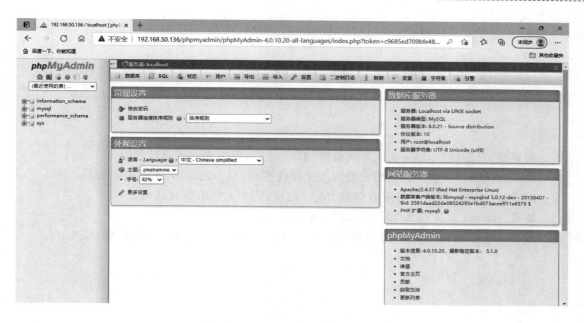

图 24-6　phpMyAdmin 图形化界面

24.5　任务扩展练习

查找相关资料，在 Linux 操作系统上用 Ngnix 服务器搭建 LNMP 平台，要求网络 IP 地址为 192.168.50.131，并在 LNMP 平台上实现 phpMyAdmin 的应用部署。

参 考 文 献

［1］ 何世晓,杜朝晖.Linux 系统案例精解［M］.北京:清华大学出版社,2010.

［2］ 梁军,杜朝晖,吴洪中.网络管理与安全综合实训［M］.北京:人民邮电出版社,2009.

［3］ 何世晓.Linux 网络服务配置详解［M］.北京:清华大学出版社,2011.

［4］ 刘遄.Linux 就该这么学［M］.北京:人民邮电出版社,2017.

［5］ 鸟哥.鸟哥的 Linux 私房菜:基础学习篇［M］.4 版.北京:人民邮电出版社,2018.